吴晶晶　主　编

李俊艳　纪建华　副主编

电工
接线与布线
快速学

U0196702

化学工业出版社

·北京·

本书精选了建筑电工和低压电工技术人员实际工作中经常遇到的控制电路/线路，详细介绍了各种线路的结构和工作原理、实际布线方法、步骤和要点等内容，主要介绍了智能建筑与综合布线、智能家居家庭组网智能综合布线、导线槽敷线、金属套索布线、室内照明线路、计算机网络与线路敷设、户外线路的敷设布线、电力网接地及漏电保护技术、漏电保护器的布线与安装、单相电动机的运行方式及控制电路、三相交流电动机控制电路、直流电动机的控制、常用变频器的接线及其他实用电工电路等内容，读者可以举一反三，全面、快速掌握各类型电工接线与布线的技能。

本书适合低压电工、高压电工、维修电工、建筑电工等人员阅读，也可用作电工初学者和从业人员的培训教材。

图书在版编目（CIP）数据

电工接线与布线快速学/吴晶晶主编 . —北京：
化学工业出版社，2017.1（2025.4重印）
ISBN 978-7-122-28378-8

Ⅰ.①电…　Ⅱ.①吴…　Ⅲ.①电路-基本知识
②布线-基本知识　Ⅳ.①TM13②TM05

中国版本图书馆 CIP 数据核字（2016）第 255799 号

责任编辑：刘丽宏　　　　　　　　　　　文字编辑：孙凤英
责任校对：吴　静　　　　　　　　　　　装帧设计：刘丽华

出版发行：化学工业出版社（北京市东城区青年湖南街 13 号　邮政编码 100011）
印　　装：北京盛通数码印刷有限公司
787mm×1092mm　1/16　印张 13¾　字数 356 千字　　2025 年 4 月北京第 1 版第 11 次印刷

购书咨询：010-64518888　　　　　　　售后服务：010-64518899
网　　址：http://www.cip.com.cn
凡购买本书，如有缺损质量问题，本社销售中心负责调换。

定　　价：49.00 元

前言

众所周知，近年来技工类人才薪资不断攀高，技工人才能力大于学历的社会氛围正在逐步形成。许多人都想要成功，却不知道成功的道路永远只有一条，那就是不断地学习。无论是正在准备求职的你，还是已经找到了工作的你，多挤出时间看书学习，不断地"充电"，事实证明，这是助你快速提升技术水平及工作能力的有效途径之一。基于让初学者轻轻松松学电工技术的构想，我们编写了本书。

本书以初学者学习电工技术必须掌握的技能为线索，精选了建筑电工和低压电工技术人员实际工作中经常遇到的控制电路/线路，详细介绍了各种线路的结构和工作原理、实际布线方法、步骤和要点等内容，主要介绍了智能建筑与综合布线、智能家居家庭组网智能综合布线、导线槽敷线、金属套索布线、室内照明线路、计算机网络与线路敷设、户外线路的敷设布线、电力网接地及漏电保护技术、漏电保护器的布线与安装、单相电动机的运行方式及控制电路、三相交流电动机控制电路、直流电动机的控制、常用变频器的接线及其他实用电工电路等内容。书中内容尽量突出实用性和可操作性，以电气图和实例的形式充分说明电器设备与电气线路的接线方法与技巧，电工从业者和初学者可以举一反三，全面、快速掌握各类型电工接线与布线技能。

本书由吴晶晶主编，李俊艳、纪建华副主编，参加编写的还有张彩虹、刘倩、张岩、句龙、杨泽温、郭红飞、张强、孔祥涛、宋成、夏佳骏、袁克强、刘永祥、刘美静、李海娜、潘佳宁、王娜、迟名菊、徐公武、蔡卫娜、朱信忠、刘春辛、翟胜楠等，全书由张伯虎统稿。本书在编著过程中借鉴了大量的相关技术资料等，在此向原作者致以衷心的感谢。

由于水平有限，书中难免存在不足，恳请广大读者批评指正。

编者

目 录

• 电路相关控制器件视频讲解

按钮开关的检测	保险在电路中的检测 1	保险在电路中的检测 2	倒顺开关的检测 1	电磁铁的检测
电子时间继电器的检测	断路器的检测 1	断路器的检测 2	多挡位凸轮控制器的检测	行程开关的检测
机械时间继电器的检测	接触器的检测 1	接触器的检测 2	接近开关的检测	热继电器的检测
声光控开关的检测	万能转换开关的检测 1	万能转换开关的检测 2	中间继电器的检测	主令开关的检测

上篇

建筑电工布线

电工工
具使用

指针万用
表的使用

数字万用
表的使用

导线剥削
与连接

电阻器
的检测

电声器件
的检测

低压电
器检测

线管布线

日光灯插座
管槽布线

日光灯
接线

带开关插
座安装

多联插
座安装

声光控开关
灯座安装

暗配电
箱配电

室外配电
箱安装

第1章

建筑电工综合布线基础

1.1 智能建筑与综合布线

1.1.1 智能建筑与综合布线

建筑物与建筑群综合布线系统（PDS，Premises Distribution System），又称开放式布线系统（Open Cabling Systems），也称建筑物结构化综合布线系统（SCS，Structured Cabling Systems）；按功能则称综合布线系统，以 PDS 表示，PDS 是建筑智能系统工程的重要组成部分。

建筑智能系统工程已形成一项重要的工程技术和工程项目，它是现代化、多功能、综合性高层建筑发展的必然结合。

(1) 综合布线系统的内容和功能 综合布线（PDS）首先是为通信与计算机网络而设计的，它可以满足各种通信与计算机信息传递的要求，是为迎接未来综合业务数据网 ISDN（Intergmfed Service Digifal Network）的需求而开发的。PDS 具体应用对象，目前主要是通信和数据交换，即话音、数据、传真、图影像信号。理论上讲，BAS、FAS 及 SAS 三个 A 的信息也可经 PDS 传送，但目前工程尚属少见，既有技术因素又有投资上的考虑。

PDS 之所以优于传统线缆，原因有多种，其中在此值得提到的是 PDS 是一套综合系统，因此它可以使用相同的线缆、配线端子板，相同的插头及模块插孔，解决传统布线存在的所谓兼容性问题，鉴于此，又可避免重复施工，造成人与物的双重浪费。

(2) 综合布线系统的构成及硬件

① PDS 采用开放式的星形拓扑结构，是一种模块化设计。

PDS 由六个独立的子系统组合而成：

a. 建筑群子系统（Campus Subsystem）。建筑群子系统实现建筑之间的相互连接，提供楼群之间通信设施所需的硬件。

b. 干线子系统（Backbone）。提供建筑物的主干电缆的路由，实现主配线架与中间配线架的连接，计算机、PBX、控制中心与各管理子系统间的连接。

c. 工作区子系统（Work Area）。由终端设备连接到信息插座的连线，以及信息插座所组成。信息点由标准 RJ45 插座构成。

d. 水平子系统（Horiaonfal）。其功能主要是实现信息插座和管理子系统，即中间配线架（IDF）间的连接。

e. 设备间子系统（Equipment Room）。由设备室的电缆、连接器和相关支撑硬件组成，把各种公用系统设备互连起来。

f. 管理子系统（Administration）。由交连、互连和输入/输出组成，实现配线管理，为连接其他子系统提供手段，由配线架、跳线设备所组成。

上述建筑群子系统与主干线子系统，常用介质是大对数双绞电缆和光缆。

计算机与 PDS 连接的条件是在敷设 PDS 时，在管理区子系统和设备间子系统工程中放置相应的网络设备以实现计算机网络系统，综合楼宇内计算机可直接接上 ATM、DDN 及 INTERNET 等网络。

通常光纤由市电信局引至楼内总配线间，内部采用交换机（PBX）或虚拟网（centrex）与通电话并用方式接入。在与 PBX 连接时，外线不经 PBX 而直接上主配线架（MDF）及分配线架（IDF），使之构成直拨电话线路。而中继线经过 PBX 与内线连接，内线再上 MDF，构成分机话音线路。

② 综合布线的主要硬件　PDS 系统硬件具有高品质性能，符合相关国际标准，并通过了国际质量安全标准，硬件主要是指：

a. 双绞线。一般用于配线子系统，可传输数据、话音。

b. 光缆。主要用于建筑群间和主干线子系统，容量大、失真小、安全性好、传递信息质量高。

c. 配线架。主要有电缆和光缆两种：一般分主配线架和中间配线架。

d. 标准信息插座。全部按标准制造，插座分埋入型、地毯型、桌上型和通用型四种标准，型号为 RJ45，采用 8 芯接线（符合 ISDN 标准）。

e. 适配器。

f. 光电转换设备。

g. 系统保护设备。如限压器、限流器、避雷器及接地装置等。

上述 PDS 系统硬件，其中传输介质尤为重要，目前主要是铜芯双绞线和光纤。双绞线在通信自动化与办公自动化系统内传递信息占有重要地位，因为选用它作数据（交换）信息传递可使布线系统与其他通信技术所用布线相统一，这意味着整个单位内部只需一个布线系统即可，这大大方便了用户。实际上，应根据具体网络工程，合理选择双绞线。光纤则作为网络主干及高速传输网络，因为它频带宽，抗干扰能力强，且传输距离长。当今，室内光纤一般选用多模光纤，其特性是光耦合率高，纤芯对准要求较宽松。

(3) 综合布线系统的特点及应用　综合布线系统（PDS）是信息技术和信息产业高速大规模发展的产物，是布线系统的一项重大革新，它和传统布线比较，具有明显的优越性，具体表现在以下六方面。

① 兼容特性。指其设备或程序可以用于多种系统。沿用传统的布线方式，使各个系统的布线互不相容，管线拥挤不堪，规格不同，配线插接头型号各异所构成的网络内的管线与插接件彼此不同而不能互相兼容，一旦要改变终端机或话音设备位置，势必重新敷设新的管线和插接件。而 PDS 不存在上述问题，它将语音、数据信号的配线统一设计规划，采用统一的传输线、信息插接件等，把不同信号综合到一套标准布线系统，同时，该系统与传统布线相比大为简化，不存在重复投资，可节约大量资金。

② 开放特性。对于传统布线，一旦选定了某种设备，也选定了布线方式和传输介质，如要更换一种设备，原有布线将全部更换，这对已完工的布线作上述更换，既极为麻烦，又需大量资金。而 PDS 布线由于采用开放式体系结构，符合国际标准，对现有著名厂商的品牌均属开放，当然对通信协议也同样是开放的。

③ 灵活性。传统布线各系统是封闭的，体系结构是固定的，若增减设备十分困难。而 PDS 系统，如上述所有传递信息线路均为通用的，即每条可传送话音传真、多用户终端。所用系统内的设备（计算机、终端、网络集散器、HUB 或 MAU、电话、传真）的开通及

变动无需改变布线，只要有设备间或管理间作相应的跳线操作，须改动的设备就会被接入到指定系统中去，当然，系统组网也灵活多样了。

④ 可靠特性。传统布线各系统互不兼容，因此在一个建筑物内存在多种布线方式，形成各系统交叉干扰，这样各个系统可靠性降低，势必影响到整个建筑系统的可靠性。PDS布线采用高品质的材料和组合压接方式构成一套标准高的信息网络，所有线缆与器件均通过国际上的各种标准，保证 PDS 的电气性能。PDS 全部使用物理星形拓扑结构，任何一条线路若有故障不影响其他线路，从而提高了可靠性，各系统采用同一传输介质，互为备用，又提高了备用冗余。

⑤ 经济特性。PDS 设计信息点时要求按规划容量，留有适当的发展容量，因此，就整体布线系统而言，按规划设计所做经济分析表明，PDS 的价格性能比会比传统的高，后期运行维护及管理费也会下降。

⑥ 先进特性。当信息时代快速发展，数据传递和话音传送并驾齐驱，多媒体技术的迅速掘起，如仍采用传统布线，在技术上落后。PDS 采用双绞线与光纤混合布置方式是比较科学和经济的方式。

目前 PDS 系统八芯双绞线配置，话音采用 3 类双绞线，数据交换采用 5 类双绞线，有的工程也有全部 5 类线，数据传递速率可达 155Mbps，有的用户需求更高，选用光纤桌面布线，光缆作干线时可设计为 500Mbps 带宽，为以后发展留余地。

⑦ PDS 还有以下特点：即实用性强，灵活性好，实行模块（结构化），即插接件用结构积木式标准件，使用与维护均带来方便，可扩充性强，可扩充新技术设备及信息，包括互联设备和网络管理产品。

1.1.2 综合布线系统的组成与划分

(1) 综合布线系统的组成 大楼的综合布线系统采用开放式结构，支持语音及多种计算机数据系统，适应异步传输模式（ATM）和千兆比等高速数据网。在应用上能支持会议电视、多媒体等系统的需要，提供光纤到桌面，满足将来宽带综合业务数字网（B-ISDN）的要求。布线系统采用树状星形结构，满足工作区变动时布线方案的调整，以及将来与各种不同逻辑拓扑结构的转换。

综合布线系统由 6 个独立的子系统组成，由于采用模块化设计，且采用星形拓扑结构，就可以使 6 个子系统中的任何一个子系统独立进入布线系统中。这 6 个独立的子系统分别是工作区子系统、水平子系统、干线子系统、设备间子系统、管理子系统、建筑群子系统，如图 1-1 所示。

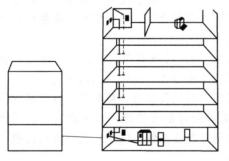

图 1-1　综合布线系统结构

① 工作区子系统（如图 1-2 所示） 它是指从信息插座到设备终端的连线所覆盖的范围，它包括装配软线、连接器和连接所需的扩展软线，不包括终端设备。在设计中，既要考虑当前的需要，又要考虑未来的发展，同时还要兼顾各层、各房间、各主管部门、各业务部门的实际需要，以此来确定整个大厦所需设置的数据点和语音点的个数。

② 水平子系统 又称配线子系统（如图 1-3 所示），是布线系统水平走线部分，即在同一楼层布线，其一端接在用户工作区的信息插座上，另一端接在楼层配线间的跳线架上。水平配线子系统多数采用 4 对非屏蔽双绞线，它能支持大多数现代通信设备，对于某些要求宽

带传输的终端设备，可采用"光纤到桌面"的解决方案。当水平区域工作面积较大时，在该区域内可设置一个或多个卫星接线间，水平线除了端接到楼层配线间外，还要通过卫星接线间，最后再端接到信息插座。单根线缆的最大水平距离为 90m。设计时选用高品质的六类非屏蔽双绞线，可以使信号的传输速率达到 150/600Mbps，以满足当前及未来数据系统的需要。水平布线必须是一根六类线对应一个数据点（语音点）。虽然，按这种设计方案一次性投资较大，但这样可以增强用户终端的灵活性。

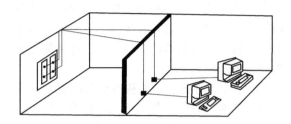 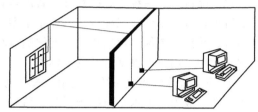

图 1-2　工作区子系统　　　　　　　　　　　图 1-3　水平子系统

③ 垂直子系统　垂直线缆是连接各层分配线架与主配线架的主干，又称干线子系统，因而线缆比较集中（如图 1-4 所示），它是建筑物内垂直方向上的主馈线缆，它将整个楼层配线间的接线端连接到主配线间的配线架上，再与设备间子系统连接起来。它通常采用大对数的电缆馈线或光缆，可以实现高速和大容量的传输。垂直子系统是"电力调度"，显然是电力大厦最基本的工作功能，因而在设计中应当切实保证电力调度信号的安全、可靠。考虑到这一点，以及今后计算机网络管理的需要，在各个分管理间设光纤配线架，用一根光纤通过竖井引至光纤主配线架，与网络设备连接。

④ 设备间子系统　由主配线架及各种公共设备组成（如图 1-1 所示）。它的功能是将各种公共设备（包括计算机主机、数字程控交换机、各种控制系统等）与主配线架连接起来，该子系统是放置在设备间内的，通常设备间同时也是网络管理和值班人员的工作场所。通过设备间子系统可以完成各楼层配线子系统之间通信线路的调配、连接和测试，可以与本建筑物外的公用通信网连接。设备间的位置一般选择在整栋楼的物理中心位置。

⑤ 管理子系统（如图 1-5 所示）　需设置在每层楼的楼层配线间内，其组成包括电缆配线架、光缆配线设备及电缆跳线和光缆跳线等。它是垂直子系统和水平子系统的桥梁，同时又可为同层组网提供条件，当终端设备位置或局域网结构发生变化时，有时只要改变跳线方式即可解决，而不必重新布线。

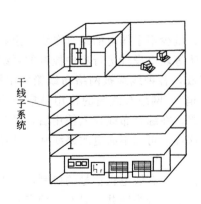 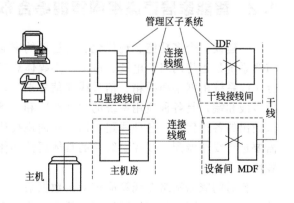

图 1-4　垂直子系统　　　　　　　　　　　图 1-5　管理区子系统

⑥ 建筑群子系统　是将多个建筑物的布线系统连接在一起的布线系统，并提供楼群之间通信所需的线路。该线路一般采用单模光缆或多模光缆，也可采用大对数双绞线缆，铺设方式一般采用地下管道或沟渠内铺设。

需要指出的是，在智能建筑工程设计过程中，并非都要用到全部 6 个子系统，而是根据实际需要而定。例如，单栋楼宇就不需要建筑群子系统，当给平房式别墅区布线时，就不需要垂直子系统。

(2) 综合布线系统等级的划分　智能建筑综合布线系统通常根据设备配置情况和系统本身的特点，可以划分成三种等级，即基本型、增强型和综合型。这三种类型布线系统，均支持语音、数据、图像等信息传输，能够随过程的需要转向更高功能的布线系统。在智能建筑工程建设中，用户可根据自己的实际需要自行选样一种布线系统。

① 基本型综合布线系统　适用于配线标准要求比较低的场合，其基本设备配置是，每个工作区一般为一个水平布线子系统，留有一个信息插座，每个工作区配线电缆为一根 4 对非屏蔽双绞线，接续设备全部采用火接式交接硬件，每个工作区的干线电缆至少有 2 对双绞线。主要特点是支持语音、数据、图像及高速数据等信息传输，具有良好的性能价格比，技术要求不高，便于安装、维护和管理，采用气体放电管式过压保护和能够自复位的过流保护措施。

② 增强型综合布线系统　适用于要求中等标准的场合，其基本设备配置是，每个工作区应为独立的水平布线子系统，配有两个以上的信息插座，每个工作区的配线电缆均为一根独立的 4 对非屏蔽双绞线电缆，接续设备全部采用夹接式交接硬件，每个工作区的干线电缆至少有 3 对双绞线。主要特点是每个工作区有两个以上信息插座，不仅灵活机动，而且功能齐全，任何一个插座都支持语音、数据、图像及高速数据等信息传输。

③ 综合型综合布线系统　全部采用全光纤组网，主要适用于建筑群主干布线系统和建筑物主干布线系统，针对智能建筑系统工程的通信系统要求更高的场合，水平布线子系统及工作区布线子系统，也可以根据需要建议采用光纤线缆，光纤可以选择多模光纤或单模光纤。主要特点是每个工作区有两个以上信息插座，不仅灵活机动，而且功能齐全，预留有足够的空间，任何一个插座都支持语音、数据、图像及高速数据等信息传输。

1.2　智能家居家庭组网智能综合布线

要建设一个多功能、现代化、高智能的家居环境，就少不了弱电的综合布线，家庭综合布线系统是指将网络、电视、电话、多媒体影音、安防等弱电设计进行集中控制的系统。综合布线系统由网络布线箱、信号线和信号端口模块组成，各种线缆被网络布线箱集中控制，信号线和端口是各种应用系统的"神经"和"神经末梢"。网络布线箱的作用是集中控制输入输出的各种信号，各种线路可以在箱内跳接达成通路。在综合布线投入使用后，平时会按需要进行线路调配，以控制线路的具体属性和作用，这样就可以不必更改路线甚至破坏原有装修。

普通的家居网络布线箱应该满足数据信号、语音信号、有线电视信号的控制，为了满足较高级的家居要求的家居网络布线箱还应能实现数据共享、音视频共享以及各种安防、水电煤气自动抄表的信号线、烟感等控制线一系列功能。

1.2.1　各种模块功能

家庭综合布线的组成模块也就是网络布线箱的功能模块条，管理着各种信号输入和输出的连接，普通的网络布线箱的各种模块功能如下。

(1) 数据模块　该模块提供 6 口 RJ45 插座，可将信息点连接到社区的宽带网上，实现链路的跳接功能，主要实现对各个房间的电脑网线的跳接，把各房间的网线的一头按色标打在数据模块的背面，按需把 RJ45 跳线插到对应房间。如果需要数据共享，则安装一个 5 口的交换机模块就可以实现。

(2) 语音模块　该模块提供 8 口 RJ11 插座，左右两边分别为 1 进 3 出两路电话连线，跳线连接可实现 1 进 5 出电话连线，1 部电话通话时，其他电话可监听，也可以选用保密型电话，只能一部电话接听，其他电话不可以监听。

在实际布线工程中经常采用数据线代替电话线，把网线当电话线用，这样就可以在需要的时候当数据线使用，起到相互备份的作用。

(3) 视频模块　该模块提供 1 个有线电视信号输入点，4 个信号输出点，可同时实现 4 台电视观看，互不干扰。

安装前的规划、设计和准备工作：网络布线箱一般是安装在房子的入口处，箱体嵌入墙壁里面，各房间的走线路由、面板的安装位置根据用户自己的生活习惯及家电、家具的摆放位置确定。

1.2.2　所需材料

根据目前及未来的需求考虑，可以适当提前规划，所需相关材料名称：
① 超五类非屏蔽双绞线。
② 75Ω 同轴电缆及对应电视插座。
③ 超五类 RJ45 模块及信息面板。
④ 电话线（可用超五类非屏蔽双绞线代替起到网络和电话相互备份和通用）。
⑤ 对应的 PVC 管，墙内插座底盒等辅材。

PVC 管是埋在地板和墙内的，一旦确定装修后将无法改变其管线路由，同时管内要放细铁丝，方便布线。因此，家庭综合布线的前期规划非常重要，需要适当提前预留位置，方便以后增加设备使用。一旦考虑不周，需要重新布线，将会破坏原有的装修，代价将会很大，如果拉明线不但不方便而且影响美观。所需线缆的长度可按平均长度计算，即网络布线箱到各个面板的最长距离和最短距离之和乘系数 0.55＋6m 然后乘于总信息点数就是所需的材料总长度。

在实际安装过程中，暗装插座一般在离地 30cm 的墙壁上，拉线后应考虑留有余量，安装盒内一般露出 30cm，网络布线箱内应留 50cm 左右。

1.2.3　安装步骤与调试

(1) 安装步骤　在前期的规划准备工作完成后，将进行安装。
① 确定位置。
② 预埋箱体（箱体应露出墙壁约 1cm，方便以后抹灰，使其刚好露出网络布线箱的门的高度）。
③ 按路由铺设 PVC 管道及插座底盒，拉线细铁丝在 PVC 管盒插座底盒处露出。

④ 在穿线过程中，应在各种线缆上标识，并且在各端预留 30cm 左右，网络布线箱端可适当预留长点，方便以后维修，箱内有盘线空间。

⑤ 理线和绑扎（不可扎得太紧，影响传输性能）。

⑥ 在各线缆两端压接水晶头和电视 F 头。

（2）测试　家庭综合布线系统具有以下优点：

① 家庭装修布线复杂，使用网络布线箱一次到位，合理布置保持不落伍；

② 采用国际家居布线标准，保证家居信息系统畅通，并可简单方便地保证对线缆故障排除、日常维护；

③ 家庭成员可以共享网络、影音设备，节约设备资金，节省家居弱电材料、施工费用；

④ 信息化家居本身就是时尚的生活，随处上网、打电话、看大片，提高了生活质量和房子价值，增加家居的品位。

1.3　结构化综合布线系统的电气防护和接地

1.3.1　电气防护

电磁干扰源有建筑物内部的配电箱和配电网、电动机、荧光灯、电子镇流器、开关电源、振铃电流、周期性脉冲等。建筑物外部有干扰源和强电磁场，或结构化综合布线系统的噪声电平超过规定。电磁干扰源是电子系统（也包括电缆）辐射的寄生电能，它会对附近的其他电缆或系统造成失真或干扰。电缆既是电磁干扰的主要发生器，也是主要的接收器。在一个开放的环境中安装水平线时，至少应离开荧光灯 150～300m。当结构化综合布线系统的周围环境存在的电磁干扰场强大于 3V/m 时，应采用防护措施；综合布线线缆与附近可能产生高电平的电磁干扰的电动机、电力变压器等电气设备之间，应保持必要的距离。

综合布线系统应根据环境条件选择相应的缆线和配线设备或采取防护措施并应符合以下要求。

① 当综合布线区域内的干扰低于规定时，宜采用非屏蔽缆线系统和非屏蔽配线设备。

② 综合布线区域内的干扰高于规定时，或用户对电磁兼容性有较高要求时，宜采用屏蔽线缆系统和屏蔽配线设备，也可以采用光缆系统。

③ 当综合布线路由于存在干扰源，且不能满足最小净距要求时，采用金属管线进行屏蔽。综合布线系统选择缆线和配线设备，应根据用户要求，并结合建筑物的环境状况进行考虑，其选用原则说明如下。

a. 当建筑物还在建设或虽已建成，但尚未投入运行，要确定综合布线系统的选型时，应测定建筑物周围环境的干扰强度频率范围；与其他干扰源之间的距离能否符合规范的要求应进行摸底；综合布线系统采用何种类别，也应有所预测。根据这些情况，用规范中规定的各项指标要求进行衡量，选择合适的硬件和采取相应的措施。

b. 在选择线缆和连接硬件时，确定某一类别后，应保证其一致性。例如，选择 5 类，则线缆和连接硬件都应是 5 类；选择屏蔽，则线缆和连接硬件都应是屏蔽的，且应是良好的接地系统。

c. 在选择综合布线系统时，应根据用户对近期和远期的实际需要进行考虑，不应一刀切。应根据不同的通信业务要求综合考虑，在满足近期用户要求的前提下，适当考虑远期用户的要求，有较好的通用性和灵活性，尽量避免建成后较短时间内又要进行改扩建，造成浪费。如果满足时间过长，又将造成初次投资增加，也不一定经济合理。一般来说，水平配线扩建难，应以远期需要为主，垂直干线易扩建，应以近期需要为主，适当满足远期的需要。

1.3.2　接地

综合布线系统如采用屏蔽措施时，必须有良好的接地系统，并应符合以下规定。

① 保护接地线的接地电阻单独设置接地体时，不大于 4Ω；采用联合接地体时，不大于 1Ω。

② 采用屏蔽布线系统时，所有的屏蔽层必须保持连续性，屏蔽层的配线设备端必须接地良好，用户终端设备端视外体情况宜接地，两端的接地宜接到同一个接地体上。若接地系统存在两个不同接地体，其接地电位差应不大于 1V。

③ 采用屏蔽布线系统时，每一楼层配线柜都应采用适当截面积的铜导线单独布线到接地体，也可采用竖井内铜制排或粗导线引到接地体。铜排或粗导线的截面积应符合标准。接地导线应接成为树状结构的接地网，避免构成直流环路。

④ 布线采用金属桥架时，其应保持电气连接，并在两端有良好接地。

1.3.3　引入建筑物线路的保护

当电缆从建筑物外面进入建筑物时，应采用过电压、过电流等保护措施，并符合相关规定。

此外，根据建筑物的防火等级和对材料的耐火要求，结构化综合布线应采取相应措施：在易燃区或建筑物竖井内布放的光缆或电缆，应采用阻燃光缆或电缆；在大型公共场所，宜采用阻燃、低烟、低毒电缆或光缆；相邻的设备间或交接间，应采用阻燃型配线设备。

第**2**章

强电线路敷设

2.1 电磁线导管敷设

2.1.1 电磁线导管一般规定

(1) 基本要求

① 电磁线管道应该沿最近的线路敷设并应尽可能地减少弯曲，埋入墙内或混凝土内的管子离表面的净距不应小于 15mm。

② 根据设计图和现场的实际情况加工好各种接线盒、接线箱、管弯。钢管弯采用冷弯法，一般管径为 20mm 及以下时，用手扳弯管器；管径为 25mm 及以上时，使用液压弯管器。管子断口处应平齐不歪斜，刮锉光滑，没有毛刺。管子套螺纹应干净清晰，不乱牙、不过长。

③ 以土建弹出的水平线为基准，根据设计图的要求确定接线盒、接线箱实际尺寸位置，而且要将接线盒、接线箱固定牢固。

④ 管道主要用管箍螺纹连接，套螺纹不得有乱牙现象。上好管箍后，管口应对严，外露螺纹应不多于 2 扣。套管连接应该用于暗配管，套管长度为连接管径的 1.5～3 倍。连接管口的对口处应在套管的中心，焊口应焊接牢固严密。

管道没有弯时 30m 处；有一个弯时 20m 处；有两个弯时 15m 处；有三个弯时 8m 处应加装接线盒，其位置应便于穿线。接线盒、接线箱开孔应整齐并与管径相吻合，要求一管一孔，不得开长孔。管口入接线盒、接线箱，暗配管可用跨接地线焊接固定在盒棱边上，严禁管口与敲落孔焊接，管口露出接线盒、接线箱应小于 5mm，有锁紧螺母者与锁紧螺母接好，露出锁紧螺母的螺纹为 2～4 扣。

⑤ 将堵好的盒子固定后敷管，管道每隔 1m 左右用铅丝绑扎牢。

⑥ 用 45mm 圆钢与跨接地线焊接，跨接地线两端焊接面不得小于该跨接线截面积的 6 倍，焊缝均匀牢固，焊接处刷防锈漆。

⑦ 钢导管管道与其他管间的最小间距见表 2-1。

表 2-1 钢导管管道与其他管道间的最小间距

管道名称	管道敷设方式		最小间距/mm
蒸汽管路	平行	管道上	1000
		管道下	500
	交叉		300

续表

管道名称	管道敷设方式		最小间距/mm
暖气管路	平行	管道上	300
		管道下	200
	交叉		100
通风、给排水及压缩空气管	平行		100
	交叉		50

注：1. 对蒸汽管道，当管外包隔热层后，上下平行距离可减至200mm。

2. 当不能满足上述最小间距时，应采取隔热措施。

（2）导线的选择　室内布线用电磁线、电缆应按低压配电系统的额定电压、电力负荷、敷设环境及其与附近电气装置、设施之间能否产生有害的电磁感应等要求，选择合适的型号和截面积。

① 对电磁线、电缆导体的截面积进行选择时，应按其敷设方式、环境温度和使用条件确定，其额定载流量不应小于预期负荷的最大计算电流，线路电压损失不应超过允许值。单相回路中的中性线应与相线等截面积。

② 室内布线若采用单芯导线作固定装置的 PEN 干线，其截面积对铜材应为 $8\sim16\text{mm}^2$，对铝材应为 $16\sim25\text{mm}^2$；当多芯电缆的线芯用于 PEN 干线时，其截面积可为 $4\sim8\text{mm}^2$。

③ 当 PEN 干线所用材质与相线相同时，按热稳定要求，其截面积不应小于表 2-2 所列规定。

表 2-2　保护线的最小截面积　　　　　　　　　　　　　　　　　　　mm²

装置的相线截面积 S	接地线及保护线最小截面积
$S\leq16$	S
$16<S\leq35$	16
$S>35$	$S/2$

④ 导线最小截面积应满足机械强度的要求，不同敷设方式导线线芯的最小截面积不应小于表 2-3 的规定。

表 2-3　不同敷设方式导线线芯的最小截面积

敷设方式			线芯最小截面积/mm²		
			铜芯软线	铜导线	铝导线
敷设在室内绝缘支持件上的裸导线			—	2.5	4.0
敷设在室内绝缘支持件上的绝缘导线，其支持点间距 L	$L\leq2\text{m}$	室内	—	1.0	2.5
		室外	—	1.5	2.5
	$2\text{m}<L\leq6\text{m}$		—	2.5	4.0
	$6\text{m}<L\leq12\text{m}$		—	2.5	6.0
穿管敷设的绝缘导线			1.0	1.0	2.5
槽板内敷设的绝缘导线			—	1.0	2.5
塑料护套线明敷			—	1.0	2.5

⑤ 当用电负荷大部分为单相用电设备时，其 N 线或 PEN 干线的截面积不应该小于相线截面积；以气体放电灯为主要负荷的回路中，N 线截面积不应小于相线截面积；采用晶闸管调光的三相四线或三相三线配电线路，其 N 线或 PEN 干线的截面积不应小于相线截面积的 2 倍。

2.1.2 电磁线导管钢管暗敷设

(1) 钢管质量要求 钢管不应有折扁、裂缝、砂眼、塌陷等现象。内外表面应光滑,不应有折叠、裂缝、分层、搭焊、缺焊、毛刺等现象。切口应垂直、没有毛刺,切口斜度应平齐,焊缝应整齐,没有缺陷。镀锌层应完好没有损伤,锌层厚度均匀一致,不得有剥落、气泡等现象。

(2) 按图画线定位 根据施工图和施工现场实际情况确定管段起始点的位置并标明此位置,并应将接线盒、接线箱固定,量取实际尺寸。

(3) 量尺寸割管

① 配钢管前应按每段所需长度将管子切断。切断管子的方法很多,一般用钢锯切断(最好选用钢锯条)或用管子切割机割断。当管子批量较大时,可使用无齿锯。利用纤维增强砂轮片切割,操作时要用力均匀平稳,不能用力过猛,以免过载或砂轮崩裂。另外,钢管严禁用电、气焊切割。

切断后,断口处应与管轴线垂直,管口应锉平、刮光,使管口整齐光滑。当出现马蹄口时,应重新切断。管内应没有铁屑和毛刺。钢管不得有折扁和裂缝。

② 小批量的钢管一般采用钢锯进行切割,将需要切断的管子放在台虎钳或压力钳的钳口内卡牢,注意切口位置与钳口距离应适宜,不能过长或过短,操作应准确。在锯管时锯条要与管子保持垂直,人要站直,操作时要扶直锯架,使锯条保持平直,手腕不能颤动,当管子快要断开时,要减慢速度,平稳锯断。

③ 切断管子也可采用割管器,但使用割管器切断管子,管口易产生内缩;缩小后的管口要用绞刀或锉刀刮光。

(4) 套螺纹 套螺纹时应把线管夹在管钳式台虎钳上,然后用套螺纹铰板铰出螺纹。操作时用力均匀,并加润滑油,以保护螺纹光滑。如图 2-1 所示为管子套螺纹铰板。

(5) 弯管

① 弯管器种类

a. 管弯管器。管弯管器体轻又小,是弯管器中最简单的一件工具,其外形和使用方法如图 2-2 所示。管弯管器适用于 50mm 以下的管子。

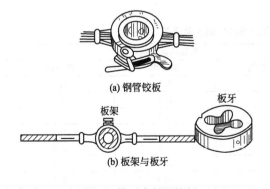

(a) 钢管铰板

板架

板牙

(b) 板架与板牙

图 2-1 管子套螺纹铰板

图 2-2 管弯管器弯管

b. 铁架弯管器。铁架弯管器是用角铁焊接成的,可用于较大直径线管的弯曲,其外形如图 2-3 所示。

c. 滑轮弯管器。直径为 50～100mm 的线管可用滑轮弯管器进行弯管,其外形如图 2-4 所示。

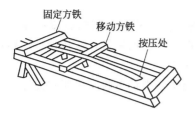

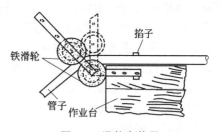

图 2-3　铁架弯管器　　　　　　　　　图 2-4　滑轮弯管器

② 弯管方法　为便于线管穿越，管子的弯曲角度，一般不应小于 90°，如图 2-5 所示。

直径在 50mm 以下的线管，可用管弯管器进行弯曲，在弯曲时，要逐渐移动弯管器棒，且一次弯曲的弧度不可过大，否则容易把管弯裂或弯瘪。

在弯管壁较薄的线管时，管内要灌满沙，否则会将钢管弯瘪，如采用加热弯曲，要使用干燥没有水分的沙灌满，并在管两端塞上木塞，如图 2-6 所示。

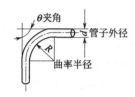

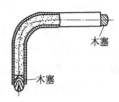

图 2-5　线管的弯度　　　　　　　　　图 2-6　钢管灌沙弯曲

有缝管弯曲时，应将接缝处放在弯曲的侧边，作为中间层，这样，可使焊缝在弯曲形变时既不延长又不缩短，焊缝处就不易裂开，如图 2-7 所示。

硬塑料管弯曲时，先将塑料管用电炉或喷灯加热，然后放到木坯具上弯曲成形，如图 2-8 所示。

图 2-7　有缝管的弯曲　　　　　　　　图 2-8　硬塑料管弯曲

(6) 钢管除锈与防腐

① 管子除锈。管子外壁除锈，可用钢丝刷打磨，也可用电动除锈机除锈。管子内壁除锈常采用以下几种方法。

a. 人工清除法：用钢丝刷，两头各绑一根钢丝，穿过管子，来回拉动钢丝刷清除管内油污或脏物；也可在一根钢丝中间扎上布条或胶皮等物，在管中来回拉拽。

b. 压缩空气吹除法：在管的一端，用一定压力的空气往管里吹，将管内的尘埃等物，从管子的另一端吹出。

c. 高压水清洗法：用一定压力的水通入管内，利用水力清除脏物，然后用人工清除法把管内湿气擦干。

d. 不良处切断清洗法：这是不得已采取的措施，在暗管中，混凝土灌进了管内，只能凿开建筑物把这段管子切除，套上一段较粗的管子。

② 管子防腐。埋入混凝土内的管外壁外，其他钢管内、外均应刷防腐漆；埋入土层内的钢管，应刷两道沥青或使用镀锌钢管；埋入有腐蚀性土层内的钢管，应按设计规定进行防腐处理。使用镀锌钢管时，在锌层剥落处，也应刷防腐漆。

埋入砖墙内的黑色钢管可刷一道沥青；埋入焦砟层中的黑色钢管应采用水泥砂浆全面保护，厚度不应小于 50mm。

(7) 管与盒的连接

① 在配管施工中，管与接线盒、接线箱的连接一般情况采用螺母连接。采用螺母连接的管子必须套好螺纹，将套好螺纹的管端拧上锁紧螺母，插入与管外径相匹配的接线盒的孔内，管线要与盒壁垂直，再在盒内的管端拧上锁紧螺母；应避免左侧管线已带上锁紧螺母，而右侧管线未拧锁紧螺母。

② 带上螺母的管端在盒内露出锁紧螺母应为 2～4 扣，不能过长或过短，如采用金属护口，在盒内可不用锁紧螺母，但入箱的管端必须加锁紧螺母。多根管线同时入箱时应注意其入箱部分的管端长度应一致，管口应平齐。

③ 配电箱内如引入管太多时，可在箱内设置一块平挡板，将入箱管口顶在挡板上，待管子用锁紧螺母固定后拆去挡板，这样管口入箱可保持一致高度。

④ 电气设备防爆接线盒的端子箱上，多余的孔应采用丝堵堵塞严密，当孔内垫有弹性密封圈时，弹性密封圈的外侧应设钢制堵板，其厚度不应小于 2mm，钢制堵板应经压盘或螺母压紧。

(8) 管与管的连接

① 钢管与钢管连接 钢管与钢管之间的连接，不管是明配管或暗配管，应采用管箍连接，尤其是埋地和防爆线管，管箍连接如图 2-9 所示。

② 钢管与接线盒的连接 钢管的端部与各种接线盒连接时，应在接线盒内外各用一个薄形螺母锁紧，夹紧线管的方法如图 2-10 所示，先在线管管口拧入一个螺母，管口穿入接线盒后，在盒内再拧入一个螺母，然后用两把扳手，把两个螺母反向拧紧，如果需要密封，则在两螺母之间各垫入封口垫圈。

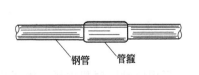

图 2-9 管箍连接钢管

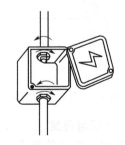

图 2-10 线管与接线盒的连接

③ **硬塑料管连接**

a. 插入法连接。连接前先将连接的两根管子的管口分别倒成内侧角和外侧角，如图 2-11(a) 所示，接着将阴管插接段（长度为 1.2～1.5 倍的管子直径）放在电炉或喷灯上加热至呈柔软状态后，将阳管插入部分涂一层胶合剂后迅速插入阴管，立即用湿布冷却，使管子恢复原来硬度，如图 2-11(b) 所示。

b. 套接法连接。连接前先将同径的硬塑料管加热扩大成套管，并倒角，涂上粘接剂，迅速插入热套管中，如图 2-12 所示。

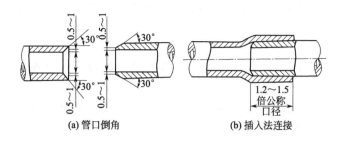

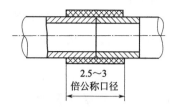

图 2-11　硬塑料管的插入法连接　　　　图 2-12　硬塑料管的套管接法连接

④ 防爆配管

a. 防爆钢管敷设时，钢管间及钢管与电气设备应采用螺纹连接，不得采用套管焊接。螺纹连接处应连接紧密牢固，啮合扣数应不少于 6 扣，并应加防松螺母牢固拧紧，应在螺纹上涂电力复合脂或导电性防锈脂，不得在螺纹上缠麻或绝缘胶带及涂其他油漆，除设计有特殊要求外，各连接处不能焊接接地线。

b. 防爆钢管管道之间不得采用倒扣连接，当连接有困难时可以采用防爆活接头连接，其结合面应贴紧。防爆钢管与电气设备直接连接若有困难时应采用防爆可挠管连接，防爆可挠管应没有裂纹、孔洞、机械损伤、变形等缺陷。

c. 爆炸危险场所钢管配线，应使用镀锌水、煤气管或经防腐处理的厚壁钢管（敷于混凝土中的钢管外壁可不防腐）。

d. 钢管配线的隔离密封。钢管配线必须装设不同形式的隔离密封盒，盒内填充非燃性密封混合填料，以隔绝管道。

e. 管道通过与其他场所相邻的隔墙，应在隔墙任一侧装设横向式隔离密封盒且应将管道穿墙处的孔洞堵塞严密。

f. 管道通过楼板或地坪引入相邻场所时，应在楼板或地坪的上方装设纵向式密封盒，并将楼板或地坪的穿管孔洞堵塞严密。

g. 当管径大于 50mm，管道长度超过 15m 时，每 15m 左右应在适当地点装设一个隔离密封盒。

h. 易积聚冷凝水的管道应装设排水式隔离密封盒。

(9) 固定接线盒、接线箱

① 接线盒、接线箱固定应平整牢固、灰浆饱满，纵横坐标准确，符合设计图和施工验收规范规定。

② 砖墙稳埋接线盒、接线箱。

a. 预留接线盒、接线箱孔洞。根据设计图规定的接线盒、接线箱预留具体位置，随土建砌体电工配合施工，在约 300 mm 处预留出进入接线盒、接线箱的管子长度，将管子甩在接线盒、接线箱预留孔外，管端头堵好，等待最后一管一孔地进入接线盒、接线箱，稳埋完毕。

b. 剔洞埋接线盒、接线箱，再接短管。按画线处的水平线，对照设计图找出接线盒、接线箱的准确位置，然后剔洞，所剔洞应比接线盒、接线箱稍大一些。洞剔好后，先用水把洞内四壁浇湿，并将洞中杂物清理干净。依照管道的走向敲掉盒子的敲落孔，用水泥砂浆填入，将接线盒、接线箱稳端正，待水泥砂浆凝固后，再接短管入接线盒、接线箱。

③ 组合钢模板、大模板混凝土墙稳埋接线盒、接线箱。

a. 在模板上打孔，用螺钉将接线盒、接线箱固定在模板上；拆模前及时将固定接线盒、接线箱的螺钉拆除。

b. 利用穿筋盒，直接固定在钢筋上，并根据墙体厚度焊好支撑钢筋，使盒口或箱口与墙体平面平齐。

④ 滑模板混凝土墙稳埋接线盒、接线箱。

a. 预留接线盒、接线箱孔洞，采取下盒套、箱套，然后待滑模板过后再拆除盒套或箱套，同时稳埋盒或箱体。

b. 用螺钉将接线盒、接线箱固定在扁铁上，然后将扁铁焊在钢筋上，或直接用穿筋固定在钢筋上，并根据墙厚度焊好支撑钢筋，使盒口平面与墙体平面平齐。

⑤ 顶板稳埋灯头盒。

a. 加气混凝土板、圆孔板稳埋灯头盒。根据设计图标注出灯头的位置尺寸，先打孔，然后由下向上剔洞，洞口下小上大。将盒子配上相应的固定体放入洞中，并固定好吊顶，待配管后用高强度等级水泥砂浆稳埋牢固。

b. 现浇混凝土楼板等，需要安装吊扇、花灯或吊装灯具超过 3～5kg 时，应预埋吊钩或螺栓，其吊挂力矩应保证承载要求和安全。

⑥ 隔墙稳埋开关盒、插座盒。如在砖墙、泡沫混凝土上等剔槽前，应在槽两边弹线，槽的宽度及深度均应比管外径大，开槽宽度与深度以大于 1.5 倍管外径为宜。砖墙可用錾子沿槽内边进行剔槽；泡沫混凝土墙可用手提切割机锯成槽的两边后，再剔成槽。剔槽后应先稳埋盒，再接管，管道每隔 1m 左右用镀锌钢丝固定好管道，最后抹灰并抹平齐。如为石膏圆孔板，应该将管穿入板孔内并敷至盒或箱处。

在配管时应与土建施工配合，尽量避免切割剔凿，如需切割剔凿墙面敷设线管，剔槽的深度、宽度应合适，不可过大、过小，管线敷设好后，应在槽内用管卡进行固定，再抹水泥砂浆，管卡数量应依据管径大小及管线长度而定，不需太多，以固定牢固为标准。

(10) 管道接地

① 线管配线的钢管必须可靠接地。为此，在钢管与钢管、钢管与配电箱及接线盒等连接处，用 $\phi 6～10mm$ 圆钢制成的跨接线连接，如图 2-13 所示，并在干线始末两端和分支线管上分别与接地体可靠连接，使线路所有线管都可靠地接地。

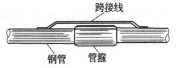

图 2-13　线管连接处的跨接线

② 跨接线的直径可参照表 2-4 的内容。地线的焊接长度要求达到接地线直径 6 倍以上。钢管与配电箱的连接地线，为了方便检修，可先在钢管上焊一专用接地螺栓，再用接地导线与配箱可靠连接。

图中标注：跨接线、钢管、管箍

表 2-4　跨接线选择表

公称直径/mm		跨接线/mm	
电磁线管	钢管	圆钢	扁钢
≤32	≤25	$\phi 6$	—
40	32	$\phi 8$	—
50	40～50	$\phi 10$	—
70～80	70～80	—	25×4

③ 卡接。镀锌钢管应用专用接地线卡连接，不得采用熔焊连接地线。

④ 管道应做整体接地连接，穿过建筑物变形缝时，应有接地补偿装置。可采用跨接或卡接，以使整个管道形成一个电气通路。

(11) 管道补偿　管道在通过建筑物的变形缝时，应加装管道补偿装置。管道补偿装置是在变形缝的两侧对称预埋一个接线盒，用一根短管将两接线盒相邻面连接起来，短管的一端与一个盒子固定牢固，另一端伸入另一盒内，且此盒上的相应位置的孔要开长孔，其长度不小于管径的 2 倍。如果该补偿装置在同一轴线墙体上，则可有拐角箱作为补偿装置，如不在同一轴线上则可用直筒式接线箱进行补偿，其做法可参照图 2-14 和图 2-15，也可采用防水型可挠金属电磁线管跨越两侧接线箱盒并留有适当余量。

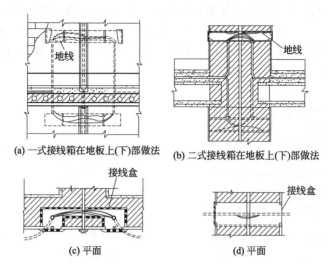

(a) 一式接线箱在地板上(下)部做法　　(b) 二式接线箱在地板上(下)部做法

(c) 平面　　　　　　　(d) 平面

图 2-14　暗配管线遇到建筑伸缩缝时的做法示意图

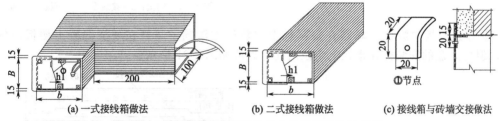

(a) 一式接线箱做法　　(b) 二式接线箱做法　　(c) 接线箱与砖墙交接做法

图 2-15　建筑伸缩沉降缝处转角接线箱做法示意图

(12) 钢管暗敷设工艺　暗配的电磁线管道应该沿最近的路线敷设，并应尽量减少弯头；埋入墙或混凝土内的管子，其离表面的净距不应小于 15mm。

① 在现浇混凝土楼板内敷设　在浇灌混凝土前，先将管子用垫块（石块）垫高 15mm 以上，使管子与混凝土模板间保持足够距离，再将管子用钢丝绑扎在钢筋上，或用钉子卡在模板上，如图 2-16 所示。

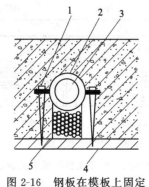

图 2-16　钢板在模板上固定

1—铁钉；2—钢丝；3—钢管；4—模板；5—垫块

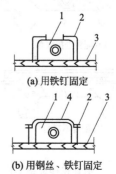

(a) 用铁钉固定

(b) 用钢丝、铁钉固定

图 2-17　灯头盒在模板上固定

1—灯头盒；2—铁钉；3—模板；4—钢丝

灯头盒可用铁钉固定或用钢丝缠绕在铁钉上，如图 2-17 所示，其安装方法如图 2-18 所示

接线盒可用钢丝或螺钉固定，方法如图 2-19 所示。待混凝土凝固后，必须将钢丝或螺钉切断除掉，以免影响接线。

钢管敷设在楼板内时，管外径与楼板厚度应配合。当楼板厚度为 80mm 时，管外径不应超过 40mm；厚度为 120mm 时，管外径不应超过 50mm。若管径超过上述尺寸，则钢管改为明敷或将管子埋在楼板的垫层内，灯头盒位置需在浇灌混凝土前预埋木砖，待混凝土凝固后再取出木砖进行配管，如图 2-20 所示。

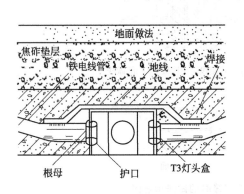

图 2-18 灯头盒在现浇混凝土楼板内安装

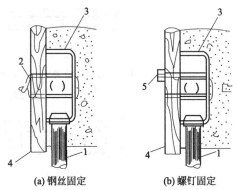

图 2-19 接线盒在模板上固定

1—钢管；2—钢丝；3—接线盒；4—模板；5—螺钉

② 在预制板中敷设 暗管在预制板中的敷设方法同"暗管在现浇混凝土楼板内的敷设"，但灯头盒的安装需在楼板上定位凿孔，做法如图 2-21 所示。

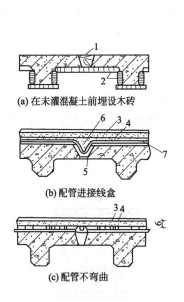

图 2-20 钢管在楼板垫层内敷设

1—木砖；2—模板；3—底面；4—焦砟垫层；
5—接线盒；6—水泥砂浆保护；7—钢管

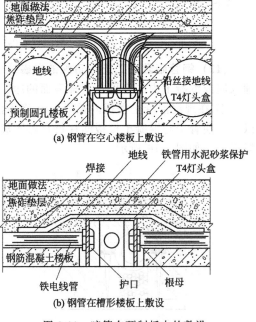

图 2-21 暗管在预制板中的敷设

③ 通过建筑物伸缩缝敷设 钢管暗敷时，常会遇到建筑物伸缩缝，其通常的做法是在伸缩缝（沉降缝）处设置接线箱，并且钢管应断开，如图 2-22 所示。

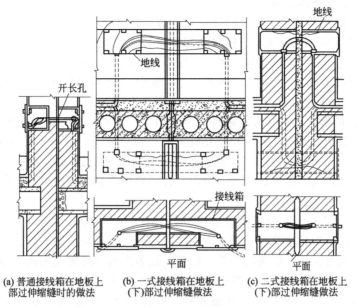

(a) 普通接线箱在地板上部过伸缩缝时的做法　(b) 一式接线箱在地板上(下)部过伸缩缝做法　(c) 二式接线箱在地板上(下)部过伸缩缝做法

图 2-22　暗管通过建筑物伸缩缝做法

钢管暗敷设时，在建筑物伸缩缝处设置的接线箱主要有两种，即一式接线箱和二式接线箱，如图 2-23 所示，其规格见表 2-5。

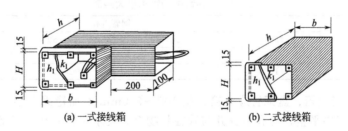

(a) 一式接线箱　　　　　　　(b) 二式接线箱

图 2-23　接线箱

表 2-5　钢管与接线箱配用规格尺寸   mm

每侧入箱电磁线管规格和数量		接线箱规格			箱厚	固定盖板螺钉规格数量
		H	b	h	h_1	
一式接线箱	40 以下两根	150	250	180	1.5	M5×4
	40 以上两根	200	300	180	1.5	M5×6
二式接线箱	40 以下两根	150	200	同墙厚	1.5	M5×4
	40 以上两根	200	300	同墙厚	1.5	M5×6

④ 埋地钢管敷设 埋地钢管敷设时，钢管的管径应不小于 20mm，且不应该穿过设备基础；如必须穿过，且设备基础面积较大时，钢管管径应不小于 25mm。在穿过建筑物基础时，应再加保护管保护。

直接埋入土中的钢管也需用混凝土保护，如不采用混凝土保护，可刷沥青漆进行保护。

埋入有腐蚀性或潮湿土中的管线，如为镀锌管丝接，应在丝头处抹铅油缠麻，然后拧紧丝头；如为非镀锌管件，应先刷沥青漆油后再缠生料带，然后再刷一道沥青漆。

2.1.3　穿线钢管明敷设

(1) 明配管敷设基本要求

① 明配管弯曲半径一般不小于管外径的 6 倍，如只有一个弯时应不小于管外径的 4 倍。

② 根据设计首先测出接线盒、接线箱与出线口的准确位置，然后按照安装标准的固定点间距要求确定支、吊装架的具体位置，固定点的距离应均匀，管卡与终端、转弯中点、电气器具或箱盒边缘的距离为 150～500mm。钢管中间管卡的最大距离：$\phi5～20$mm 时为 1.5m，$\phi25～32$mm 时为 2m。

③ 吊顶内管道敷设。在灯头测定后，至少用 2 个螺钉（栓）把灯头盒固定牢固，管道应敷设在主龙骨上边，管送入箱、盒，并应里外带锁紧螺母。管道主要采用配套管卡固定，固定间距不小于 1.5m。吊顶内灯头盒至灯位采用金属软管过渡，长度不应该超过 0.5m，其两端应使用专用接头。吊顶内各种接线盒、接线箱的安装口方向应朝向检查口以便于维护检查。

④ 设备与钢管连接时，应将钢管敷设到设备内。如不能直接进入时，在干燥房间内，可在钢管出口处加装保护软管引入设备；在潮湿房间内，可采用防水软管或在管口处装设防水弯头再套绝缘软管保护，软管与钢管、软管与设备之间的连接应用软管接头连接，长度不应该超过 1m。钢管露出地面的管口距地面高度应不小于 200mm。

⑤ 明箱盒安装应牢固平整，开孔整齐并与管径相吻合，要求一管一孔。钢管进入灯头盒、开关盒、接线盒及配电箱时，露出锁紧螺母的螺纹为 2～4 扣。

⑥ 支架固定点的距离应均匀，管卡与终端、转弯中点、电气器具或接线盒边缘，固定距离均应为 150～300mm。管道中间的固定点间距离应小于表 2-6 的规定。

表 2-6　钢管中间管卡最大距离　　　　　　　　　　　　　　　　　　mm

钢管名称	钢管直径			
	15～20	25～30	40～50	65～100
厚壁钢管	1500	2000	2500	3500
薄壁钢管	1000	1500	2000	—

⑦ 接线盒、接线箱、盘配管应在箱、盘 100～300mm 处加稳固支架，将管固定在支架上，盒管安装应牢固平整，开孔整齐并与管径相吻合，要求一管一孔，不得开长孔。铁制接线盒、接线箱严禁用电气焊开孔。

(2) 放线定位　根据设计图纸确定明配钢管的具体走向和接线盒、灯头盒、开关箱的位置，并注意尽量避开风管、水管，放线后按照安装标准规定的固定点间距的尺寸要求，计算确定支架、吊装架的具体位置。

(3) 支架、吊装架预制加工　支架、吊装架应按设计图要求进行加工。支架、吊装架的规格设计没有规定时，应不小于以下规定：扁钢支架 30mm×3mm；角钢支架 25mm×25mm×3mm。埋设支架应为燕尾形或 T 形，埋设深度应不小于 120mm。

(4) 管道敷设

① 检查管件是否通畅，去掉毛刺，调直管子。

② 敷管时，先将管卡一端的螺钉（栓）拧进一半，然后将管敷设在管卡内，逐个拧牢。使用铁支架时，可将钢管固定在支架上，不许将钢管焊接在其他管道上。

③ 水平或垂直敷设明配管允许偏差值：管道在 2m 以下时，偏差为 3mm，全长不应超过管子内径的 1/2。

④ 管道连接：明配管一律采用丝接。

⑤ 钢管与设备连接：应将钢管敷设到设备内，如不能直接进入，应符合下列要求。

a. 在干燥的房屋内，可在钢管出口处加保护软管引入设备，管口应包缠严密。

b. 在室外或潮湿的房间内，可在管口处装设防水弯头，由防水弯头引出的导线应套绝缘保护软管，经弯成防水弧度后再引入设备。

c. 管口距地面高度一般不低于 200mm。

⑥ 金属软管引入设备时，应符合下列要求。

a. 金属软管与钢管或设备连接时，应采用金属软管接头连接，长度不应该超过 1m。

b. 金属软管用管卡固定，其固定间距不应大于 1m，不得利用金属软管作为接地导体。

⑦ 配管必须到位，不可有裸露的导线没有管保护。

（5）接地线连接　明配管接地线，与钢管暗敷设相同，但跨接线应紧贴管箍，焊接或管卡连接应均匀、美观、牢固。

（6）防腐处理　螺纹连接处、焊接处均应补刷防锈漆，面漆按设计要求涂刷。

（7）钢管明敷设施工工艺

① 明管沿墙拐弯做法如图 2-24 所示。

② 钢管引入接线盒等设备如图 2-25 所示。

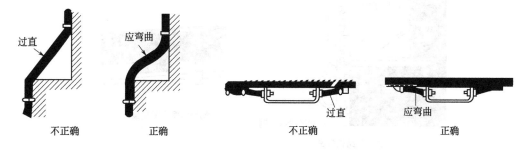

图 2-24　明管沿墙拐弯　　　　　　图 2-25　钢管引入接线盒做法

③ 电磁线管在拐角时要用拐角盒，其做法如图 2-26 所示。

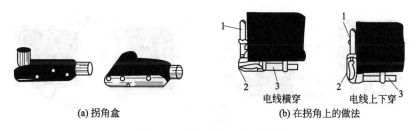

(a) 拐角盒　　　　　　(b) 在拐角上的做法

图 2-26　配管在拐角处做法
1—管箍；2—拐角盒；3—钢管

④ 钢管沿墙敷设采用管卡直接固定在墙上或支架上，如图 2-27 所示。

⑤ 钢管沿屋面梁底及侧面敷设方法如图 2-28(a) 所示。钢管沿屋架底面及侧面的敷设方法如图 2-28(b) 所示。

⑥ 多根钢管或管组可用吊装敷设，如图 2-29 所示。

⑦ 钢管沿钢屋架敷设如图 2-30 所示。

⑧ 钢管采用管卡槽的敷设。管卡槽及管卡由钢板或硬质尼龙塑料制成，做法如图 2-31 所示。

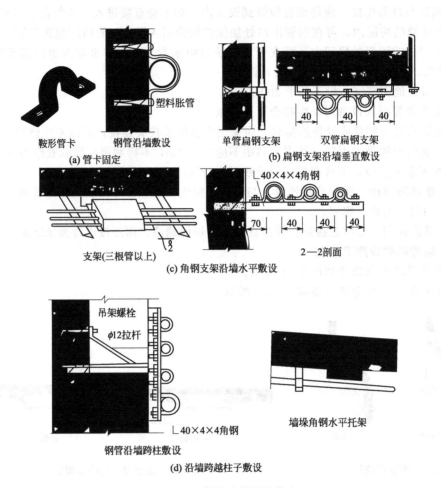

图 2-27 配管沿墙敷设的做法

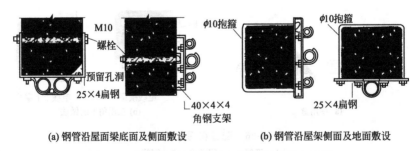

图 2-28 钢管沿屋顶下弦底面及侧面敷设方法图

⑨ 钢管通过建筑物的伸缩缝（沉降缝）时的做法如图 2-32 所示。拉线箱的长度一般为管径的 8 倍。当管子数量较多时，拉线箱高度应加大。

⑩ 钢管在龙骨上的安装如图 2-33 所示。

⑪ 钢管进入灯头盒、开关盒、接线盒及配电箱时，露出锁紧螺母的螺纹为 2～4 扣。当在室外或潮湿房屋内，采用防潮接线盒、配电箱时，配管与接线盒、配电箱的连接应加橡胶垫，做法如图 2-34 所示。

⑫ 钢管配线与设备连接时，应将钢管敷设到设备内，钢管露出地面的管口距地面高度

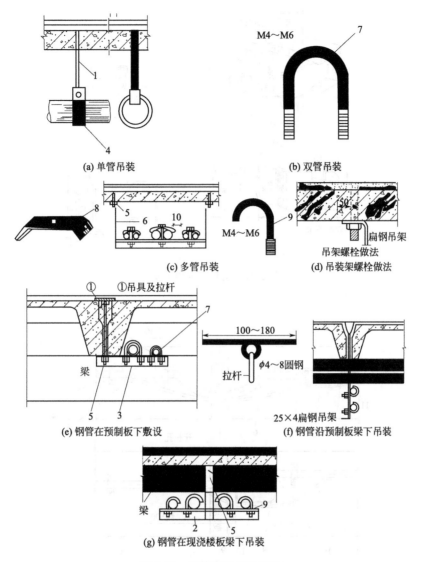

(a) 单管吊装

(b) 双管吊装

(c) 多管吊装

(d) 吊装架螺栓做法

(e) 钢管在预制板下敷设

(f) 钢管沿预制板梁下吊装

(g) 钢管在现浇楼板梁下吊装

图 2-29　钢管在楼板下安装

1—圆钢（ϕ10mm）；2—角钢支架（40mm×4mm）；3—角钢支架（30mm×3mm）；4—吊管卡；
5—吊装架螺栓（M8）；6—扁钢吊装架（40mm×4mm）；7—螺栓管卡；8—卡板（2～4mm 钢板）；9—管卡

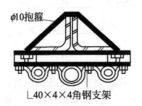

图 2-30　钢管沿钢屋架敷设

应不小于 200mm。如不能直接进入，可按下列方法进行连接。

a. 在干燥房间内，可在钢管出口处加保护软管引入设备。

b. 在室外潮湿房间内，可采用防湿软管或在管口处装设防水弯头。当由防水弯头引出

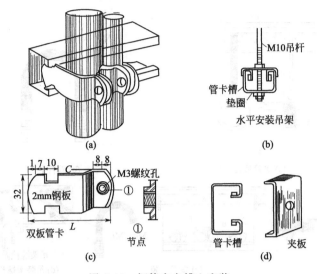

图 2-31 钢管在卡槽上安装

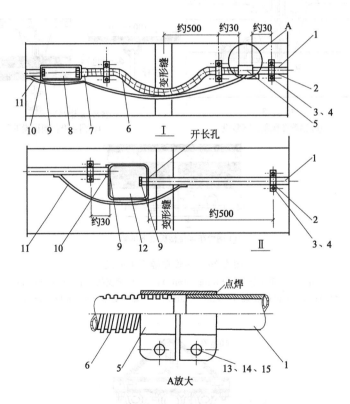

图 2-32 钢管通过建筑物伸缩缝时的做法

1—钢管或电磁线管；2—管卡子；3—木螺钉；4—塑料胀管；5—过渡接头；6—金属软管；7—金属软管接头；
8,12—拉线箱；9—护门；10—锁紧螺母；11—跨接线；13—半圆头螺钉；14—螺母；15—垫圈

的导线接至设备时，导线套绝缘软管保护，并应有防水弯头引入设备。

c. 金属软管引入设备时，软管与钢管、软管与设备间的连接应用软管接头连接。软管在设备上应用管卡固定，其固定点间距应不大于 1m，金属软管不能作为接地导体。

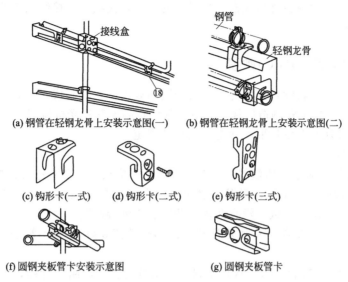

(a) 钢管在轻钢龙骨上安装示意图(一)　(b) 钢管在轻钢龙骨上安装示意图(二)

(c) 钩形卡(一式)　(d) 钩形卡(二式)　(e) 钩形卡(三式)

(f) 圆钢夹板管卡安装示意图　　　(g) 圆钢夹板管卡

图 2-33　钢管在龙骨上的安装图

2.1.4　护墙板、吊顶内管道敷设

　　吊顶内、护墙板内管道敷设的固定参照明配管施工工艺；连接、弯度、走向等参照暗配管施工工艺，接线盒可使用暗盒。

　　会审时要与通风暖卫等专业协调并绘制大样图，经审核无误后，在顶板或地面进行弹线定位。如吊顶是有格块线条的，灯位必须按格块均分，护墙板内配管应按设计要求测定接线盒、接线箱位置，弹线定位，如图 2-35 所示。

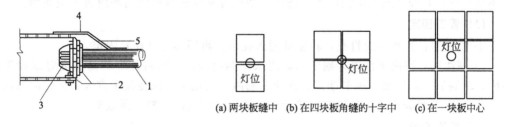

　　　　　　　　　　　　　　　　(a) 两块板缝中　(b) 在四块板角缝的十字中　(c) 在一块板中心

图 2-34　配管与防潮接线盒连接　　　　图 2-35　弹线定位
1—钢管；2—锁紧螺母；3—管螺母；
4—橡胶垫；5—接地线

　　灯位测定后，至少 2 个螺钉（栓）把灯头盒固定牢固。如有防火要求，可用防火棉、毡或其他防火措施处理灯头盒。没有用的敲落孔不应敲掉，已脱落的要补好。

　　管道应敷设在主龙骨的上边，管入接线盒、接线箱必须撅等差（灯叉）弯，并应里外带锁紧螺母。采用内护口，管进接线盒、接线箱以内锁紧螺母平为准。固定管道时，如为木龙骨可在管的两侧钉钉，用铅丝绑扎后再把钉钉牢；如为轻钢龙骨可采用配套管卡和螺钉（栓）固定，或用拉铆钉固定。直径 25mm 以上和成排管道应单独设支架。

　　管道敷设应牢固通顺，禁止做拦腰管或绊脚管。遇有长螺纹接管时，必须在管箍后面加锁紧螺母。管道固定点的间距不得大于 1.5m，受力灯头盒应用吊杆固定，在管进盒处及弯曲部位两端 15～30cm 处加固定卡固定。

　　吊顶内灯头盒至灯位可采用阻燃型普利卡金属软管过渡，长度不应该超过 1m，其两端应使用专用接头。吊顶内各种接线盒、接线箱的安装，接线盒、接线箱口的方向应朝向检查口以便于维修检查。

2.1.5 阻燃塑料管（PVC）敷设

保护电磁线用的塑料管及其配件必须由经阻燃处理的材料制成，塑料管外壁应有间距不大于1m的连续阻燃标记和制造厂标，且不应敷设在高温和易受机械损伤的场所。塑料管的材质及适用场所必须符合设计要求和施工规范的规定。

(1) PVC管的特性

① 管材的选择 对于硬质塑料管，在工程施工时应按下列要求进行选择。

a. 硬质塑料管应具有耐热、耐燃、耐冲击并有产品合格证，其内外管径应符合国家统一标准。管壁厚度应均匀一致，没有凸棱、凹陷、气泡等缺陷。

b. 硬质聚氯乙烯管应能反复加热焊制，即热塑性能要好。再生硬质聚氯乙烯管不应再用到工程中。

c. 电气线路中，使用的刚性PVC塑料管必须具有良好的阻燃性能，否则隐患极大，因阻燃性能不良而酿成的火灾事故屡见不鲜。

d. 工程中，使用的电磁线保护管及其配件必须由阻燃处理材料制成。塑料管外壁应有间距不大于1 m的连续阻燃标记和制造厂标，其氧指数应为27%及以上，有离火自熄的性能。

e. 选择硬质塑料管时，还应根据管内所穿导线截面积、根数选择配管管径。一般情况下，管内导线总截面积（包括外护层）不应大于管内截面积的40%。

② 管材的应用。硬质塑料管适用于民用建筑或室内有酸、碱腐蚀性介质的场所。由于塑料管在高温下机械强度会降低，老化加速，蠕变量大，故在环境温度大于40℃的高温场所不应敷设，在经常发生机械冲击、碰撞、摩擦等易受机械损伤的场所也不应使用。

(2) 管道固定

① 胀管法：先在墙上打孔，将胀管插入孔内，再用螺钉（栓）固定。

② 剔注法：按测定位置，剔出墙洞用水把洞内浇湿，再将拌好的高强度等级砂浆填入洞内，填满后，将支架、吊装架或螺栓插入洞内，校正埋入深度和平直度，再将洞口抹平。

③ 先固定两端支架、吊装架，然后拉直线固定中间的支架、吊装架。

(3) 管道敷设

① 断管：小管径可使用剪管器，大管径可使用钢锯锯断，断口后将管口锉平齐。

② 管子的弯曲：管子弯曲的方法有冷弯和热揻两法。

a. 冷弯法。冷弯法只适用于硬质PVC塑料管在常温下的弯曲。在弯管时，将相应的弯管弹簧插入管内需弯曲处，两手握住管弯曲处弯簧的部位，用手逐渐弯出需要的弯曲半径来，如图2-36所示。

当在硬质PVC塑料管端部冷弯90°弯曲或鸭脖弯时，如用手冷弯管有一定困难，可在管口处外套一个内径略大于管外径的钢管，一手握住管子，一手扳动钢管即可弯出管端长度适当的90°弯曲。

弯管时，用力和受力点要均匀，一般需弯曲至比所需要弯曲角度要小，待弯管回弹后，便可达到要求，然后抽出管内弯簧。

图2-36 冷弯管

此外，硬质 PVC 塑料管还可以使用手扳弯管器冷弯管，将已插好弯簧的管子插入配套的弯管器，手扳一次即可弯出所需弯管。

b. 热揻法。采用热揻法弯曲塑料管时，可用喷灯、木炭或木材来加热管材，也可用水煮、电炉子或碘钨灯加热等。但是，应掌握好加热温度和加热长度，不能将管烤伤、变色。

对于管径 20mm 及以下的塑料管，可直接加热揻弯。加热时，应均匀转动管身，达到适当温度后，应立即将管放在平木板上揻弯，也可采用模型揻弯。如在管口处插入一根直径相适宜的防水线或橡胶棒或氧气带，用手握住需揻弯处的两端进行弯曲，当弯曲成形后将弯曲部位插入冷水中冷却定型。

弯曲 90°时，管端部应与原管垂直，有利于瓦工砌筑。管端不应过长，应保证管（盒）连接后管子在墙体中间位置上，如图 2-37(a) 所示。

在管端部揻鸭脖弯时，应一次弯成所需长度和形状，并注意两直管段间的平行距离，且端部短管段不应过长，防止预埋后造成砌体墙通缝，如图 2-37(b) 所示。

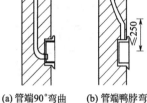

(a) 管端90°弯曲　(b) 管端鸭脖弯

图 2-37　管端部的弯曲

对于管径在 25mm 及以上的塑料管，可在管内填沙揻弯。弯曲时，先将一端管口堵好，然后将干沙子灌入管内蹾实，将另一端管口堵好后，用热沙子加热到适当温度，即可放在模型上弯制成形。

硬 PVC 塑料管也可同硬质聚氯乙烯管一样进行热揻，其方法相似，可予以参考。

塑料管弯曲完成后，应对其质量进行检查。管子的弯曲半径不应小于管外径的 6 倍；埋于地下或混凝土楼板内时，不应小于管外径的 10 倍。为了防止渗漏、穿线方便及穿线时不损坏导线绝缘层，并便于维修，管的弯曲处不应有褶皱、凹穴和裂缝现象，弯扁程度不应大于管外径的 10%。

③ 敷管时，先将管卡一端的螺钉（栓）拧紧一半，然后将管敷设于管卡内，逐个拧紧。

(4) 管与管的连接

① 插接法。对于不同管径的塑料管，其采用的插接方法也不相同：对于 φ50mm 及以下的硬塑料管多采用加热直接插接法；而对于 φ65mm 及以上的硬塑料管常采用模具胀管插接法。

a. 加热直接插接法。塑料管连接时，应先将管口倒角，外管倒内角，内管倒外角，如图 2-38 所示。然后将内、外管插接段的尘埃等污垢擦净，如有油污时可用二氯乙烯、苯等溶剂擦净。插接长度应为管径的 1.1~1.8 倍，可用喷灯、电炉、炭化炉加热，也可浸入温度为 130℃左右的热甘油或石蜡中加热至软化状态。此时，可在内管段涂上胶合剂（如聚乙烯胶合剂），然后迅速插入外管，待内外管线一致时，立即用湿布冷却，如图 2-39 所示。

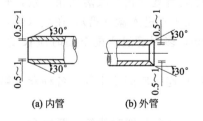

(a) 内管　(b) 外管

图 2-38　管口倒角（塑料管）

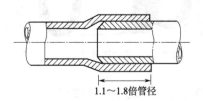

1.1~1.8倍管径

图 2-39　塑料管插接

b. 模具胀管插接法。与上述方法相似，也是先将管口倒角，再清除插接段的污垢，然后加热外管插接段。待塑料管软化后，将已被加热的金属模具插入（如图 2-40 所示），冷却（可用水冷）至 50℃后脱模。模具外径应比硬管外径大 2.5%左右；当无金属模具时，可用木模代替。

在内、外插接面涂上胶合剂后，将内管插入外管，插入深度为管内径的 1.1～1.8 倍，加热插接段，使其软化后急速冷却（可浇水），收缩变硬即连接牢固。

② 套管连接法。采用套管连接时，可用比连接管管径大一级的塑料管作套管，长度应该为连接管外径的 1.5～3 倍（管径为 50mm 及以下者取上限值；50mm 以上者取下限值）。将需套接的两根塑料管端头倒角，并涂上胶合剂，再将被连接的两根塑料管插入套管，并使连接管的对口处于套管中心，且紧密牢固。套管加热温度应该取 130℃左右。塑料管套管连接如图 2-41 所示。

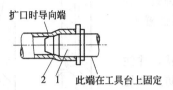

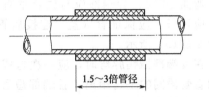

图 2-40 模具胀管

1—成形模；2—硬聚氯乙烯管

图 2-41 塑料管套管连接

在暗配管施工中常采用不涂胶合剂直接套接的方法，但套管的长度不应该小于连接管外径的 4 倍，且套管的内径与连接管的外径应紧密配合才能连接牢固。

③ 波纹管的连接。波纹管由于成品管较长（ϕ20mm 以下为每盘 100m），在敷设过程中，一般很少需要进行管与管的连接，如果需要进行连接，可以按图 2-42 所示方法进行。

(5) 管与盒（箱）的连接 硬质塑料管与盒（箱）连接，有的需要预先进行连接，有的则需要在施工现场配合施工过程在管子敷设时进行连接。

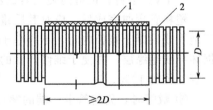

图 2-42 塑料波纹管的连接

1—塑料管接头；2—聚氯乙烯波纹管

① 硬塑料管与盒连接时，一般把管弯成 90°，在盒的后面与盒子的敲落孔连接，尤其是埋在墙内的开关、插座盒，可以方便瓦工的砌筑。如果撅成鸭脖弯，在盒上方与盒的敲落孔连接，预埋砌筑时立管不易固定。

② 硬质塑料管与盒（箱）的连接，可以采用成品管盒连接件（如图 2-43 所示）。连接时，管插入深度应该为管外径的 1.1～1.8 倍，连接处结合面应涂专用胶合剂。

图 2-43 管盒连接件

③ 连接管外径应与盒（箱）敲落孔相一致，管口平整、光滑，一管一孔顺直进入盒（箱），在盒（箱）内露出长度应小于 5mm，多根管进入配电箱时应长度一致，排列间距均匀。

④ 管与盒（箱）连接应固定牢固，各种盒（箱）的敲落孔不被利用的不应被破坏。

⑤ 管与盒（箱）直接连接时要掌握好入盒长度，不应在预埋时使管口脱出盒子，也不应使管插入盒内过长，更不应后打断管头，致使管口出现锯齿或断在盒外出现负值。

(6) 使用保护管 硬塑料管埋地敷设（在受力较大处，应该采用重型管）引向设备时，露出地面 200mm 段，应用钢管或高强度塑料管保护，保护管埋地深度不小于 50mm，如图

2-44 所示。

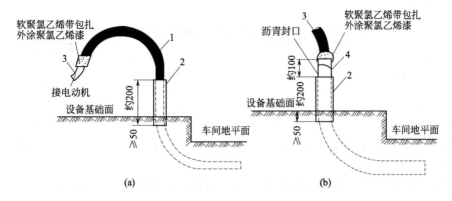

图 2-44　硬塑料管暗敷引至设备做法
1—聚氯乙烯塑料管（直径 15~40mm）；2—保护钢管；
3—软聚氯乙烯管；4—硬聚氯乙烯管（直径 50~80mm）

(7) 扫管穿带线　对于现浇混凝土结构，如墙、楼板，应及时进行扫管，即随拆模随扫管，这样能够及时发现堵管不通现象，便于处理，可在混凝土未终凝时，修补管道。对于砖混结构墙体，应在抹灰前进行扫管。有问题时修改管道，便于土建修复。经过扫管后确认管道畅通，及时穿好带线，并将管口、盒口、箱口堵好，加强成品配管保护，防止出现二次堵塞管道现象。

2.2　电磁线穿管和导线槽敷设

2.2.1　电磁线穿管和导线槽敷设一般规定

① 一般要求穿管导线的总截面积不应超过线管内径截面积的 40%，线管的管径可根据穿管导线的截面积和根数按表 2-7 选择。

表 2-7　导线穿管管径选用

导线截面积 /mm²	铁管的标称直径(内径)/mm					电磁线管的标称直径(外径)/mm				
	两根	三根	四根	六根	九根	两根	三根	四根	六根	九根
1	13	13	13	16	23	13	16	16	19	25
1.5	13	16	16	19	25	13	16	19	25	25
2	13	16	16	19	25	16	16	19	25	25
2.5	16	16	16	19	25	16	16	19	25	25
3	16	16	19	19	32	16	16	19	25	32
4	16	19	19	25	32	16	16	25	25	32
5	16	19	19	25	32	16	19	25	25	32
6	19	19	19	25	32	16	19	25	25	32
8	19	19	25	32	32	19	25	25	32	36
10	19	25	25	32	51	25	25	32	38	61
16	25	25	32	38	51	25	32	32	38	51
20	25	32	32	51	64	25	32	38	51	64
25	32	32	38	51	64	32	38	38	51	64
35	32	38	51	51	64	32	38	51	64	64
50	38	51	51	64	76	38	51	64	64	76

② 配线的布置应符合设计规定，当设计没有规定时室内外绝缘导线与地面的距离应符合表 2-8 的规定。

表 2-8　设计没有规定时室内外绝缘导线与地面的距离

敷设方式		最小距离/m
水平敷设	室内	2.5
	室外	2.7
垂直敷设	室内	1.8
	室外	2.7

③ 在顶棚内由接线盒引向器具的绝缘导线，应采用可弯性金属软管或塑料软管等，保护导线不应有裸露部分。

④ 穿线时，应穿线、放线互相配合，统一指挥，一端拉线，一端送线，号令应一致，穿线才顺利。

⑤ 配线工程施工完毕后，应进行各回路的绝缘检查，保证保护地线连接可靠，对带有漏电保护装置的线路应做模拟动作并做好记录。

2.2.2　穿管施工

(1) 导线选择

① 应根据设计图要求选择导线露天架空。进（出）户的导线应使用橡胶绝缘导线，严禁使用塑料绝缘导线。

② 相线、中性线及保护地线的颜色应加以区分，用黄绿色相间的导线作为保护地线，淡蓝色导线作为中性线。同一单位工程的相线颜色应予统一规定。

(2) 穿线　穿线工作一般在土建工程结束后进行。

① 穿线前要清扫线管，在钢丝上绑以擦布，清除管内杂物和水分。

② 选用 $\phi1.2mm$ 的钢丝作引线，当线管较短时，可把钢丝引线由管子一端送向另一端。

如果线管较长或弯头较多，将钢丝引线从一端穿入管子的另一端有困难时，可从管的两端同时穿入钢丝引线，引线前端弯成小钩，如图 2-45 所示。当钢丝引线在管中相遇时，用手转动引线使其钩在一起，然后把一根引线拉出，即可将导线牵引入管。

③ 导线穿入线管前，线管口应先套上护圈，接着按线管长度，加上两端连接所需的长度余量剪切导线，削去两端导线绝缘层，标好同一根导线的记号，然后将所有导线按图 2-46 所示方法与钢丝引线缠绕，由一个人将导线理成平行束往线管内送，另一个人在另一端慢慢抽拉钢丝引线，如图 2-47 所示。

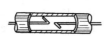

图 2-45　管两端穿入钢丝引线

图 2-46　导线与引线的缠绕

穿管导线的绝缘强度应不低于 500V，导线最小截面积规定为铜芯线 $1mm^2$，铝芯线 $2.5mm^2$。线管内导线不准有接头，也不准穿入绝缘破损后经过包缠恢复绝缘的导线。管内导线一般不得超过 10 根，同一台电动机包括控制和信号回路的所有导线，允许穿在同一根线管内。

(3) 电磁线、电缆与带线的绑扎

① 当导线根数较少时，例如 2～3 根导线，可将导线前端的绝缘层削去，然后将线芯直接插入带线的盘圈内并折回压实，绑扎牢固，使绑扎处形成一个平滑的锥形过渡部位。

图 2-47　导线穿入管内的方法

② 当导线根数较多或导线截面积较大时，可将导线前端的绝缘层削去，然后将线芯错开排列在带线上，用绑线缠绕扎牢，使绑扎接头处形成一个平滑的锥形过渡部位，便于穿线。

③ 电缆应加金属网套进行固定。

2.3 导线槽敷线

2.3.1 施工准备与导线槽的分类

(1) 施工准备　导线槽内配线前应将导线槽内的积水和污物清除干净。清扫明敷导线槽时，可用抹布擦净导线槽内残余的杂物和积水，使导线槽内外保持清洁；清扫暗敷地面内的导线槽时，可先将带线穿通至接线口，然后将布条绑在带线一端，从另一端将布条拉出，反复多次就可以将导线槽内的杂物和积水清理干净，也可以用空气压缩机将导线槽内的杂物和积水吹出。

① 导线槽应平整，没有扭曲变形，内壁没有毛刺，附件齐全。

② 导线槽直线段连接采用连接板，用垫圈、弹簧垫圈、螺母紧固，接口缝隙严密平齐，导线槽盖装上后平整、没有翘角，出线口的位置准确。

③ 导线槽进行交叉、转弯、T 字连接时，应采用单通、二通、三通等进行变通连接，导线接头处应设置接线盒或将导线接头放在电气器具内。

④ 导线槽与接线盒、接线箱、柜等接茬时，进线和出线口等处应采用抱脚连接，并用螺栓紧固，末端应加装封堵。

⑤ 不允许将穿过墙壁的导线槽与墙上的孔洞一起抹死。

⑥ 敷设在强、弱电竖井处的导线槽在穿越楼板时应进行封堵处理（采用防火堵料）。

(2) 导线槽的分类　导线槽根据材料分类主要分为金属导线槽与塑料导线槽。

① 金属导线槽　金属导线槽配线一般适用于正常环境的室内场所明敷设，由于金属导线槽多由厚度为 0.4～1.5mm 的钢板制成，其构造特点决定了在对金属导线槽有严重腐蚀的场所不应采用金属导线槽配线。具有导线槽盖的封闭式金属导线槽，有与金属导管相当的耐火性能，可用在建筑物顶棚内敷设。

为适应现代化建筑物电气线路复杂多变的需要，金属导线槽也可采取地面内暗装的布线方式。它是将电磁线或电缆穿在经过特制的壁厚为 2mm 的封闭式矩形金属导线槽内，直接敷设在混凝土地面、现浇钢筋混凝土楼板或预制混凝土楼板的垫层内。

② 塑料导线槽　塑料导线槽由导线槽底、导线槽盖及附件组成，是由难燃型硬质聚氯乙烯工程塑料挤压成形的，规格较多，外形美观，可起到装饰建筑物的作用。塑料导线槽一般适用于正常环境的室内场所明敷设，也可用于科研实验室或预制板结构而无法暗敷设的工程；还适用于旧工程改造更换线路；同时也可用于弱电磁线路吊顶内暗敷设场所。

在高温和易受机械损伤的场所不应该采用塑料导线槽布线。

2.3.2 金属导线槽的敷设

(1) 导线槽的选择 金属导线槽内外应光滑平整、没有棱刺、扭曲和变形现象。选择时，金属导线槽的规格必须符合设计要求和有关规范的规定，同时，还应考虑到导线的填充率及载流导线的根数，同时满足散热、敷设等安全要求。

金属导线槽及其附件应采用表面经过镀锌或静电喷漆的定型产品，其规格和型号应符合设计要求，并有产品合格证等。

(2) 测量定位

① 金属导线槽安装时，应根据施工设计图，用粉线袋沿墙、顶棚或地面等处，弹出线路的中心线并根据导线槽固定点的要求分出均匀档距，标出导线槽支、吊装架的固定位置。

② 金属导线槽吊点及支持点的距离，应根据工程具体条件确定，一般在直线段固定间距不应大于 3m，在导线槽的首端、终端、分支、转角、接头及进出接线盒处应不大于 0.5m。

③ 导线槽配线在穿过楼板及墙壁时，应用保护管，而且穿楼板处必须用钢管保护，其保护高度距地面不应低于 1.8m。

④ 过变形缝时应做补偿处理。

⑤ 地面内暗装金属导线槽布线时，应根据不同的结构形式和建筑布局，合理确定线路路径及敷设位置。

a. 在现浇混凝土楼板的暗装敷设时，楼板厚度不应小于 200mm；

b. 当敷设在楼板垫层内时，垫层厚度不应小于 70mm，并应避免与其他管道相互交叉。

(3) 导线槽的固定

① 木砖固定导线槽。配合土建结构施工时预埋木砖。加气砖墙或砖墙应在剔洞后再埋木砖，梯形木砖较大的一面应朝洞里，外表面与建筑物的表面对齐，然后用水泥砂浆抹平，待凝固后，再把导线槽底板用木螺钉固定在木砖上。

② 塑料胀管固定导线槽。混凝土墙、砖墙可采用塑料胀管固定塑料导线。根据胀管直径和长度选择钻头，在标出的固定点位置上钻孔，不应歪斜、豁口，垂直钻好孔后，应将孔内残存的杂物清理干净，用木槌把塑料胀管垂直敲入孔中，直至与建筑物表面平齐，再用石膏将缝隙填实抹平。

③ 伞形螺栓固定导线槽。在石膏板墙或其他护板墙上，可用伞形螺栓固定塑料导线槽。根据弹线定位的标记，找好固定点位置，把导线槽的底板横平竖直地紧贴在建筑物的表面。钻好孔后将伞形螺栓的两伞叶掐紧合拢插入孔中，待合拢伞叶自行张开后，再用螺母紧固即可，露出导线槽内的部分应加套塑料管。固定导线槽时，应先固定两端再固定中间。

(4) 导线槽在墙上安装

① 金属导线槽在墙上安装时，可采用塑料胀管安装。当导线槽的宽度 $b \leqslant 100$mm 时，可采用一个胀管固定；当导线槽的宽度 $b > 100$mm 时，应采用两个胀管并列固定。

a. 金属导线槽在墙上固定安装的固定间距为 500mm，每节导线槽的固定点不应少于 2 个。

b. 导线槽固定螺钉紧固后，其端部应与导线槽内表面光滑相连，导线槽底应紧贴墙面固定。

c. 导线槽的连接应连续没有间断，导线槽接口应平直、严密，导线槽在转角、分支处和端部均应有固定点。

② 金属导线槽在墙上水平架空安装时，既可使用托臂支承，也可使用扁钢或角钢支架支承。托臂可用膨胀螺栓进行固定，当金属导线槽宽度小于等于 100mm 时，导线槽在托臂

上可采用一个螺栓固定。

　　制作角钢或扁钢支架时，下料后，长短偏差不应大于 5mm，切口处应没有卷边和毛刺。支架焊接后应没有明显变形，焊缝均匀平整，焊缝处不得出现裂纹、咬边、气孔、凹陷、漏焊等缺陷。

　　(5) 导线槽在吊顶上安装

　　① 吊装金属导线槽在吊顶内安装时，吊杆可用膨胀螺栓与建筑结构固定。当在钢结构上固定时，可进行焊接固定，将吊装架直接焊在钢结构的固定位置处；也可以使用万能吊具与角钢、槽钢、工字钢等钢结构进行安装（如图 2-48 所示）。

　　② 吊装金属导线槽在吊顶下吊装时，吊杆应固定在吊顶的主龙骨上，不允许固定在副龙骨或辅助龙骨上。

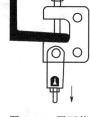

图 2-48　用万能吊具固定

　　(6) 导线槽在吊装架上安装　导线槽用吊装架悬吊安装时，可根据吊装卡箍的不同形式采用不同的安装方法。当吊杆安装完成后，即可进行导线槽的组装。

　　① 吊装金属导线槽时，可根据不同需要，选择开口向上安装或开口向下安装。

　　② 吊装金属导线槽时，应先安装干线导线槽，后安装支线导线槽。

　　③ 导线槽安装时，应先拧开吊装器，把吊装器下半部套入导线槽内，使导线槽与吊杆之间通过吊装器悬吊在一起。如在导线槽上安装灯具时，灯具可用蝶形螺栓或蝶形夹卡与吊装器固定在一起，然后再把导线槽逐段组装成形。

　　④ 导线槽与导线槽之间应采用内连接头或外连接头连接，并用沉头或圆头螺栓配上平垫和弹簧垫圈用螺母紧固。

　　⑤ 吊装金属导线槽在水平方向分支时，应采用二通接线盒、三通接线盒、四通接线盒进行分支连接。

　　在不同平面转弯时，在转弯处应采用立上弯头或立下弯头进行连接，安装角度要适宜。

　　⑥ 在导线槽出线口处应利用出线口盒［图 2-49(a)］进行连接；末端要装上封堵［图 2-49(b)］进行封闭，在接线盒、接线箱出线处应采用抱脚［图 2-49(c)］进行连接。

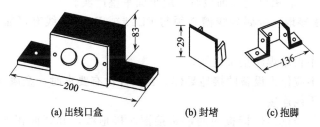

(a) 出线口盒　　　　(b) 封堵　　　(c) 抱脚

图 2-49　金属导线槽安装配件图

　　(7) 导线槽在地面内安装　金属导线槽在地面内暗装敷设时，应根据单导线槽或双导线槽不同结构形式选择单压板或双压板，与导线槽组装好后再上好卧脚螺栓。然后，将组合好的导线槽及支架沿线路走向水平放置在地面或楼（地）面的找平层或楼板的模板上，然后再进行导线槽的连接。

　　① 导线槽支架的安装距离应按照工程具体情况进行设置，一般应设置于直线段大于 3m 或在导线槽接头处、导线槽进入分线盒 200mm 处。

　　② 地面内暗装金属线盒的制造长度一般为 3m，每 0.6m 设一个出线口。当需要导线槽与导线槽相互连接时，应采用导线槽连接头，如图 2-50 所示。

导线槽的对口处应在导线槽连接头中间位置上，导线槽接口应平直，紧定螺钉应拧紧，使导线槽在同一条中心轴线上。

③ 地面内暗装金属导线槽为矩形断面，不能进行导线槽的弯曲加工，当遇有线路交叉、分支或弯曲转向时，必须安装分线盒，如图 2-51 所示。当导线槽的直线长度超过 6m 时，为方便导线槽内穿线也应该加装分线盒。

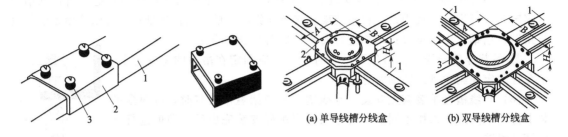

(a) 单导线槽分线盒　　(b) 双导线槽分线盒

图 2-50　导线槽连接头示意图　　　　　图 2-51　单双导线槽分线盒安装示意图
1—导线槽；2—导线槽连接头；3—紧定螺钉　　　1—导线槽；2—单槽分线盒；3—双槽分线盒

导线槽与分线盒连接时，导线槽插入分线盒的长度不应该大于 10mm。分线盒与地面高度的调整依靠盒体上的调整螺栓进行。双导线槽分线盒安装时，应在盒内安装便于分开的交叉隔板。

④ 组装好的地面内暗装金属导线槽，不明露地面的分线盒封口盖，不应外露出地面；需露出地面的出线盒口和分线盒口不得突出地面，必须与地面平齐。

⑤ 地面内暗装金属导线槽端部与配管连接时，应使用导线槽与管过渡接头。当金属导线槽的末端没有连接管时，应使用封端堵头拧牢堵严。导线槽地面出线口处，应根据不同需要选用零件与出线口。

(8) 导线槽附件安装　导线槽附件如直通、三通转角、接头、插口、盒和箱应采用相同材质的定型产品。导线槽底、导线槽盖与各种附件相对接时，接缝处应严实平整，没有缝隙。

盒子均应两点固定，各种附件角、转角、三通等固定点不应少于两点（卡装式除外）。接线盒、灯头盒应采用相应插口连接。导线槽的终端应采用终端头封堵。在线路分支接头处应采用相应接线箱。安装铝合金装饰板时，应牢固平整严实。

(9) 金属导线槽接地　金属导线槽必须与 PE 线或 PEN 干线有可靠电气连接，并符合下列规定。

① 金属导线槽不得熔焊跨接接地线。

② 金属导线槽不应作为设备的接地导体，当设计没有要求时，金属导线槽全长不少于 2 处与 PE 线或 PEN 干线连接。

③ 非镀锌金属导线槽间连接板的两端跨接铜芯接地线，其截面积不小于 $4mm^2$，镀锌导线槽间连接板的两端不跨接接地线，但连接板两端不少于 2 个有防松螺母或防松垫圈的连接固定螺栓。

2.3.3　塑料导线槽的敷设

(1) 导线槽的选择　选用塑料导线槽时，应根据设计要求和允许容纳导线的根数来选择导线槽的型号和规格。选用的导线槽应有产品合格证件，导线槽内外应光滑没有棱刺，且不应有扭曲、翘边等现象。塑料导线槽及其附件的耐火及防延燃的要求应符合相关规定，一般氧指数不应低于 27%。

电气工程中，常用的塑料导线槽的型号有 VXC2 型、VXC25 型导线槽和 VXCF 型分线式导线槽。其中，VXC2 型塑料导线槽可应用于潮湿和有酸碱腐蚀的场所。

弱电磁线路多为非载流导体，自身引起火灾的可能性极小，在建筑物顶棚内敷设时，可采用难燃型带盖塑料导线槽。

(2) 弹线定位　塑料导线槽敷设前，应先确定好盒（箱）等电气器具固定点的准确位置，从始端至终端按顺序找好水平线或垂直线。用粉线袋在导线槽布线的中心处弹线，确定好各固定点的位置。在确定门旁开关导线槽位置时，应能保证门旁开关盒处在距门框边 0.15～0.2m 的范围内。

(3) 导线槽固定　塑料导线槽敷设时，应该沿建筑物顶棚与墙壁交角处的墙上及墙角和踢脚板上口线上敷设。

导线槽底的固定应符合下列规定。

① 塑料导线槽布线应先固定导线槽底，导线槽底应根据每段所需长度切断。

② 塑料导线槽布线在分支时应做成 T 字形分支，导线槽在转角处导线槽底应锯成 45°角对接，对接连接面应严密平整，没有缝隙。

③ 塑料导线槽底可用伞形螺栓固定或用塑料胀管固定，也可用木螺钉将其固定在预先埋入在墙体内的木砖上，如图 2-52 所示。

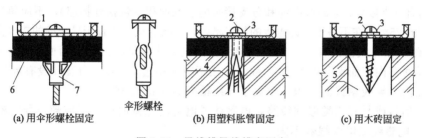

图 2-52　导线槽导线槽底固定

1—导线槽底；2—木螺钉；3—垫圈；4—塑料胀管；5—木砖；6—石膏壁板；7—伞形螺栓

④ 塑料导线槽槽底的固定点间距应根据导线槽规格而定。固定导线槽时，应先固定两端再固定中间，端部固定点距导线槽底终点不应小于 50mm。

⑤ 固定好后的导线槽底应紧贴建筑物表面，布置合理，横平竖直，导线槽的水平度与垂直度允许偏差均不应大于 5mm。

⑥ 导线槽盖一般为卡装式。安装前，应比照每段导线槽底的长度按需要切断，导线槽盖的长度要比导线槽底的长度短一些，如图 2-53 所示，其 A 段的长度应为导线槽宽度的一半，在安装导线槽盖时供作装饰配件就位用。塑料导线槽导线槽盖如不使用装饰配件，导线槽盖与导线槽底应错位搭接。导线槽盖安装时，应将导线槽盖平行放置，对准导线槽底，用手一按导线槽盖，即可卡入导线槽底的凹槽中。

⑦ 在建筑物的墙角处导线槽进行转角及分支布置时，应使用左三通或右三通。分支导

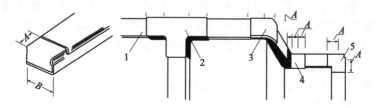

图 2-53　导线槽沿墙敷设示意图

1—直线导线槽；2—平三通；3—阳转角；4—阴转角；5—直转角

线槽布置在墙角左侧时使用左三通,分支导线槽布置在墙角右侧时应使用右三通。

⑧ 塑料导线槽布线在导线槽的末端应使用附件堵头封堵。

2.3.4 导线槽内导线的敷设

(1) 金属导线槽内导线的敷设

① 金属导线槽内配线前,应清除导线槽内的积水和杂物。清扫导线槽时,可用抹布擦净导线槽内残存的杂物,使导线槽内外保持清洁。

清扫地面内暗装的金属导线槽时,可先将引线钢丝穿通至分线盒或出线口,然后将布条绑在引线一端送入导线槽内,从另一端将布条拉出,反复多次即可将槽内的杂物和积水清理干净。也可用压缩空气或氧气将导线槽内的杂物积水吹出。

② 放线前应先检查导线的选择是否符合要求,导线分色是否正确。

③ 放线时应边放边整理,不应出现挤压、背扣、扭结、损伤绝缘等现象,并应将导线按回路(或系统)绑扎成捆,绑扎时应采用尼龙绑扎带或线绳,不允许使用金属导线或绑线进行绑扎。导线绑扎好后,应分层排放在导线槽内并做好永久性编号标志。

④ 穿线时,在金属导线槽内不应该有接头,但在易于检查(可拆卸盖板)的场所,可允许在导线槽内有分支接头。电磁线电缆和分支接头的总截面积(包括外护层),不应超过该点导线槽内截面积的 75%;在不易于拆卸盖板的导线槽内,导线的接头应置于导线槽的接线盒内。

⑤ 电磁线在导线槽内有一定余量。导线槽内电磁线或电缆的总截面面积(包括外护层)不应超过导线槽内截面积的 20%,载流导线不应该超过 30 根。当设计没有此规定时,包括绝缘层在内的导线总截面积不应大于导线槽截面积的 60%。

控制、信号或与其相类似的线路,电磁线或电缆的总截面面积不应超过导线槽内截面积的 50%,电磁线或电缆根数不限。

⑥ 同一回路的相线和中性线,敷设于同一金属导线槽内。

⑦ 同一电源的不同回路没有抗干扰要求的线路可敷设于同一导线槽内;由于导线槽内电磁线有相互交叉和平行紧挨现象,敷设于同一导线槽内有抗干扰要求的线路用隔板隔离,或采用屏蔽电磁线和屏蔽护套一端接地等屏蔽和隔离措施。

⑧ 在金属导线槽垂直或倾斜敷设时,应采取措施防止电磁线或电缆在导线槽内移动,造成绝缘层损坏,拉断导线或拉脱拉线盒(箱)内导线。

⑨ 引出金属导线槽的线路,应采用镀锌钢管或普利卡金属套管,不应该采用塑料管与金属导线槽连接。导线槽的出线口应位置正确、光滑、没有毛刺。

引出金属导线槽的配管管口处应有护口,电磁线或电缆在引出部分不得遭受损伤。

(2) 塑料导线槽内导线的敷设 对于塑料导线槽,导线应在导线槽底固定后开始敷设。导线敷设完成后,再固定导线槽盖。

导线在塑料导线槽内敷设时,应注意以下几点。

① 导线槽内电磁线或电缆的总截面面积(包括外护层)不应超过导线槽内截面积的 20%,载流导线不应该超过 30 根(控制、信号等线路可视为非载流导线)。

② 强、弱电磁线路不应同时敷设在同一导线槽内。同一路径没有抗干扰要求的线路,可以敷设在同一导线槽内。

③ 放线时先将导线放开抻直,从始端到终端边放边整理,导线应顺直,不得有挤压、背扣、扭结和受损等现象。

④ 电磁线、电缆在塑料导线槽内不得有接头,导线的分支接头应在接线盒内进行。从室外引进室内的导线在进入墙内一段应使用橡胶绝缘导线,严禁使用塑料绝缘导线。

2.4 金属套索布线

2.4.1 金属套索及其附件的选择

（1）**金属套索** 为抗锈蚀和延长使用寿命，布线的金属套索应采用镀锌金属套索，不应采用含油芯的金属套索。由于含油芯的金属套索易积存灰尘而锈蚀，难以清扫，故而不应该使用。

为了保证金属套索的强度，使用的金属套索不应有扭曲、松股、断股和抽筋等缺陷。单根钢丝的直径应小于 0.5mm，因为金属套索在使用过程中，常会发生因经常摆动而导致钢丝过早断裂的现象，所以钢丝的直径应小，以便保持较好的柔性。在潮湿或有腐蚀性介质及易贮纤维灰尘的场所，为防止金属套索发生锈蚀，影响安全运行，可选用塑料护套金属套索。

选用圆钢做金属套索时，在安装前应调直、预拉伸和刷防腐漆。如采用镀锌圆钢，在校直、拉伸时注意不得损坏镀锌层。

（2）**金属套索附件** 金属套索附件主要有拉环、花篮螺栓、金属套索卡和索具套环及各种接线盒等。

① 拉环。拉环用于在建筑物上固定金属套索。为增加其强度，拉环应采用不小于 $\phi16mm$ 的圆钢制作。二式拉环的接口处应焊死，其适用于所受拉力不大于 3900N 的地方。

② 花篮螺栓。花篮螺栓也叫做索具螺旋扣、紧线扣等，用于拉紧钢绞线，并起调整松紧作用。金属套索配线所用的花篮螺栓主要有 CC 型、CO 型和 OO 型三种，其外形如图 2-54 所示。

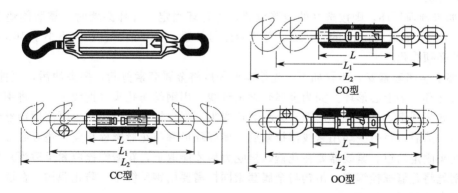

图 2-54 花篮螺栓的外形

金属套索的松弛度受金属套索的张力影响，可通过花篮螺栓进行调整。如果金属套索长度过大，通过一个花篮螺栓将无法调整，此时，可适当增加花篮螺栓。通常，金属套索长度在 50m 以下时，可装设一个花篮螺栓；超过 50m 时，两端均须安装花篮螺栓。同时，金属套索长度每增加 50m，均应增加一个中间花篮螺栓。

③ 金属套索卡。金属套索卡又称钢丝绳扎头、夹线盘、钢丝绳夹等，与钢绞线用套环配合作夹紧钢绞线末端用。

④ 钢丝绳套环也叫做索具套环、三角圈、心形环，是钢绞线的固定连接附件。钢绞线与钢绞线或其他附件间连接时，钢丝绳一端嵌在套环的凹槽中，形成环状，保护钢丝绳连接弯曲部分受力时不易折断。

2.4.2 金属套索安装

(1) 安装要求

① 固定电气线路的金属套索，其端部固定是否可靠是影响安全的关键，所以金属套索的终端拉环埋件应牢固可靠，金属套索与终端拉环套接处应采用心形环，固定金属套索的线卡不应少于 2 个，金属套索端头应用镀锌铁线绑扎紧密。

② 金属套索中间固定点的间距不应大于 12m，中间吊钩应使用圆钢，其直径不应小于 8mm，吊钩的深度不应小于 20mm。

③ 金属套索的终端拉环应固定牢固，并能承受金属套索在全部负载下的拉力。

④ 金属套索必须安装牢固，并做可靠的明显接地。中间加有花篮螺栓时，应做跨接地线。

金属套索是电气装置的可接近裸露导体，为了防止由于配线而造成的金属套索漏电，防止触电危险，金属套索端头必须与 PE 线或 PEN 干线连接可靠。

⑤ 金属套索装有中间吊装架，可改善金属套索受力状态。为防止金属套索受振动跳出而破坏整条线路，所以在吊装架上要有锁定装置，锁定装置既可打开放入金属套索，又可闭合防止金属套索跳出。锁定装置和吊装架一样，与金属套索间没有强制性固定。

(2) 构件预加工与预埋

① 按需要加工好吊卡、吊钩、抱箍等铁件（铁件应除锈、刷漆），如金属套索采用圆钢时，必须先抻直。

金属套索如为钢绞线，其直径由设计决定，但不得小于 4.5mm；如为圆钢，其直径不得小于 8mm；钢绞线不得有背扣、松股、断股、抽筋等现象；如采用镀锌圆钢，抻直时不得损坏镀锌层。

② 如未预埋耳环，则按选好的线路位置，将耳环固定。耳环穿墙时，靠墙侧垫上不小于 150mm×150mm×8mm 的方垫圈，并用双螺母拧紧。耳环钢材直径应不小于 10mm，耳环接口处必须焊死。

③ 墙上金属套索安装步骤如下：先按需要长度将金属套索剪断，擦去油污，预抻直后，一端穿入耳环，垫上心形环。如为金属套索钢绞线，用钢丝绳扎头（钢线卡子）将钢绞线固定两道；如为圆钢，可撅成环形圈，并将圈口焊牢，当焊接有困难时，也可使用钢丝绳扎头固定两道。然后，将另一端用紧线器拉紧后，撅好环形圈与花篮螺栓相连，垫好心形环，再用钢丝扎头固定两道。紧线器要在花篮螺栓吃力后才能取下，花篮螺栓应紧至适当程度。最后，用钢丝将花篮螺栓绑牢，吊钩与金属套索同样需要用钢丝绑牢，防止脱钩。在墙上安装好的金属套索如图 2-55 所示。

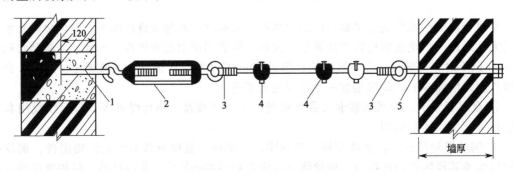

图 2-55 墙上金属套索安装

1—耳环；2—花篮螺栓；3—心形环；4—钢丝绳扎头；5—耳环

2.4.3　金属套索布线

金属套索吊装管布线就是采用扁钢吊卡将钢管或塑料管以及灯具吊装在金属套索上，其具体安装方法如下。

① 吊装布管时，应按照先干线后支线的顺序，把加工好的管子从始端到终端顺序连接。

② 按要求找好灯位，装上吊灯头盒卡子（如图 2-56 所示），再装上扁钢吊卡（如图 2-57 所示），然后开始敷设配管。扁钢吊卡的安装应垂直、牢固、间距均匀；扁钢厚度应不小于 1.0mm。

图 2-56　吊灯头盒卡子　　　　　　　　　　　图 2-57　扁钢吊卡

③ 从电源侧开始，量好每段管长，加工（断管、套扣、揻弯等）完毕后，装好灯头盒，再将配管逐段固定在扁钢吊卡上，并做好整体接地（在灯头盒两端的钢管，要用跨接地线焊牢）。

吊装钢管时，应采用铁制灯头盒；吊装硬塑料管时，可采用塑料灯头盒。

④ 金属套索吊装管配线的组装如图 2-58 所示。金属套索吊装塑料护套线组装如图 2-59 所示。

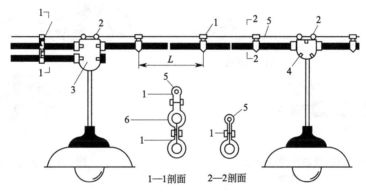

图 2-58　金属套索吊装管配线组装图

1—扁钢吊卡；2—吊灯头盒卡子；3—五通灯头；4—三通灯头盒；5—金属套索；6—钢管或塑料管

注：图中 L，钢管 1.5m，塑料管 1.0m。

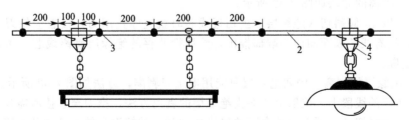

图 2-59　金属套索吊装塑料护套线组装图

1—塑料护套线；2—金属套索；3—铝导线卡；4—塑料接线盒；5—接线盒安装钢板

对于钢管配线，吊卡距灯头盒距离应不大于 200mm，吊卡之间距离不大于 1.5m；对塑料管配线，吊卡距灯头盒不大于 150mm，吊卡之间距离不大于 1m。线间最小距离为 1mm。

2.5　导线连接工艺

2.5.1　剥削导线绝缘层

(1) 剥削导线　剥削线芯绝缘层常用的工具有电工刀、钢丝钳和剥皮钳。一般 4mm^2 以下的导线原则上使用剥皮钳，使用电工刀时，不允许用刀在导线周围转圈剥削绝缘层，以免破坏线芯。剥削线芯绝缘层的方法如图 2-60 所示。

① 单层削法：不允许采用电工刀转圈剥削绝缘层，应使用剥皮钳。

② 分段削法：一般适用于多层绝缘导线剥削，如编制橡胶绝缘导线，用电工刀先削去外层编织层，并留有 12mm 的绝缘层，线芯长度随接线方法和要求的机械强度而定。

③ 用钢丝钳剥离绝缘层的方法（图 2-61）。首先用左手拇指和食指捏住线头，再按连接所需长度，用钳头刀口轻切绝缘层。注意：只要切破绝缘层即可，千万不可用力过大，使切痕过深，因软线每股芯线较细，极易被切断，哪怕隔着未被切破的绝缘层，往往也会被切断。再迅速移动钢丝钳握位，从柄部移至头部。在移位过程中切不可松动已切破绝缘层的钳头。同时，左手食指应围绕一圈导线，并握拳捏住导线。然后两手反向同时用力，左手抽、右手勒，即可使端部绝缘层脱离芯线。

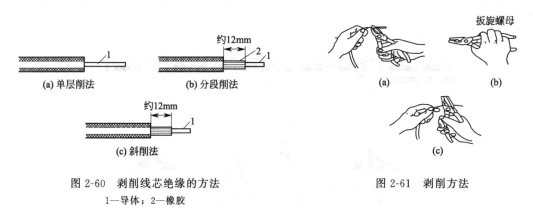

图 2-60　剥削线芯绝缘的方法
1—导体；2—橡胶

图 2-61　剥削方法

(2) 塑料绝缘硬线

① 端头绝缘层的剥离。通常采用电工刀进行剥离，但 4mm^2 及以下的硬线绝缘层，则可用剥线钳或钢丝钳进行剥离。

用电工刀剥离的方法如图 2-62 所示。

用电工刀以 45° 倾斜切入绝缘层，当切近线芯时就应停止用力，接着应使刀子倾斜角度为 15° 左右，沿着线芯表面向前头端部推出，然后把残存的绝缘层剥离线芯，用刀口插入背部以 45° 角削断。

② 中间绝缘层的剥离。中间绝缘层只能用电工刀剥离，方法如图 2-63 所示。

在连接所需的线段上，依照上述端头绝缘层的剥离方法，推刀至连接所需长度为止，把已剥离部分绝缘层切断，用刀尖把余下的绝缘层挑开，并把刀身伸入已挑开的缝中，接着用刀口切断一端，再切断另一端。

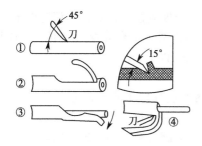

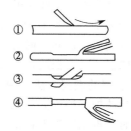

图 2-62　塑料绝缘硬线端头绝缘层的剥离　　　图 2-63　塑料绝缘硬线中间绝缘层的剥离

(3) 剥线钳剥线　剥线钳为内线电工、电机修理、仪器仪表电工常用的工具之一，它适宜于塑料橡胶绝缘电磁线、电缆芯线的剥皮，使用方法如图 2-64 所示：将需剥皮的线头置于钳头的刀口中，用手将钳柄一捏，然后再一松，绝缘皮便与芯线脱开了。

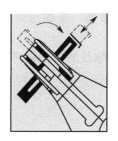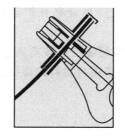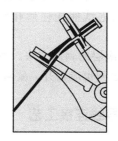

图 2-64　剥线钳的使用方法

① 根据缆线的粗细型号，选择相应的剥线刀口。
② 将准备好的电缆放在剥线工具的刀刃中间，选择好要剥线的长度。
③ 握住剥线工具手柄，将电缆夹住，缓缓用力使电缆外表皮慢慢剥落。
④ 松开工具手柄，取出电缆线，这时电缆金属整齐露出外面，其余绝缘塑料完全脱落。

(4) 塑料护套线　这种导线只能进行端头连接，不允许进行中间连接。它有两层绝缘结构，外层统包着两根（双芯）或三根（三芯）同规格绝缘硬线，称护套层。在剥离芯线绝缘层前应先剥离护套层。

① 护套层的剥离方法。通常都采用电工刀进行剥离，方法如图 2-65 所示。
用电工刀刀尖从所需长度界线上开始，从两芯线凹缝中划破护套层，剥开已划破的护套层，然后向切口根部扳翻，并切断。

注意： 在剥离过程中，务必防止损伤芯线绝缘层，操作时，应始终沿着两芯线凹缝划去，切勿偏离，以免切着芯线绝缘层。

② 芯线绝缘层的剥离方法。与塑料绝缘硬线端头绝缘层的剥离方法完全相同，但切口相距护套层至少10mm（如图 2-66 所示）。所以，实际连接所需长度应以绝缘层切口为准，

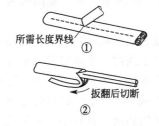
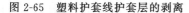

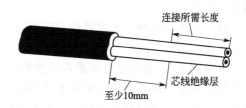

图 2-65　塑料护套线护套层的剥离　　　图 2-66　塑料护套线芯线绝缘层的剥离

护套层切口长度应加上这段错开长度。注意：实际错开长度应按连接处具体情况而定。如导线进木台后 10mm 处即可剥离护套层，而芯线绝缘层却需通过木台并穿入灯开关（或灯座、插座）后才可剥离。这样，两者错开长度往往需要 40mm 以上。

(5) 软电缆（又称橡胶护套线，习惯称橡胶软线）

① 外护套层的剥离方法。用电工刀从端头任意两芯线缝隙中割破部分护套层，把割破已可分成两片的护套层连同芯线（分成两组）同时进行反向分拉来撕破护套层，当撕拉难以破开护套层时，再用电工刀补割，直到所需长度为止，扳翻已被分割的护套层，在根部分别切断。

② 麻线扣结方法。软电缆或是作为电动机的电源引线使用，或是作为田间临时电源馈线等使用，因而受外界的拉力较大，故在护套层内除有芯线外，尚有 2～5 根加强麻线。这些麻线不应在护套层切口根部剪去，应扣结加固，余端也应固定在插头或电器内的防拉压板中，以使这些麻线能承受外界拉力，保证导线端头不遭破坏。

把全部芯线捆扎住后扣结，位置应尽量靠在护套层切口根部。余端压入防拉压板后扣结。

③ 绝缘层的剥离方法。每根芯线绝缘层可按剥离塑料绝缘软线的方法剥离，但护套层与绝缘层之间也应错开，要求和注意事项与塑料护套线相同。

2.5.2 导线连接工艺

(1) 单股多股硬导线的缠绕连接

① 对接

a. 单股线对接。单股线对接的连接方法如图 2-67 所示，先按芯线直径约 40 倍长剥去线端绝缘层，并拉直芯线。

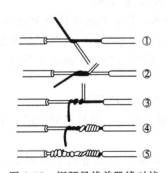

图 2-67　铜硬导线单股线对接

把两根线头在离芯线根部的 1/3 处呈"X"状交叉，如麻花状互相紧绞两圈，先把一根线头扳起与另一根处于下边的线头保持垂直，把扳起的线头按顺时针方向在另一根线头上紧缠 6～8 圈，圈间不应有缝隙，且应垂直排绕，缠毕切去芯线余端，并钳平切口，不准留有切口毛刺，另一端头的加工方法同上。

多种单芯铜导线的直接连接可参照图 2-68 的方法连接，所有铜导线连接后均应挂锡，防止氧化并增大电导率。

b. 多股线对接。多股线对接方法如图 2-69 所示。

按该多股线中的单股芯线直径的 100～150 倍长度，剥离两线端绝缘层。在离绝缘层切口约为全长 2/5 处的芯线，应作进一步绞紧，接着应把余下 3/5 芯线松散后每股分开，成伞骨状，然后勒直每股芯线。把两伞骨状线端隔股对叉，必须相对插到底。

捏平叉入后的两侧所有芯线，理直每股芯线并使每股芯线的间隔均匀；同时用钢丝钳钳紧叉口处，消除空隙。在一端，把邻近两股芯线在距叉口中线约 3 根单股芯线直径宽度处折起，并形成 90°，接着把这两股芯线按顺时针方向紧缠两圈后，再折回 90°并平卧在扳起前的轴线位置上。接着把处于紧挨平卧前临近的两根芯线折成 90°，并按前面的方法加工。把余下的三根芯线缠绕至第 2 圈时，把前四根芯线在根部分别切断，并钳平；接着把三根芯线缠足三圈，然后剪去余端，钳平切口，不留毛刺。另一端加工方法同上。注意：缠绕的每圈

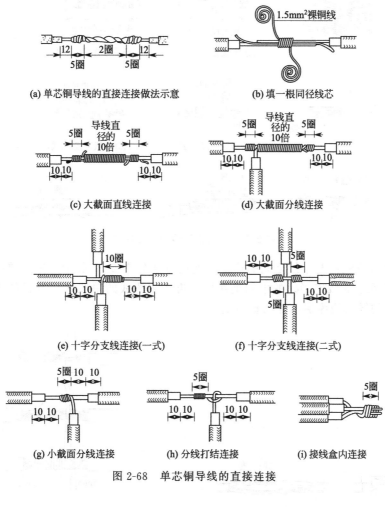

(a) 单芯铜导线的直接连接做法示意　　　　(b) 填一根同径线芯

(c) 大截面直线连接　　　　(d) 大截面分线连接

(e) 十字分支线连接(一式)　　　　(f) 十字分支线连接(二式)

(g) 小截面分线连接　　(h) 分线打结连接　　(i) 接线盒内连接

图 2-68　单芯铜导线的直接连接

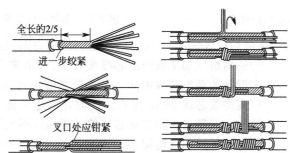

图 2-69　铜硬导线多股线对接

直径均应垂直于下边芯线的轴线，并应使每两圈（或三圈）间紧缠紧挨。

其他方法：多芯铜导线的直接连接可参照图 2-70 的连接方式，所有多芯铜导线连接应挂锡，防止氧化并增大电导率。

c. 双芯线双根线的连接。双根线的连接如图 2-71 所示，双芯线连接时，将两根待连接的线头中颜色一致的芯线按小截面直线连接方式连接。同样，将另一颜色的芯线连接在一起。

② 单股线与多股线的分支连接

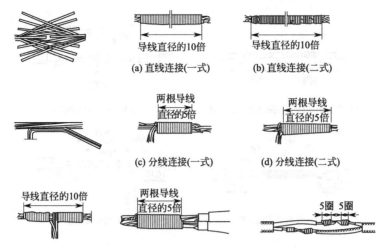

图 2-70 多芯铜导线的直接连接

a. 应用于分支线路与干线之间的连接。连接方法如图 2-72 所示。先按单股芯线直径约 20 倍的长度剥除多股线连接处的中间绝缘层，再按多股线的单股芯线直径的 100 倍左右长度剥去单股线的线端绝缘层，并勒直芯线。

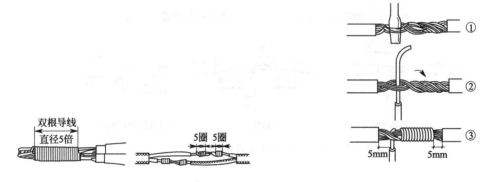

图 2-71 双芯线的对接   图 2-72 铜硬导线单股与多股线的分支连接

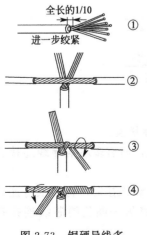

图 2-73 铜硬导线多股线的分支连接

在离多股线的左端绝缘层切口 3~5mm 处的芯线上，用螺钉旋具把多股芯线分成较均匀的两组（如 7 股线的芯线按 3 股、4 股来分）。把单股芯线插入多股线的两组芯线中间，但单股芯线不可插到底，应使绝缘层切口离多股芯线 3mm 左右。同时，应尽可能使单股芯线向多股芯线的左端靠近，距多股芯线绝缘层切口不大于 5mm。接着用钢丝钳把多股线的插缝钳平、钳紧。把单股芯线按顺时针方向紧缠在多股芯线上，务必要使每圈直径垂直于多股线芯线的轴心，并应使圈与圈紧挨，应绕足 10 圈，然后切断余端，钳平切口毛刺。若绕足 10 圈后另一端多股芯线裸露超过 5mm 时，且单股芯线尚有余端，则可继续缠绕，直至多股芯线裸露约 5mm 为止。

b. 多股线与多股线的分支连接。适用于一般容量而干支线均由多股线构成的分支连接处。在连接处，干线线头剥去绝缘层的长度约为支线单根芯线直径的 60 倍，支线线头绝缘层的剥离长度约为干线单根芯线直径的 80 倍。操作步骤如图 2-73 所示。

把支线线头离绝缘层切口根部约 1/10 的一段芯线进一步绞

紧，并把余下的芯线头松散，逐根勒直后分成较均匀且排成并列的两组（如 7 股线按 3 股、4 股分）。在干线芯线中间略偏一端部位，用螺钉旋具插入芯线股间，也要分成较均匀的两组；接着把支线略多的一组芯线头（如 7 股线中 4 股的一组）插入干线芯线的缝隙中（即插至进一步绞紧的 1/10 处）同时移正位置，使干线芯线以约 2：3 的比例分段，其中 2/5 的一段供支线芯线较少的一组（3 股）缠绕，3/5 的一段供支线芯线较多的一组（4 股）缠绕。先钳紧干线芯线插口处，接着把支线 3 股芯线在干线芯线上按顺时针方向垂直地紧紧排缠至 3 圈，但缠至两圈半时，即应剪去多余的每股芯线端头，缠毕应钳平端头，不留切口毛刺。

另 4 股支线芯线头缠法也一样，但要缠足四圈，芯线端口也应不留毛刺。

注意： 两端若已缠足 3 或 4 圈而干线芯线裸露尚较多，支线芯线又尚有余量时，可继续缠绕，缠至各离绝缘层切口处 5mm 左右为止。

③ 多根单股线并头连接

a. 导线自缠法。在照明电路或较小容量的动力电路上，多个负载电路的线头往往需要并联在一起形成一条支路。把多个线头并联为一体的加工，俗称并头。并头连接只适用于单股线，并严格规定：凡是截面积等于或大于 2.5mm² 的导线，并头连接点应焊锡加固。但加工时前两个步骤的方法相同，它们是把每根导线的绝缘层剥去，所需长度约 30mm，并逐一勒直每根芯线端。把多用导线捏合成束，并使芯线端彼此贴紧，然后用钢丝钳把成束的芯线端按顺时针方向绞紧，使之呈麻花状。

其加工方法可分为以下两种情况。

截面积 2.5mm² 以下的：应把已绞成一体的多根芯线端剪齐，但芯线端净长不应小于 25mm；接着在其 1/2 处用钢丝钳折弯。在已折弯的多根绞合芯线端头，用钢丝钳再绞紧一下，然后继续弯曲，使两芯线呈并列状，并用钢丝钳钳紧，使之处处紧贴，如图 2-74 所示。

截面积 2.5mm² 以上的：应把已绞成一体的多根芯线端剪齐，但芯线端上的净长不小于 20mm，在绞紧的芯线端头上用电烙铁焊锡。必须使锡液充分渗入芯线每个缝隙中，锡层表面应光滑，不留毛刺。然后彻底擦净端头上残留的焊膏，以免日后腐蚀芯线，如图 2-75 所示。

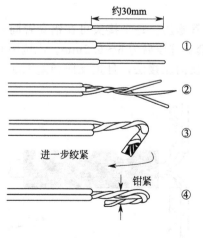

图 2-74　截面积 2.5mm² 以下
铜硬导线多根单股线并头

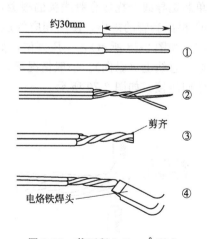

图 2-75　截面积 2.5mm² 以上
铜硬导线多根单股线并头

b. 多股线的倒人字连接。将两根线头剖削一定长度，再准备一根 1.5mm² 的绑线。连接时将绑线的一端与两根连接芯线并在一起，在靠近导线绝缘层处起绕。缠绕长度为导线直径的 10 倍，然后将绑线的两个线头打结，再在距离绑线最后一圈 10mm 处把两根芯线和打

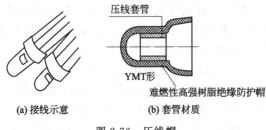

图 2-76　压线帽

完结的绑线线头一同剪断。

c. 用压线帽压接。用压线帽压接要使用压线帽和压接钳，压线帽外为尼龙壳，内为镀锌铜套或铝合金套管，如图 2-76 所示。

单芯线连接：用一十字机螺钉压接，盘圈开口不应该大于 2mm，按顺时针方向压接。

多股铜芯导线用螺钉压接时，应将软线芯做成单眼圈状，挂锡后，将其压平再用螺钉加垫紧固。

导线与针孔式接线柱连接：把要连接的线芯插入接线柱针孔内，导线裸露出针孔 1～2mm，针孔大于导线直径 1 倍时需要折回插入压接。

(2) 单芯铝导线冷压接

① 用电工刀或剥线钳削去单芯铝导线的绝缘层，并清除裸铝导线上的污物和氧化铝，使其露出金属光泽。铝导线的削光长度视配用的铝套管长度而定，一般约 30mm。

② 削去绝缘层后，铝导线表面应光滑，不允许有折叠、气泡和腐蚀点，以及超过允许偏差的划伤、碰伤、擦伤和压陷等缺陷。

③ 按预先规定的标记分清相线、零线和各回路，将所需连接的导线合拢并绞扭成合股线（如图 2-77 所示），但不能扭结过度。然后，应及时在多股裸导线头上涂一层防腐油膏，以免裸线头再度被氧化。

④ 对单芯铝导线压接用铝套管要进行检查：

a. 要有铝材材质资料；

b. 铝套管要求尺寸准确，壁厚均匀一致；

c. 套管管口光滑平整，且内外侧没有毛边、毛刺，端面应垂直于套管轴中心线；

d. 套管内壁应清洁，没有污染，否则应清理干净后方准使用。

⑤ 将合股的线头插入检验合格的铝套管，使铝导线穿出铝套管端头 1～3mm。套管应依据单芯铝导线合拢成合股线头的根数选用。

⑥ 根据套管的规格，使用相应的压接钳对铝套管施压。每个接头可在铝套管同一边压三道坑（如图 2-78 所示），一压到位，如 φ8mm 铝套管施压后为 6～6.2mm。压坑中心线必须在同一直线上（纵向）。一般情况下，尽量采用正反向压接法，且正反向相差 180°，不得随意错向压接，如图 2-79 所示。

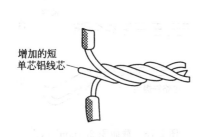

图 2-77　单芯铝导线槽板配线裸线头合拢绞扭图

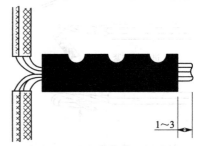

图 2-78　单芯铝导线接头同向压接图

图 2-79　单芯铝导线接头正反向压接图

⑦ 单芯铝导线压接后，在缠绕绝缘带之前，应对其进行检查。压接接头应当到位，铝套管没有裂纹，三道压坑间距应一致，抽动单根导线没有松动的现象。

⑧ 根据压坑数目及深度判断铝导线压接合格后，恢复裸露部分绝缘，包缠绝缘带两层，绝缘带包缠应均匀、紧密，不露裸线及铝套管。

⑨ 在绝缘层外面再包缠黑胶布（或聚氯乙烯薄膜粘带等）两层，采取半叠包法，并应将绝缘层完全遮盖，黑胶布的缠绕方向与绝缘带缠绕方向一致。整个绝缘层的耐压强度不得低于绝缘导线本身绝缘层的耐压强度。

⑩ 将压接接头用塑料接线盒封盖。

(3) 焊接法连接铝导线 焊接方法主要有钎焊、电阻焊和气焊等。

① 钎焊。适用于单股铝导线。钎焊的操作方法与铜导线的锡焊方法相似。

铝导线焊接前将铝导线线芯破开顺直合拢，用绑线把连接处做临时绑缠。导线绝缘层处用浸过水的石棉绳包好，以防烧坏。导线焊接所用的焊剂有：一种是含锌（质量分数）58.5%、铅（质量分数）40%、铜（质量分数）1.5%的焊剂；另一种是含锌（质量分数）80%、铅（质量分数）20%的焊剂。还有一种由纯度99%以上的锡（60%）和纯度98%以上的锌（40%）配制而成。

焊接时先用砂纸磨去铝导线表面的一层氧化膜，并使芯线表面毛糙，以利于焊接；然后用功率较大的电烙铁在铝导线上搪上一层焊料，再把两导线头相互缠绕3圈，剪掉多余线头，用电烙铁蘸上焊料，一边焊，一边用烙铁头摩擦导线，把接头沟槽搪满焊料，焊好一面待冷却后再焊另一面，使焊料均匀密实填满缝隙即可。

单芯铝导线钎焊接头如图2-80所示。线芯端部搭叠长度见表2-9。

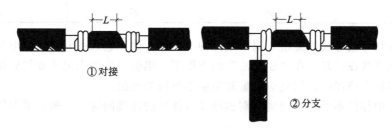

①对接

②分支

图 2-80 单芯铝导线钎焊接头

表 2-9 线芯端部搭叠长度

导线截面积/mm²	剥除绝缘层长度/mm	搭接长度 L/mm
2.5~4	60	20
6~10	80	30

② 电阻焊。适用于单芯或多芯不同截面积的铝导线的并接。焊接时需要一台容量为1kV·A的焊接变压器，二次电压为6~12V，并配以焊钳。焊钳上两根炭棒极的直径为8mm，焊极头端有一定的锥度，焊钳引线采用10mm²的铜芯橡皮绝缘线。焊料由30%氯化钠、50%氯化钾和20%冰晶石粉配制而成。

焊接时，先将铝导线头绞扭在一起，并将端部剪齐，涂上焊料，然后接通电源，先使炭棒短路发红，迅速夹紧线头。等线头焊料开始熔化时，焊钳慢慢地向线端方向移动，待线端头熔透后随即撤去焊钳，使焊点形成圆球状。冷却后用钢丝刷刷去接头上的焊渣，用干净的湿布擦去多余焊料，再在接头表面涂一层速干性沥青用以绝缘，沥青干后包缠上绝缘胶带即可。

焊接所需的电压、电流和持续时间可参照表2-10。

表 2-10 单股铝导线电阻焊所需电压、电流和持续时间

导线截面积/mm²	二次电压/V	二次电流/A	焊接持续时间/s
2.5	6	50～60	8
4	9	100～110	12
6	12	150～160	12
10	12	170～190	13

③ 气焊。适用于多根单芯或多芯铝导线的连接。焊接前，先将铝芯线用铁丝缠绕牢，以防止导线松散；导线的绝缘层用湿石棉带包好，以防烧坏。焊接时火焰的焰心离焊接点 2～3mm，当加热到熔点（653℃）时，即可加入铝焊粉，使焊接处的铝芯相互融合；焊完后要趁热清除焊渣。

单芯和多芯铝导线气焊连接长度分别见表 2-11 和表 2-12。

表 2-11 单芯铝导线气焊连接长度

导线截面积/mm²	连接长度/mm	导线截面积/mm²	连接长度/mm
2.5	20	6	30
4	25	10	40

表 2-12 多芯铝导线气焊连接长度

导线截面积/mm²	连接长度/mm	导线截面积/mm²	连接长度/mm
16	60	50	90
25	70	70	100
35	80	95	120

(4) 铜导线与铝导线的连接 铜铝是两种不同的金属，它们有着不同的电化顺序，若把铜和铝简单地连接在一起，在"原电池"的作用下，铝会很快失去电子而被腐蚀掉，造成接触不良，直至接头被烧断，因此应尽量避免铜铝导线的连接。

实际施工中往往不可避免会碰到铜铝导线（体）的连接问题，一般可采取以下几种连接方法。

① 用复合脂处理后压接。即在铜铝导体连接表面涂上铜铝过渡的复合脂（如导电膏），然后压接。此方法能有效地防止连接部位表面被氧化，防止空气和水分侵入，缓和原电池电化作用，是一种最经济、最简便的铜铝过渡连接方法，尤其适用于铜、铝母排间的连接和铝母排与断路器等电气设备连接端子间的连接。

导电膏具有耐高温（滴点温度大于 200℃）、耐低温（-40℃时不开裂）、抗氧化、抗霉菌、耐潮湿、耐化学腐蚀及性能稳定、使用寿命长（密封情况下大于 5 年）、没有毒、没有味、对皮肤没有刺激、涂敷工艺简单等优点。用导电膏对接头进行处理，具有擦除氧化膜的作用，并能有效地降低接头的接触电阻（可降低 25%～70%）。

操作时，先将连接部位打磨，使其露出金属光泽。若是两导体之间连接，应预涂 0.05～0.1mm 厚的导电膏，并用铜丝刷轻轻擦拭，然后擦净表面，重新涂敷 0.2mm 厚的导电膏，再用螺栓紧固。须注意：导电膏在自然状态下绝缘电阻很高，基本不导电，只有外施一定的压力，使微细的导电颗粒挤压在一起时，才呈现导电性能。

② 搪锡处理后连接。即在铜导线表面搪上一层锡，再与铝导线连接。由于锡铝之间的电阻系数比铜铝之间的电阻系数小，产生的电位差也较小，电化学腐蚀有所改善。搪锡焊料成分有两种，见表 2-13。搪锡层的厚度为 0.03～0.1mm。

表 2-13　锡焊料

焊料成分		熔点/℃	性能
锡 Sn/%	锌 Zn/%		
90	10	210	流动性好，焊接效率高
80	20	270	防潮性较好

③ 采用铜铝过渡管压接。铜铝过渡管是一种专门供铜导线和铝导线直线连接用的连接件，管的一半为铜管，另一半为铝管，是经摩擦焊接连接而成的。使用时，将铜导线插入管的铜端，铝导线插入管的铝端，用压接钳冷压连接。对于 $10mm^2$ 及以下的单芯铜导线与铝导线，可使用冷压钳压接。

④ 采用圆形铝套管压接。先清除连接导线端头表面的氧化膜和铝套管内壁氧化膜，然后将铜导线和铝导线分别插入铝套管两端（最好预先在接触面涂上薄薄的一层导电膏），再用六角形压模在钳压机上压成六角形接头，两端还可用中性凡士林和塑料封好，防止空气和水分侵入，阻止局部电化腐蚀。但凡士林的滴点温度仅为 50℃ 左右，当导体接头温度达到 70℃ 以上时，凡士林就会逐渐流失干涸，失去作用。

⑤ 采用铜铝过渡板连接。铜铝过渡板（排）又称铜铝过渡并沟线夹，是一种专门用于铜导线和铝导线连接的连接件，通常用于分支导线连接。分上下两块，各有两条弧形沟道，中间有两个孔眼用以安装固定螺栓。板的一半（沿纵线）为铜质，另一半为铝质，是经摩擦焊接连接而成的。使用时，先清洁连接导线和过渡板弧形沟道内的氧化膜，并涂上导电膏，将铜导线置于过渡的铜板侧弧形沟道内，铝导线置于过渡板的铝板侧弧形沟道内，两块板合上后装上螺杆、弹簧垫、平垫圈、螺母，用活扳手拧紧螺母即可。如果铝导线线径较细，可缠铝包带；如果铜导线线径较细，可用铜导线绑绕。连接时，应先把分支线头末端与干线进行绑扎。

还有一种铜铝过渡板，板的一半（沿横线）为铜质，另一半为铝质。这种过渡板多用于变配电所铜母线与铝母线之间的连接。

⑥ 采用 B 型铝并沟线夹连接。B 型铝并沟线夹是用于铝与铝分支导线连接的，当用于铜与铝导线连接，则铜导线端需要搪锡。如果铝导线线径较细，可缠铝包带；如果铜导线线径较细，可用铜导线绑绕。并沟线夹通常用于跳线、引下线等的连接。

⑦ 采用 SL 螺栓型铝设备线夹连接。SL 螺栓型铝设备线夹用于设备端子连接，一端与铝导线连接，另一端与设备端子的铜螺杆连接。铜螺母下垫圈应搪锡。

（5）导线包扎　各种接头连接好后，应用胶带进行包扎，包扎时首先用橡胶绝缘带从导线接头处始端的完好绝缘层开始，缠绕 1～2 倍绝缘带宽度，以半幅宽度重叠进行缠绕，在包扎过程中应尽可能收紧绝缘带。最后在绝缘层上缠绕 1～2 圈，再进行回缠。采用橡胶绝缘带包扎时，应将其拉长 2 倍后再进行缠绕。然后用黑胶布包扎，包扎时要衔接好，以半幅宽度边压边进行缠绕，同时在包扎过程中收紧胶布，导线接头处两端应用黑胶布封严。

（6）线头与接线柱的连接

① 针孔式接线柱是一种常用接线柱，熔断器、接线块和电能表等器材上均有应用。通常用黄铜制成矩形方块，端面有导线承接孔，顶面装有压紧导线的螺钉。当导线端头芯线插入承接孔后，再拧紧压紧螺钉就实现了两者之间的电气连接。

a. 连接要求和方法如图 2-81 所示。单股芯线端头应折成双根并列状，平着插入承接孔，以使并列面能承受压紧螺钉的顶压。因此，芯线端头的所需长度应是两倍孔深。芯线端头必须插到孔的底部。凡有两个压紧螺钉的，应先拧紧近孔口的一个，再拧紧近孔底的一个，若先拧紧近孔底的一个，万一孔底很浅，芯线端头处于压紧螺钉端头球部，这样当螺钉拧紧时就容易把线端挤出，造成空压。

b. 常见的错误接法如图 2-82 所示。单股线端直接插入孔内，芯线会被挤在一边。绝缘层剥去太少，部分绝缘层被插入孔内，接触面积被占据。绝缘层剥去太多，孔外芯线裸露太长，影响用电安全。

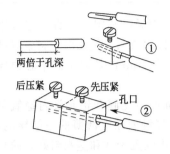

图 2-81 针孔式接线柱连接要求和方法

图 2-82 针孔式接线柱连接的错误接法

② 平压式接线柱

a. 小容量平压柱。通常利用圆头螺钉的平面进行压接，且中间多数不加平垫圈。灯座、灯开关和插座等都采用这种结构，连接方法如图 2-83 所示。

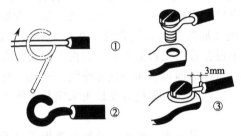

图 2-83 小容量平压柱的连接方法

对绝缘硬线芯线端头必须先加工成压接圈。压接圈的弯曲方向必须与螺钉的拧紧方向一致，否则圈孔会随螺钉的拧紧而被扩大，且往往会从接线柱中脱出。圈孔不应该弯得过大或过小，只要稍大于螺钉直径即可。圈根部绝缘层不可剥去太多，$4mm^2$ 及以下的导线，一般留有 3mm 间隙，螺钉尾就不会压着圈根绝缘层。但也不应留得过少，以免绝缘层被压入。

b. 常见的错误连接法。不弯压接圈，芯线被压在螺钉的单边。这样连接，极易造成线端接触不良，且极易脱落。绝缘层被压入螺钉内，这样的接法因为有效接触面积被绝缘层占据，且螺钉难以压紧，故会造成严重的接触不良。芯线裸露过长，既会留下电气故障隐患，还会影响安全用电。

c. 7 股线压接圈弯制方法。在照明干线或一般容量的电力线路中，截面积不大于 $16mm^2$ 的 7 股绝缘硬线，可采用压接圈套上接线柱螺栓的方法进行连接。但 7 股线压接圈的制作必须正规，切不可把 7 股芯线直接缠绕在螺栓上。7 股线压接圈的弯制方法如图 2-84 所示。

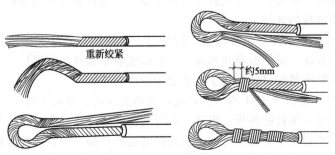

图 2-84 7 股线压接圈的弯制方法

把剥去绝缘层的 7 股线端头在全长 3/5 部位重新绞紧（越紧越好），按稍大于螺栓直径的尺寸弯曲圆孔。开始弯曲时，应先把芯线朝外侧折成约 45°，然后逐渐弯成圆圈状。形成圆圈后，把余端芯线逐根理直，并贴紧根部芯线。把已弯成圆圈的线端翻转（旋转 180°），然后选出处于最外侧且邻近的两根芯线扳成直角（即与圈根部的 7 股芯线成垂直状）。在离圈外沿约 5mm 处进行缠绕，加工方法与 7 股线缠绕对接一样，可参照应用。成形后应经过整修，使压接圈及圈柄部分平整挺直，且应在圈柄部分焊锡后恢复绝缘层。

注意： 导线截面积超过 16mm² 时，一般不应该采用压接圈连接，应采用线端加装接线耳的方法，由接线耳套上接线螺栓后压紧来实现电气连接。

③ 软线头与接线柱的连接方法

a. 与针孔柱连接，如图 2-85 所示。把多股芯线进一步绞紧，全部芯线端头不应有断股而露出毛刺。把芯线按针孔深度折弯，使之成为双根并列状。在芯线根部（即绝缘层切口处）把余下芯线折成垂直于双根并列的芯线，并把余下芯线按顺时针方向缠绕在双根并列的芯线上，且排列应紧密整齐。缠绕至芯线端头口剪去余端并钳平，不留毛刺，然后插入接线柱针孔内，拧紧螺钉即可。

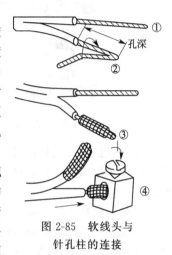

b. 与平压柱连接，如图 2-86 所示。在连接前，也应先把多股芯线作进一步绞紧。把芯线按顺时针方向围绕在接线柱的螺栓上，应注意芯线根部不可贴住螺栓，应相距 3mm。接着把芯线围绕螺栓一圈后，余端应在芯线根部由上向下围绕一圈。把芯线余端再按顺时针方向围绕在螺栓上。把芯线余端围

图 2-85 软线头与针孔柱的连接

绕到芯根部收住，若因余端太短不便嵌入螺栓尾部，可用旋具刀口推入。接着拧紧螺栓后扳起余端在根部切断，不应露毛刺和损伤下面芯线。

④ 头攻头连接。一根导线需与两个以上接线柱连接时，除最后一个接线柱连接导线末端外，导线在处于中间的接点上，不应切断后并接在接线柱中，而应采用头攻头的连接法。这样不但可大大降低连接点的接触电阻，而且可有效地降低因连接点松脱而造成的开路故障。

a. 在针孔柱上连接如图 2-87 所示。按针孔深度的两倍长度，再加 5～6mm 的芯线根部裕度，剥离导线连接点的绝缘层。在剥去绝缘层的芯线中间将导线折成双根并列状态，并在两芯线根部反向折成 90°转角。把双根并列的芯线端头插入针孔并拧紧螺栓。

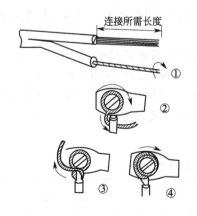
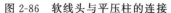

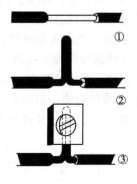

图 2-86 软线头与平压柱的连接　　　　图 2-87 头攻头在针孔柱上的连接

b. 在平压柱上连接如图 2-88 所示。**按接线柱螺栓直径约 6 倍长度剥离导线连接点绝缘**

层。以剥去绝缘层芯线的中点为基准，按螺栓规格弯曲成压接圈后，用钢丝钳紧夹住压接圈根部，把两根部芯线互绞一圈，使压接圈呈图示形状。把压接圈套入螺栓后拧紧（需加套垫圈的，应先套入垫圈，再套入压接圈）。

⑤ 铝导线与接线柱的连接。截面积小于 $4mm^2$ 的铝质导线，允许直接与接线柱连接。但连接前必须经过清除氧化铝薄膜的技术处理，再弯制芯线的连接点，如图 2-89 所示。

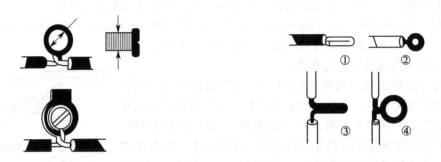

图 2-88　头攻头在平压柱上的连接　　　　图 2-89　弯制芯线的连接点

端头直接与针孔柱连接时，应先折成双根并列状。端头直接与平压柱连接时，应先弯制压接圈。头攻头接入针孔柱时，应先折成双根 T 字状。头攻头接入平压柱时，应先弯成连续式压接圈。

各种形状接点的弯制和连接，与小规格铜质导线的方法相同。

注意：铝质芯线质地很软，压紧螺钉虽应紧压住线头，不允许松动，但应避免一味拧旋螺钉而把铝芯线头压扁。尤其在针孔柱内，因压紧螺钉对线头的压强很大（比平压柱大得多），甚至会把铝芯线头压断。

(7) 导线的封端　对于导线截面积大于 $10mm^2$ 的多股铜、铝芯导线，一般都必须用接线端子（又称接线鼻或接线耳）对导线端头进行封端，再由接线端与电气设备相连。

① 铜芯导线的封端

a. 锡焊封端。先剥掉铜芯导线端部的绝缘层，除去芯线表面和接线端子内壁的氧化膜，涂上无酸焊锡膏。再用一根粗铁丝系住铜接线端子，使插线孔口朝上并放到火里加热。把锡条插在铜接线端子的插线孔内，使锡受热后熔化在插线孔内。把芯线的端部插入接线端子的插线孔内，上下插拉几次后把芯线插到孔底。平稳而缓慢地把粗铁丝的接线端子浸到冷水里，使液态锡凝固，芯线焊牢。用锉刀把铜接线端子表面的焊锡除去，用砂布打光后包上绝缘带，即可与电器接线柱连接。

b. 压接封端。把剥去绝缘层并涂上石英粉—凡士林油膏的芯线插入内壁也涂上石英粉—凡士林油膏的铜接线端子孔内。用压接钳进行压接，在铜接线端子的正面压两个坑，先压外坑，再压内坑，两个坑要在一条直线上。从导线绝缘层至铜接线端子根部包上绝缘带。

② 铝芯导线的封端。铝芯导线一般采用铝接线端子压接法进行封端。铝接线端子的外形及规格如图 2-90 所示，其各部分尺寸见表 2-14。

表 2-14　铝接线端子各部分尺寸

型号	ϕ	D	d	L	L_1	B
DTL-1-10	$\phi8.5$	10	6	68	28	16
DTL-1-16	$\phi8.5$	11	6	70	30	16
DTL-1-25	$\phi8.5$	12	7	75	34	18
DTL-1-35	$\phi10.5$	14	8.5	85	38	20.5

续表

型号	ϕ	D	d	L	L_1	B
DTL-1-50	$\phi10.5$	16	9.8	90	40	23
DTL-1-70	$\phi12.5$	18	11.5	102	48	26
DTL-1-95	$\phi12.5$	21	13.5	112	50	28
DTL-1-120	$\phi14.5$	23	15	120	53	30
DTL-1-150	$\phi14.5$	25	16.5	126	56	34
DTL-1-185	$\phi16.5$	27	18.5	133	58	37
DTL-1-240	$\phi16.5$	30	21	140	60	40
DTL-1-300	$\phi21$	34	23.5	160	65	50
DTL-1-400	$\phi21$	38	27	170	70	55
DTL-1-500	$\phi21$	45	29	225	75	60
DTL-1-630	—	54	35	245	80	80
DTL-1-800	—	60	38	270	90	100

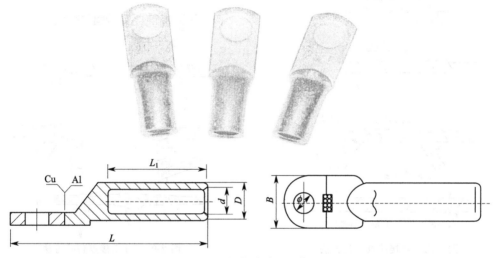

图 2-90　铝接线端子的外形

铝芯导线用压接法进行封端的方法：根据铝芯线的截面积查表 2-14 选用合适的铝接线端子，然后剥去芯线端部绝缘层，刷去铝芯表面氧化层并涂上石英粉—凡士林油膏。刷去铝接线端子内壁氧化层并涂上石英粉—凡士林油膏，将铝芯线插到插线孔的孔底。用压线钳在铝接线端子正面压两个坑，先压靠近插线孔处的第一个坑，再压第二个坑，压坑的尺寸见表 2-15。

表 2-15　铝接线端子压接坑尺寸

导线截面积 /mm²	端子各部分尺寸/mm			压模深/mm
	d	D	ϕ	
16	5.5	10	6.5	5.5
25	6.8	12	8.5	5.9
35	7.7	14	8.5	7.0
50	9.2	16	10.5	7.8
70	11.0	18	10.5	8.9
95	13.0	21	13.0	9.9

在剥去绝缘层的铝芯导线和铝接线端子根部包上绝缘带（绝缘带要从导线绝缘层包起），并刷去接线端子表面的氧化层。

2.5.3 导线接头包扎

(1) 对接接点包扎 对接接点包扎方法如图 2-91 所示。

绝缘带（黄蜡带或塑料带）应从左侧的完好绝缘层上开始包缠，应包入绝缘层 1.5～2 倍带宽，即 30～40mm，起包时带与导线之间应保持约 45°倾斜。进行每圈斜叠缠包，包一圈必须压叠住前一圈的 1/2 带宽。包至另一端也必须包入与始端同样长度的绝缘层，然后接上黑胶带，并应使黑胶带包出绝缘带层至少半个带宽，即必须使黑胶带完全包没绝缘带。黑胶带也必须进行 1/2 叠包，不可包得过疏或过密；包到另一端也必须完全包没绝缘带，收尾后应用双手的拇指和食指紧捏黑胶带两端口，进行一正一反方向拧旋，利用黑胶带的黏性，将两端口充分密封起来。

(2) 分支接点包扎 分支接点包扎方法如图 2-92 所示。

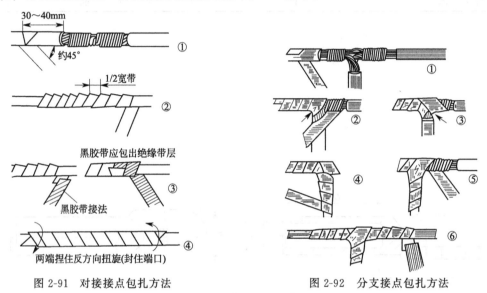

图 2-91　对接接点包扎方法　　　　图 2-92　分支接点包扎方法

采用与对接相同的方法从左端开始起包。包至碰到分支线时，应用左手拇指顶住左侧直角处包上的带面，使它紧贴转角处芯线，并应使处于线顶部的带面尽量向右侧斜压（即跨越到右边）。当围绕到右侧转角处时，用左手食指顶住右侧直角处带面，并使带面在干线顶部向左侧斜压，与被压在下边的带面呈"X"状交叉。然后把带再回绕到右侧转角处。带沿紧贴住支线连接处根端，开始在支线上缠包，包至完好绝缘层上约两倍带宽时，原带折回再包至支线连接处根端，并把带向干线右侧斜压（不应该倾斜太多）。

当带围过干线顶部后，紧贴干线右侧的支线连接处开始在干线右侧芯线上进行包缠。包至干线另一端的完好绝缘层上后，接上黑胶带，重复上述方法继续包缠黑胶带。

(3) 并头接点包扎 并头连接后的端头通常埋藏在木台或接线盒内，空间狭小，导线和附件较多，往往彼此挤轧在一起，且容易贴着建筑面，所以并头接点的绝缘层必须恢复可靠，否则极容易发生漏电或短路等电气故障。操作步骤和方法如图 2-93 所示。

为了防止包缠的整个绝缘层脱落，绝缘线在起包前必

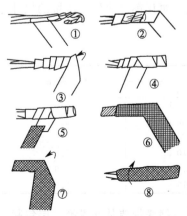

图 2-93　并头接点包扎方法

须插入两根导线的夹缝中，然后在包缠时把带头夹紧。起包方法和要求与"对接接点"一样。由于并头接点较短，叠压宽度紧密，间隔可小于 1/2 带宽。若并接的是较大的端头，在尚未包缠到端口时，应裹上包裹带，然后在继续包缠中把包裹带扎紧压住；若并接的是较小的端头，不必加包裹带。包缠到导线端口后，应使带面超出导线端口 1/2～3/4 带宽，然后紧贴导线端口折回伸出部分的带面。把折回的带面掀平掀服，然后用原带缠压住（必须压紧），接着缠包第二层绝缘带，包至下层起包处止。接上黑胶带，并应使黑胶带超出绝缘带层至少半个带宽，并完全包没压住绝缘带。把黑胶带缠包到导线端口，用黑胶带缠裹住端口绝缘带层，要完全压住包没绝缘带层，然后缠包第二层黑胶带至起包处止。用右手拇、食两指紧捏黑胶带断带口，旋紧，使端口密封。

（4）接线耳和多股线压接圈包扎

① 接线耳线端包扎方法如图 2-94 所示。

从完好绝缘层的 40～60mm 处缠起，方法与本节对接接点包扎方法相同。绝缘带缠包到接线耳近圆柱体底部处，接上黑胶带；然后朝起包处缠包黑胶带，包出下层绝缘带约 1/2 带宽后断带，应完全包没压住绝缘带。如图两箭头所示，两手捏紧后作反方向扭旋，使两端黑胶带端口密封。

② 多股线压接圈线端包扎方法如图 2-95 所示。

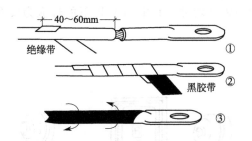

图 2-94　接线耳线端包扎方法

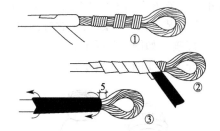

图 2-95　多股线压接圈线端包扎方法

步骤和方法，与上述接线耳包扎方法基本相同，但离压接圈根部 5mm 的芯线应留着不包。若包缠到圈的根部，螺栓顶部的平垫圈就会压着恢复的绝缘层，造成接点接触不良。

第3章

室内照明线路

3.1 室内照明线路

3.1.1 白炽灯照明线路

(1) 灯具

① 灯泡　灯泡由灯丝、玻璃壳和灯头三部分组成。灯头有螺口和插口两种。白炽灯按工作电压分有 6V、12V、24V、36V、110V 和 220V 等六种,其中 36V 以下的灯泡为安全灯泡。在安装灯泡时,必须注意灯泡电压和线路电压一致。

② 灯座　如图 3-1 所示。

③ 开关　如图 3-2 所示。

图 3-1　常用灯座

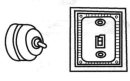

图 3-2　常用开关

(2) 白炽灯照明线路原理图

① 单联开关控制白炽灯　接线原理图如图 3-3 所示。

② 双联开关控制白炽灯　接线原理图如图 3-4 所示。

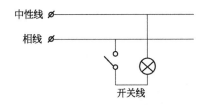

图 3-3　单联开关控制白炽灯接线原理图

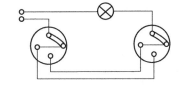

图 3-4　双联开关控制白炽灯接线原理图

(3) 照明线路的安装

① 圆木的安装（如图 3-5 所示）。

先在准备安装挂线盒的地方打孔,预埋木榫或膨胀螺栓。在圆木底面用电工刀刻两条槽;在圆木中间钻 3 个小孔。将两根导线嵌入圆木槽内,并将两根电源线端头分别从两个小孔中穿出,用木螺钉通过第三个小孔将圆木固定在木榫上。

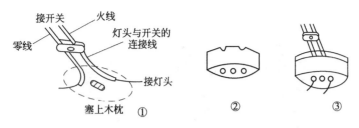

图 3-5　普通式安装

在楼板上安装：首先在空心楼板上选好弓板位置，然后按图示方法制作弓板，最后将圆木安装在弓板上，如图 3-6 所示。

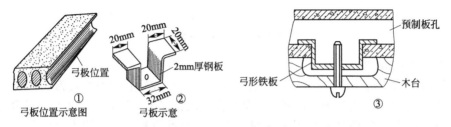

图 3-6　在楼板上安装

② 挂线盒的安装（如图 3-7 所示）。

将电源线由吊盒的引线孔穿出。确定好吊线盒在圆木上的位置后，用螺钉将其紧固在圆木上。一般为方便木螺钉旋入，可先用钢锥钻一个小孔。拧紧螺钉，将电源线接在吊线盒的接线柱上。按灯具的安装高度要求，取一段铜芯软线作挂线盒与灯头之间的连接线，上端接挂线盒内的接线柱，下端接灯头接线柱。为了不使接头处承受灯具重力，吊灯电源线在进入挂线盒盖后，在离接线端头 50mm 处打一个结（电工扣）。

③ 灯头的安装

a. 吊灯头的安装如图 3-8 所示：把螺口灯头的胶木盖子卸下，将软吊灯线下端穿过灯头盖孔，在离导线下端约 30mm 处打一电工扣，把去除绝缘层的两根导线下端芯线分别压接在两个灯头接线端子上，旋上灯头盖。注意一点，火线应接在跟中心铜片相连的接线柱上，零线应接在与螺口相连的接线柱上。

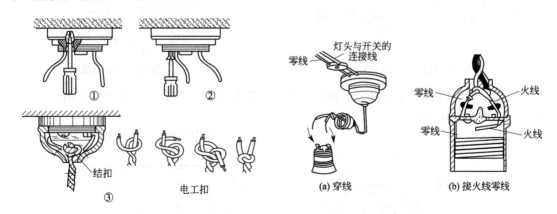

图 3-7　挂线盒的安装图　　　　　图 3-8　吊灯头的安装图

b. 平灯头的安装如图 3-9 所示：平灯座在圆木上的安装与挂线盒在圆木上的安装方法大体相同，只是由穿出的电源线直接与平灯座两接线柱相接，而且现在多采用圆木与灯座一体结构的灯座。

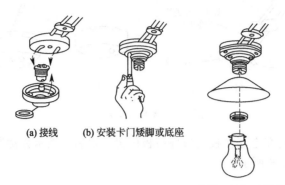

(a) 接线　　(b) 安装卡门矮脚或底座

(c) 灯罩、灯头、灯泡组装

图 3-9　平灯头的安装图

④ 吸顶式灯具的安装

a. 较轻灯具的安装如图 3-10 所示：首先用膨胀螺栓或塑料胀管将过渡板固定在顶棚预定位置。在底盘元件安装完毕后，再将电源线由引线孔穿出，然后托着底盘穿过渡板上的安装螺栓，上好螺母。安装过程中因不便观察而不易对准位置时，可用十字螺丝刀（螺钉旋具）穿过底盘安装孔，顶在螺栓端部，使底盘轻轻靠近，沿铁丝顺利对准螺栓并安装到位。

b. 较重灯具的安装如图 3-11 所示：用直径为 6mm、长约 8cm 的钢筋做成图示的形状，再做一个图示形状的钩子，钩子的下段铰 6mm 螺纹，将钩子勾住后再送入空心楼板内。做一块和吸顶灯座大小相似的木板，在中间打个孔，套在钩子的下段上并用螺母固定。在木板上另打一个孔，以穿电磁线用，然后用木螺钉将吸顶灯底座板固定在木板上，接着将灯座装在钢圈内木板上，经通电试验合格后，最后将玻璃罩装入钢圈内，用螺栓固定。

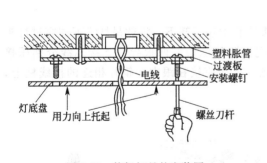

图 3-10　较轻灯具的安装图

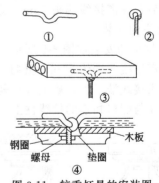

图 3-11　较重灯具的安装图

c. 嵌入式安装如图 3-12 所示：制作吊顶时，应根据灯具的嵌入尺寸预留孔洞，安装灯具时，将其嵌在吊顶上。

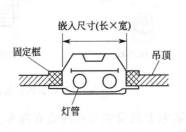

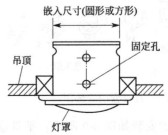

图 3-12　嵌入式安装图

3.1.2　日光灯的安装

(1) 日光灯一般接法　普通日光灯接线如图 3-13 所示。安装时开关 S 应控制日光灯火线，并且应接在镇流器一端，零线直接接日光灯另一端，日光灯启辉器并接在灯管两端即可。

安装时，镇流器、启辉器必须与电源电压、灯管功率相配套。

双日光灯线路一般用于厂矿和户外广告要求照明度较高的场所，在接线时应尽可能减少外部接头，如图 3-14 所示。

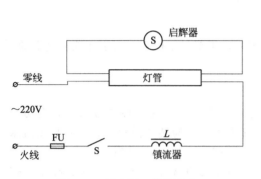

图 3-13　日光灯一般的接法

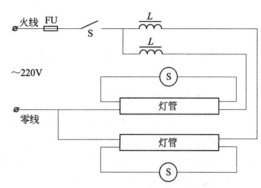

图 3-14　双日光灯的接法

(2) 日光灯的安装步骤与方法

① 组装接线如图 3-15 所示：启辉器座上的两个接线端分别与两个灯座中的一个接线端连接，余下的接线端，其中一个与电源的中性线相连，另一个与镇流器的一个出线头连接。镇流器的另一个出线头与开关的一个接线端连接，而开关的另一个接线端则与电源中的一根相线相连。与镇流器连接的导线既可通过瓷接线柱连接，也可直接连接。接线完毕，要对照电路图仔细检查，以免错接或漏接。

② 安装灯管如图 3-16 所示：安装灯管时，对插入式灯座，先将灯管一端灯脚插入带弹簧的一个灯座，稍用力使弹簧灯座活动部分向外退出一小段距离，另一端趁势插入不带弹簧的灯座。对开启式灯座，先将灯管两端灯脚同时卡入灯座的开缝中，再用手握住灯管两端头旋转约 1/4 圈，灯管的两个引脚即被弹簧片卡紧使电路接通。

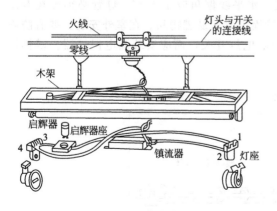

图 3-15　组装接线图

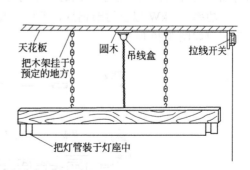

图 3-16　安装灯管图

③ 安装启辉器如图 3-17 所示：开关、熔断器等按白炽灯安装方法进行接线，在检查无

误后，即可通电试用。

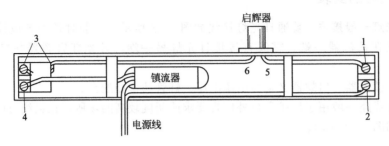

图 3-17 安装启辉器图
1~6—接线端子

④ 近几年发展使用了电子式日光灯，安装方法是用塑料胀栓直接固定在顶棚之上即可。

3.1.3 其他灯具的安装

(1) 水银灯 高压水银荧光灯应配用瓷质灯座；镇流器的规格必须与荧光灯泡功率一致。灯泡应垂直安装。功率偏大的高压水银灯由于温度高，应装置散热设备。对自镇流水银灯，没有外接镇流器，直接拧到相同规格的瓷灯口上即可，如图 3-18 所示。

(2) 钠灯 高压钠灯必须配用镇流器，电源电压的变化不应该大于±5%。高压钠灯功率较大，灯泡发热厉害，因此电源线应有足够平方数。高压钠灯的安装图如图 3-19 所示。

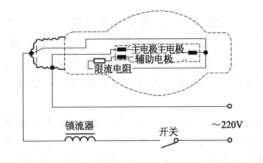

图 3-18 高压水银荧光灯的安装图

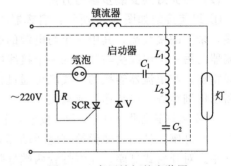

图 3-19 高压钠灯的安装图

(3) 碘钨灯的安装 碘钨灯必须水平安装，水平线偏角应小于 4°。灯管必须装在专用的有隔热装置的金属灯架上，同时，不可在灯管周围放置易燃物品。在室外安装，要有防雨措施。功率在 1kW 以上的碘钨灯，不可安装一般电灯开关，而应安装漏电保护器。碘钨灯的安装图如图 3-20 所示。

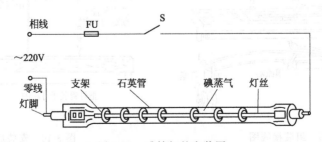

图 3-20 碘钨灯的安装图

3.2　插座与插头的安装

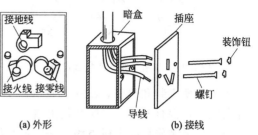

3.2.1　三孔插座的暗装

将导线剥去 15mm 左右绝缘层后，分别接入插座接线柱中，将插座用平头螺钉固定在开关暗盒上，压入装饰钮，如图 3-21 所示。

3.2.2　两脚插头的安装

将两根导线端部的绝缘层剥去，在导线端部附近打一个电工扣；拆开端头盖，将剥好的多股线芯拧成一股，固定在接线端子上。注意不要露铜丝毛刷，以免短路。盖好插头盖，拧上螺钉即可。两脚插头的安装如图 3-22 所示。

图 3-21　三孔插座的暗装

3.2.3　三脚插头的安装

三脚插头的安装与两脚插头的安装类似，不同的是导线一般选用三芯护套软线，其中一根带有黄绿双色绝缘层的芯线接地线，其余两根一根接零线，一根接火线，如图 3-23 所示。

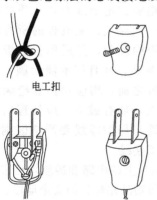

图 3-22　两脚插头的安装

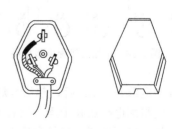

图 3-23　三脚插头的安装

3.2.4　各种插座接线电路

(1) 单相三线插座接线电路　单相三线插座电路由电源开关 S、熔断器 FU、导线及三芯插座 $XS_1 \sim XS_n$ 等构成，其接线方法如图 3-24 所示。

熔断器的额定容量可按电路导线额定容量的 0.8 倍确定，开关 S 也可选用带漏电保护的断路器（又称漏电断路器或漏电开关）。

(2) 四孔三相插座接线电路　如图 3-25 所示为四孔三相插座电路，它由电源开关、连接导线和四芯插座等组成。

图 3-25 中 L_1、L_2、L_3 分别为三相相线，QF 为三相插座的电源控制开关，PEN 为中性线，$XS_1 \sim XS_n$ 为四孔三相插座。四孔三相插座下方的三个插孔之间的距离相对近些，分别用来连接三相相线，面对插座从左到右接 L_1、L_2、L_3 接线；上方单独有一个插孔，用来连接 PEN 线。所有四孔三相插座都按统一约定接线，并且插头与负载的接线也对应一致。

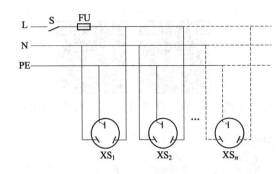 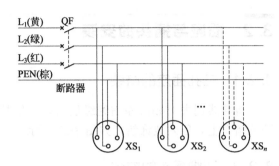

图 3-24 单相三线插座接线电路　　　　图 3-25 四孔三相插座接线电路

为了方便安装和检修，统一按黄（L_1）、绿（L_2）、红（L_3）、棕（PEN）的顺序配线，各相色线不得混合安装，以防相位出错。

（3）房屋装修用配电板电路　房屋装修用配电板线路常见的有：单相三线配电板和三相三线配电板两种。

① 单相三线配电板电路。它由带漏电保护的电源开关 SD、电源指示灯 HL、三芯电源插座 $XS_1 \sim XS_6$ 以及绝缘导线等组成，其电路如图 3-26 所示。

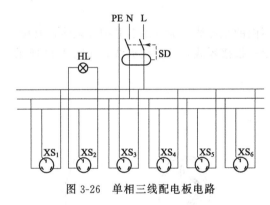

图 3-26 单相三线配电板电路

由于单相三线配电板使用得非常频繁，故引入配电板的电源线要用优质的护套橡胶三芯多股软铜导线。配电板的所有配线均安装在配电板的反面，然后用三合板或其他合适的木板封装，并且用油漆涂刷一遍。每次使用配电板之前，均应对护套绝缘电源线进行安全检查，如有破损，应处理后再用。电源工作零线与保护零线要严格区别开来，不能相互交叉接线。

当合上电源开关 SD 后，若信号灯点亮，则表示配电板上的电路和插座均已带电。装修作业时，应将配电板放在干燥、没有易燃物品、没有金属物品相接触的安全地段。配电板通常垂直安放，也可倾斜一定的角度安放，尽量避免平仰放置。

② 三相五线配电板线路。三相五线配电板电路由一个漏电开关（SD）、一个四芯插座、六个三芯插座以及若干绝缘导线等组成，其线路如图 3-27 所示。

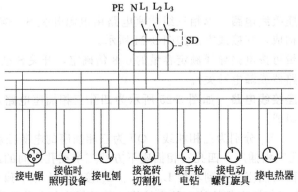

接电锯　接临时　接电刨　接瓷砖　接手枪　接电动　接电热器
　　　照明设备　　　切割机　电钻　螺钉旋具

图 3-27 三相五线配电板电路

　　由于装修用三相五线配电板使用频繁，故引入配电板的电源线要用优质的护套橡胶五芯多股软铜导线。配电板的所有配线安装在配电板的反面，然后用三合板或其他合适的木板封装，并且用油漆刷一遍。每次使用配电板之前，均应对护套绝缘电源线进行安全检查，如有破损，应处理后再用。电源工作零线与保护零线要严格区分开来，不能相互交叉接线。

　　使用中，配电板要远离可燃气体，也不要与水接触，以防电路短路，影响安全。如果作业现场人手较杂，应设法将配电板安置在安全的地方，例如固定在墙上或牢固的支架上，不得随意丢放，如果通过人行道，在必要时还应加穿管防护。

3.3　配电电路与安装

3.3.1　一室一厅配电电路

　　住宅小区常采用单相三线制，电能表集中装于楼道内。一室一厅配电电路如图 3-28 所示。

　　一室一厅配电电路中共有三个回路，即照明回路、空调回路、插座回路。图 3-28 中，QS 为双极隔离开关；$QF_1 \sim QF_3$ 为双极低压断路器，其中 $QF_2 \sim QF_3$ 具有漏电保护功能（即剩余电流保护器，俗称漏电断路器，又叫 RCD）。对于空调回路，如果采用壁挂式空调器，因为人不易接触空调器，可以不采用带漏电保护功能的断路器，但对于柜式空调器，则必须采用带漏电保护功能的断路器。

　　为了防止其他家用电器用电时影响电脑的正常工作，可以把图 3-28 中的插座回路再分成家电供电和电脑供电两个插座回路，如图 3-28 所示。两路共同受 QF_3 控制，只要有一个插座漏电，QF_3 就会立即跳闸断电，PE 为保护接地线。

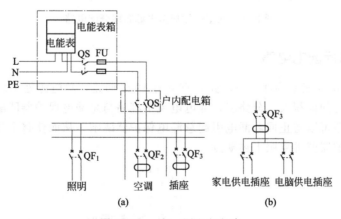

图 3-28　一室一厅配电电路

3.3.2　两室一厅配电电路

　　一般居室的电源线都布成暗线，需在建筑施工中预埋塑料空心管，并在管内穿好细铁丝，以备引穿电源线。待工程安装完工时，把电源线经电能表及用电器控制闸刀后通过预埋管引入居室内的客厅，客厅墙上方预留有一暗室，暗室前为木制开关板，装有总电源闸刀，然后分别把暗线经过开关引向墙上壁灯。

　　吊灯以及电扇电源线分别引向墙上方天花板中间处，安装吊灯和吊扇时，两者之间要有足够的安全距离或根据客厅的大小来决定。如果是长方形客厅，可在客厅中间的一半中心安装吊灯，另一半中心安装吊扇，也可只安装吊灯（这对有空调的房间更为适宜）。安装吊扇处要在钢筋水泥板上预埋吊钩，再把电源线引至客厅的彩电电源插座、台灯插座、音响插座、冰箱插座以及备用插座等用电设施。

　　卧室应考虑安装壁灯、吸顶灯及一些插座。厨房要考虑安装抽油烟机电源插座、换气扇电源插座以及电热器具插座。

　　卫生间要考虑安装壁灯电源插座、抽风机电源插座以及洗衣机三眼单相插座和电热水器电源插座等。总之要根据居室布局尽可能地把电源插座一次安装到位。两室一厅居室电源布线分配线路参考方案如图3-29所示。

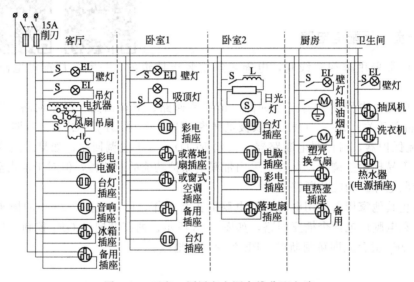

图 3-29　两室一厅居室电源布线分配电路

3.3.3　三室两厅配电电路

　　如图3-30所示为三室两厅配电电路，它共有10个回路，总电源处不装漏电保护器。这样做主要是由于房间面积大，分路多，漏电电流不容易与总漏电保护器匹配，容易引起误动或拒动。另外，还可以防止回路漏电引起总漏电保护器跳闸，从而使整个住房停电。而在回路上装设漏电保护器就可克服上述缺点。

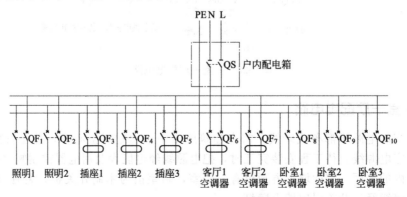

图 3-30　三室两厅配电电路

元器件选择：总开关采用双极 63A 隔离开关，照明回路上安装 6A 双极断路器，空调器回路根据容量不同可选用 15A 或 20A 的断路器；插座回路可选用 10A 或 15A 的断路器。电路进线采用截面积 16mm² 的塑料铜导线，其他回路都采用截面积为 2.5mm² 的塑料铜导线。

3.3.4　四室两厅配电电路

如图 3-31 所示为四室两厅配电电路，它共有 11 个回路，比如：照明、插座、空调等。其中两路作照明，如果一路发生短路等故障时，另一路能提供照明，以便检修。插座有三路，分别送至客厅、卧室、厨房，这样插座电磁线不至于超负荷，起到分流作用。六路空调回路，通至各室，即使目前不安装，也须预留，为将来要安装时做好准备，若空调为壁挂式，则可不装漏电保护断路器。

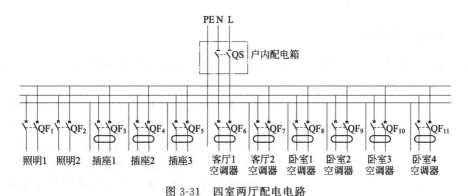

图 3-31　四室两厅配电电路

3.3.5　家用单相三线闭合型安装电路

家用单相三线闭合型安装电路如图 3-32 所示，它由漏电保护开关 SD、分线盒子 $X_1 \sim X_4$ 以及环形导线等组成。

一户作为一个独立的供电单元，可采用安全可靠的三线闭合电路安装方式，该电路也可以用于一个独立的房间。如果用于一个独立的房间，则四个方向中的任意一处都可以作为电源的引入端，当然电源开关也应随之换位，其余分支可用来连接负载。

在电源正常的条件下，闭合型电路中的任意一点断路都会影响其他负载的正常运行。在导线截面积相同的条件下，与单回路配线比较，其带负载能力提高 1 倍。闭合型电路灵活方便，可以在任一方位的接线盒内装入单相负载，不仅可以延长电路使用寿命，而且可以防止发生电气火灾。

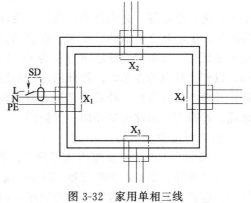

图 3-32　家用单相三线
闭合型安装电路

第4章

弱电线路敷设

4.1 计算机网络与线路敷设

4.1.1 网络线路材料

（1）光纤 是光导纤维的简写，是一种利用光在玻璃或塑料制成的纤维中的全反射原理而达成的光传导工具。

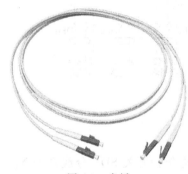

微细的光纤封装在塑料护套中，使得它能够弯曲而不至于断裂。通常，光纤一端的发射装置使用发光二极管（Light Emitting Diode，LED）或一束激光将光脉冲传送至光纤，光纤另一端的接收装置使用光敏元件检测脉冲。

在日常生活中，由于光在光导纤维的传导损耗比电在电线传导的损耗低得多，光纤被用作长距离的信息传递。图 4-1 所示的即为光纤。

通常光纤与光缆两个名词会被混淆。多数光纤在使用前必须由几层保护结构包覆，包覆后的缆线即被称为光缆。光纤外层的保护结构可防止周围环境对光纤的伤害，

图 4-1 光纤

如水、火、电击等。光缆分为：光纤，缓冲层及披覆。光纤和同轴电缆相似，只是没有网状屏蔽层，中心是光传播的玻璃芯。在多模光纤中，芯的直径是 $15\sim50\mu m$，大致与人的头发的粗细相当，而单模光纤芯的直径为 $8\sim10\mu m$。芯外面包围着一层折射率比芯低的玻璃封套，以使光纤保持在芯内。再外面的是一层薄的塑料外套，用来保护封套。光纤通常被扎成束，外面有外壳保护。纤芯通常是由石英玻璃制成的横截面积很小的双层同心圆柱体，它质地脆，易断裂，因此需要外加一保护层。

① 光纤分类及规格

a. 按光在光纤中的传输模式可分为：单模光纤和多模光纤。

多模光纤：中心玻璃芯较粗（$50\mu m$ 或 $62.5\mu m$），可传输多种模式的光，但其模间色散较大，这就限制了传输数字信号的频率，而且随距离的增加会更加严重。例如：600MB/km 的光纤在 2km 时则只有 300MB 的带宽了。因此，多模光纤传输的距离就比较近，一般只有几千米。一般光纤跳纤用橙色表示，也有的用灰色表示，接头和保护套用米色或者黑色；传输距离较短。

单模光纤：中心玻璃芯较细（芯径一般为 $9\mu m$ 或 $10\mu m$），只能传输一种模式的光。因此，其模间色散很小，适用于远程通信，但其色度色散起主要作用，这样单模光纤对光源的谱宽和稳定性有较高的要求，即谱宽要窄，稳定性要好。

一般光纤跳纤用黄色表示，接头和保护套为蓝色；传输距离较长。

b. 按最佳传输频率窗口分：常规型单模光纤和色散位移型单模光纤。

常规型：光纤生产厂家将光纤传输频率最佳化在单一波长的光上，如 1300nm。

色散位移型：光纤生产厂家将光纤传输频率最佳化在两个波长的光上，如：1300nm 和 1550nm。

按折射率分布情况分：突变型和渐变型光纤。

突变型：光纤中心芯到玻璃包层的折射率是突变的，其成本低，模间色散高，适用于短途低速通信，如工控。但单模光纤由于模间色散很小，所以单模光纤都采用突变型。

渐变型：光纤中心芯到玻璃包层的折射率是逐渐变小的，可使高模光按正弦形式传播，这能减少模间色散，提高光纤带宽，增加传输距离，但成本较高，现在的多模光纤多为渐变型光纤。

c. 常用光纤规格。

单模：$8/125\mu m$，$9/125\mu m$，$10/125\mu m$。

多模：$50/125\mu m$，欧洲标准；$62.5/125\mu m$，美国标准。

工业、医疗和低速网络：$100/140\mu m$，$200/230\mu m$。

塑料：$98/1000\mu m$，用于汽车控制。

d. 光纤的衰减。造成光纤衰减的主要因素有：本征、弯曲、挤压、杂质、不均匀和对接等。

本征损耗：是光纤的固有损耗，包括：瑞利散射，固有吸收等。

弯曲损耗：光纤弯曲时部分光纤内的光会因散射而损失掉，造成的损耗。

挤压损耗：光纤受到挤压时产生微小的弯曲而造成的损耗。

杂质损耗：光纤内杂质吸收和散射在光纤中传播的光，造成的损失。

不均匀损耗：光纤材料的折射率不均匀造成的损耗。

对接损耗：光纤对接时产生的损耗，如：不同轴（单模光纤同轴度要求小于 $0.8\mu m$），端面与轴心不垂直，端面不平，对接芯径不匹配和熔接质量差等。

② 结构原理及结构类型

a. 结构原理：光导纤维是由两层折射率不同的玻璃组成的。内层为光内芯，直径为几微米至几十微米，外层的直径为 $0.1\sim0.2mm$。一般内芯玻璃的折射率比外层玻璃大 1%。根据光的折射和全反射原理，当光线射到内芯和外层界面的角度大于产生全反射的临界角时，光线透不过界面，全部反射。这时光线在界面经过无数次的全反射，以锯齿状路线在内芯中向前传播，最后传至纤维的另一端。这种光导纤维属皮芯型结构。若内芯玻璃折射率是均匀的，在界面突然变化降低至外层玻璃的折射率，称为阶跃型结构。如内芯玻璃断面折射率从中心向外变化到低折射率的外层玻璃，称为梯度型结构。外层玻璃具有光绝缘性和防止内芯玻璃受污染。另一类光导纤维称自聚焦型结构，它好似由许多微双凸透镜组合而成，迫使入射光线逐渐自动地向中心方向会聚，这类纤维中心的折射率最高，向四周连续均匀地减少，至边缘为最低。

b. 光网络的基本结构类型有星形、总线型（含环形）和树形等 3 种，可组合成各种复杂的网络结构。光网络可横向分割为核心网、城域/本地网和接入网。核心网倾向于采用网状结构，城域/本地网多采用环形结构，接入网将是环形和星形相结合的复合结构。光网络可纵向分层为客户层、光通道层（OCH）、光复用段层（OMS）和光传送段层（OTS）等层，两个相邻层之间构成客户/服务层关系。

客户层：由各种不同格式的客户信号（如 SDH、PDH、ATM、IP 等）组成。

光通道层：为透明传送各种不同格式的客户层信号提供端到端的光通路联网功能，这一层也产生和插入有关光通道配置的开销，如波长标记、端口连接性、载荷标志（速率、格式、线路码）以及波长保护能力等，此层包含 OXC 和 OADM 相关功能。

光复用段层：为多波长光信号提供联网功能，包括插入确保信号完整性的各种段层开销，并提供复用段层的生存性，波长复用器和高效交叉连接器属于此层。

光传送段层：为光信号在各种不同的光媒体（如 G.652、G.653、G.655 光纤）上提供传输功能，光放大器所提供的功能属于此层。

从应用领域来看，光网络将沿着"干线网→本地网→城域网→接入网→用户驻地网"的次序逐步渗透。

(2) 光纤收发器　局域网特别是高速局域网在范围较小、距离较近时，用双绞线组网尚

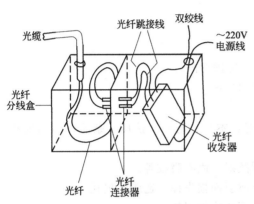

图 4-2　光纤与光纤收发器连接示意图

可，但在网络范围较大、距离较远时，双绞线的电性能就不能满足要求，这时就需要用光纤，因为光纤的带宽很宽，损耗很小，所以它能保证数据传输速率和传输质量。而目前的网卡和集线器等设备一般均不支持光纤，其上没有相应的光纤接口，因此就必须接光纤收发器。光纤收发器是用来将光信号变成电信号，以及将电信号变成光信号的设备，它的 2 个接口与光纤跳线相连，通过光纤跳线或接光缆中的光纤，它还有一个接口与双绞线相连，双绞线的另一头有 RJ-45 插头，与网卡或集线器上的 RJ-45 接口连接。光纤收发器一般都装在与光纤分线盒并列的一个铁盒内，如图 4-2 所示。

(3) 双绞线　双绞线的英文名字叫 Twist-Pair，是综合布线工程中最常用的一种传输介质。

双绞线采用了一对互相绝缘的金属导线互相绞合的方式来抵御一部分外界电磁波干扰，更主要的是降低自身信号的对外干扰。把两根绝缘的铜导线按一定密度互相绞在一起，可以降低信号干扰的程度，每一根导线在传输中辐射的电波会被另一根线上发出的电波抵消，"双绞线"的名字也是由此而来的。双绞线一般由两根 22～26 号绝缘铜导线相互缠绕而成，实际使用时，双绞线是由多对双绞线一起包在一个绝缘电缆套管里的。典型的双绞线有四对的，也有更多对双绞线放在一个电缆套管里的，这些称为双绞线电缆。在双绞线电缆（也称双扭线电缆）内，不同线对具有不同的扭绞长度，一般地说，扭绞长度在 38.1～14cm 之间，按逆时针方向扭绞。相邻线对的扭绞长度在 12.7cm 以上，一般扭线越密其抗干扰能力就越强，与其他传输介质相比，双绞线在传输距离、信道宽度和数据传输速度等方面均受到一定限制，但价格较为低廉。图 4-3 所示为网络双绞线的实物图。

图 4-3　双绞线

双绞线分为屏蔽双绞线（Shielded Twisted Pair，STP）与非屏蔽双绞线（Unshielded Twisted Pair，UTP），如图 4-4 所示。屏蔽双绞线在双绞线与外层绝缘封套之间有一个金属屏蔽层，屏蔽层可减少辐射，防止信息被窃听，也可阻止外部电磁干扰的进入，使屏蔽双绞线比同类的非屏蔽双绞线具有更高的传输速率。

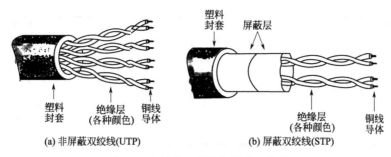

(a) 非屏蔽双绞线(UTP)　　　　　(b) 屏蔽双绞线(STP)

图 4-4　非屏蔽双绞线与屏蔽双绞线

双绞线常见的有三类线、五类线和超五类线，以及最新的六类线，前者线径细而后者线径粗，型号如下。

一类线：主要用于语音传输（一类标准主要用于八十年代初之前的电话线缆），不同于数据传输。

二类线：传输频率为 1MHz，用于语音传输和最高传输速率 4Mbps 的数据传输，常见于使用 4Mbps 规范令牌传递协议的旧的令牌网。

三类线：指目前在 ANSI 和 EIA/TIA568 标准中指定的电缆，该电缆的传输频率 16MHz，用于语音传输及最高传输速率为 10Mbps 的数据传输，主要用于 10. E-T。

四类线：该类电缆的传输频率为 20MHz，用于语音传输和最高传输速率 16Mbps 的数据传输，主要用于基于令牌的局域网和 10. E-T/100. E-T。

五类线：该类电缆增加了绕线密度，外套一种高质量的绝缘材料，传输率为 100MHz，用于语音传输和最高传输速率为 100Mbps 的数据传输，主要用于 100. E-T 和 10. E-T 网络，这是最常用的以太网电缆。

超五类线：超五类线衰减小、串扰少，并且具有更高的衰减与串扰的比值（ACR）和信噪比（Structural Return Loss）、更小的时延误差，性能得到了很大提高。超五类线主要用于千兆位以太网（1000Mbps）。

六类线：该类电缆的传输频率为 1~250MHz，六类布线系统在 200MHz 时综合衰减串扰比（PS-ACR）应该有较大的余量，它提供 2 倍于超五类的带宽。六类布线的传输性能远远高于超五类标准，最适用于传输速率高于 1Gbps 的应用。六类与超五类的一个重要的不同点在于：改善了在串扰以及回波损耗方面的性能，对于新一代全双工的高速网络应用而言，优良的回波损耗性能是极重要的。六类标准中取消了基本链路模型，布线标准采用星形的拓扑结构，要求的布线距离为：永久链路的长度不能超过 90m，信道长度不能超过 100m。

目前大量使用的仍是 UTP 双绞线，因为它易于安装，价格便宜，特别是近来研制出的超五类和六类 UTP 双绞线，其性能比普通五类 UTP 有大大提高，目前在局域网中，广泛用于建筑物楼层间以及楼层内和室内作为计算机和集线器之间的连接线。UTP 双绞线在使用中应注意色标，UTP 中 4 对电线均需要使用具有不同色彩的热熔塑料进行包裹。每根电线包裹的塑料的颜色均有具体规定，分别代表不同的含义和编号，具体色标如表 4-1 所示。

表 4-1　线对编号与色标对照表

线对编号	色标	缩写
线对 1	White-Blue 白-蓝	W-BL
	Blue 蓝	BL

线对编号	色标	缩写
线对 2	White-Orange 白-橙 Orange 橙	W-O O
线对 3	White-Green 白-绿 Green 绿	W-G G
线对 4	White-Brown 白棕 Brown 棕	W-BR BR

与彩色电线绞制在一起的白色电线上，一般应该增加彩色的环标作为标志。但是，当白色电线与彩色电线的绞制距离小于 38.1mm 时，就可以认为是处于紧密绞制状态，此时白色电线可以不增加彩色环标，而是依靠与其绞制的彩色电线进行标识。

(4) 同轴电缆 网络同轴电缆（Coaxial Cable）内外由相互绝缘的同轴心导体构成：内导体为铜线，外导体为铜管或网。电磁场封闭在内外导体之间，故辐射损耗小，受外界干扰影响小，常用于传送多路电话和电视（如图 4-5 所示）。

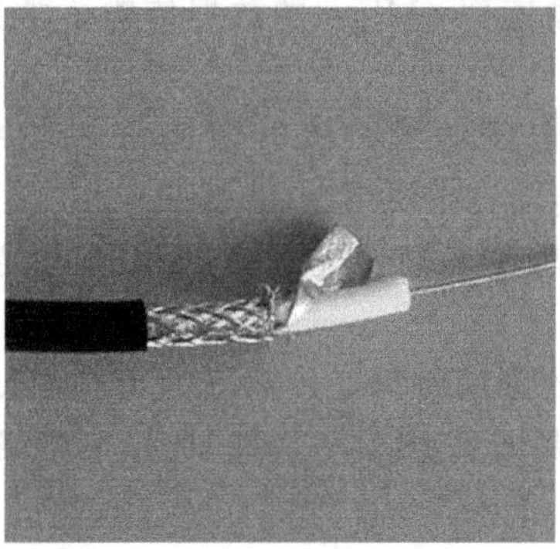

图 4-5 同轴电缆

同轴电缆的得名与它的结构相关。同轴电缆也是局域网中最常见的传输介质之一。它用来传递信息的一对导体是按照一层圆筒式的外导体套在内导体（一根细芯）外面，两个导体间用绝缘材料互相隔离的结构制造的，外层导体和中心轴芯线的圆心在同一个轴心上，所以叫做同轴电缆，同轴电缆之所以设计成这样，也是为了防止外部电磁波干扰异常信号的传递。

同轴电缆根据其直径大小可以分为：粗同轴电缆与细同轴电缆。粗缆适用于比较大型的局部网络，它的标准距离长，可靠性高，由于安装时不需要切断电缆，因此可以根据需要灵活调整计算机的入网位置，但粗缆网络必须安装收发器电缆，安装难度大，所以总体造价高。相反，细缆安装则比较简单，造价低，但由于安装过程要切断电缆，两头须装上基本网络连接头（BNC），然后接在 T 形连接器两端，所以当接头多时容易产生不良的隐患，这是目前运行中的以太网所发生的最常见故障之一。

无论是粗缆还是细缆均为总线拓扑结构，即一根电缆上接多部机器。这种拓扑适用于机器密集的环境，但是当一触点发生故障时，故障会影响到整根电缆上的所有机器，其诊断和修复都很麻烦，因此，将逐步被非屏蔽双绞线或光缆取代。

同轴电缆的优点是可以在相对长的无中继器的线路上支持高带宽通信，而其缺点也是显而易见的：一是体积大，细缆的直径就有 3/8in❶ 粗，要占用电缆管道的大量空间；二是不能承受缠结、压力和严重的弯曲，这些都会损坏电缆结构，阻止信号的传输；三就是成本高。而所有这些缺点正是双绞线能克服的，因此在现在的局域网环境中，基本已被基于双绞线的以太网物理层规范所取代。

同轴电缆分为细缆 RG-58 和粗缆 RG-11 两种。

细缆的直径为 0.26cm，最大传输距离为 185m，使用时与 50Ω 终端电阻、T 形连接器、BNC 接头与网卡相连，线材价格和连接头成本都比较便宜，而且不需要购置集线器等设备，十分适合架设终端设备较为集中的小型以太网络。缆线总长不要超过 185m，否则信号将严

---

❶ 1in＝0.0254m。

重衰减。细缆的阻抗是 50Ω。

粗缆（RG-11）的直径为 $1.27\mathrm{cm}$，最大传输距离达到了 $500\mathrm{m}$。由于直径相当粗，因此它的弹性较差，不适合在室内狭窄的环境内架设，而且 RG-11 连接头的制作方式也相对要复杂许多，并不能直接与电脑连接，它需要通过一个转接器转成 AUI 接头，然后再接到电脑上。由于粗缆的强度较强，最大传输距离也比细缆长，因此粗缆的主要用途是扮演网络主干的角色，用来连接数个由细缆所结成的网络。粗缆的阻抗是 75Ω。

4.1.2 网线制作

(1) 网线的检测工具与制作 由于光纤一般只在主干网上使用，且必须有专用仪器制作，过程复杂，平时较少用（专业人员做主干网才用，所以在此不作介绍）。同轴电缆已经接近淘汰，做小型局域网一般都是双绞线连接的以太网，所以同轴电缆制作也不作介绍。下面主要看一下双绞线的制作。

双绞线又分直连双绞线和交叉对接双绞线：直连双绞线主要应用在不同种接口互接时，例如交换机和电脑连接、路由器和交换机相连等；交叉对接双绞线主要用在同种接口互接时，例如两台电脑直接相连。

下面分图讲解一下直连双绞线的做法（所需工具：网钳、测线器，如图 4-6 所示）。

(2) 国际上的排线标准 主要有以下两种。

标准 T568B：橙白，橙，绿白，蓝，蓝白，绿，棕白，棕。

标准 T568A：绿白，绿，橙白，蓝，蓝白，橙，棕白，棕。

注意：双绞线一共有八根线分别两两绞合到一块起到抵消磁场的作用（单一导线在通电时会产生磁场）。

① 首先用钳子下口把线剪齐，如图 4-7 所示。

② 用钳子中间有缺口的地方将线外面的绝缘皮（2cm 左右）剥去，如图 4-8 所示。

图 4-6 网钳及网线

图 4-7 剪线

图 4-8 剥线

③ 用手把线捋直，排列线序，如图 4-9 所示。

④ 拿一个水晶头簧片对着自己，双绞线自下而上插入水晶头，如图 4-10 所示。

⑤ 将水晶头放入网钳的压线部位使劲压下，如图 4-11 所示。

⑥ 这时候网线就做好了，接着进行网线测试，如图 4-12 所示。

图 4-9　排列线序

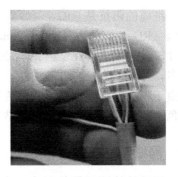

图 4-10　插入水晶头

图 4-11　压线

图 4-12　测试网线

当测线器顺序亮灯且 1 到 8 全亮则网线制作成功，如果有哪一个没亮灯则证明对应的那一根线断开或没接好，应重新做。

交叉对连双绞线一头用 T568A 标准，另一头用 T568B 标准即可，制作方法同上。

4.1.3　网线插座安装

入户的网络线路需要安装网络接线盒，这样，用户将网络传输线（双绞线）的一端连接网络接线盒，另一端插头接在上网设备的网络端口上，即可实现网络功能，如图 4-13 所示。

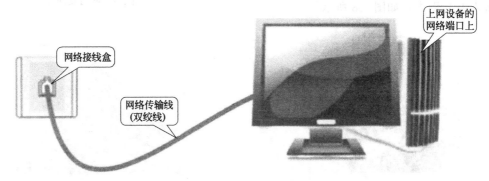

图 4-13　网络连接示意图

网络传输线（双绞线）是网络系统中的传输介质，网络接线盒的安装就是将入户的网络传输线与网络接线盒连接，以便用户通过网络接线盒上的网络传输接口（RJ-45 接口）登录网络。如图 4-14 所示为网络接线盒（网络信息模块）的实物外形。

网络传输线（双绞线）与网络接线盒上接口模块的安装连接可分为网络传输线（双绞线）的加工处理和网络接线盒上接口模块的连接两个操作环节。

（1）网络传输线（双绞线）加工处理　对网络传输线（双绞线）进行加工，应当使用剥线钳在距离接口处 2cm 的地方剥去安装在槽内的预留网线的绝缘层，如图 4-15 所示。

图 4-14　网络信息模块插座

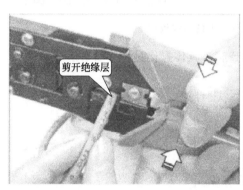
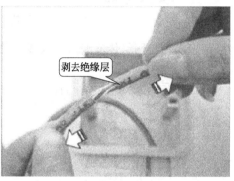

图 4-15　使用剥线钳将网络传输线（双绞线）的绝缘层剥落

将网络传输线（双绞线）内部的线芯进行处理，如图 4-16 所示。

将网络传输线（双绞线）内的线芯接口使用剥线钳剪切整齐，并将其按照顺序进行排列，以便于与网络信息模块的连接。

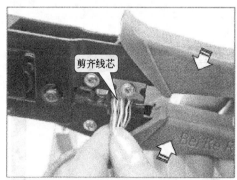

图 4-16　将网络传输线（双绞线）内部的线芯进行处理

（2）网络传输线（双绞线）与网络接口模块的连接　打开网络接口模块上的护板，并拆下网络信息模块上的压线板，具体操作见图 4-17。

将网络接口模块上的护板打开，并将其取下，将网络接口模块翻转，即可看到网络信息模块，用手将网络信息模块上的压线板取下，在压线板上可以看到网络传输线（双绞线）的连接标准。

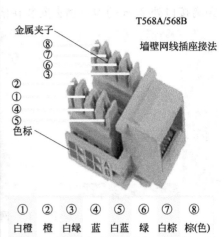

金属夹子

T568A/568B

墙壁网线插座接法

色标

①	②	③	④	⑤	⑥	⑦	⑧
白橙	橙	白绿	蓝	白蓝	绿	白棕	棕(色)

图 4-17　将网络信息模块上的压线板取下

网络信息模块与网络传输线（双绞线）的连接，具体操作见图 4-18。

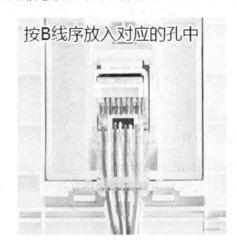
按B线序放入对应的孔中

用钳子将防尘盖用力压下

听到"咔哒"声后，接线完成

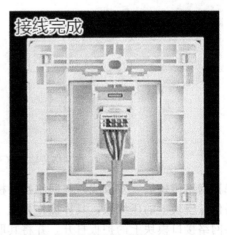
接线完成

图 4-18　将网络传输线（双绞线）与网络信息模块进行连接

将网络传输线（双绞线）穿过网络信息模块压线板的两层线槽，将其放入网络信息模块，并使用钳子将压线板进行压紧。

将网络接口模块固定在墙上，具体操作见图 4-19。

当确认网络传输线（双绞线）连接无误后，将连接好以后的网络接口模块安装到接线盒上，再将网络接口模块的护板安装固定。

插入网络传输线（双绞线）进行测试，具体操作见图 4-20。

图 4-19　将网络接口模块固定在墙上

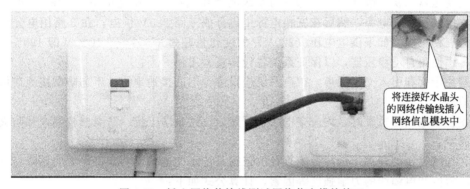

图 4-20　插入网络传输线测试网络信息模块接口

当网络接口模块固定好以后，应当将连接水晶头的网络传输线（双绞线）插入网络信息模块中，对其进行测试，确保网络可以正常工作即可。

4.2　音响系统线路敷设与配接

4.2.1　扩声系统的线路敷设

(1) 扩声系统的馈电网络　扩声系统的馈电网络包括音频信号输入部分、功率输出传送部分和电源供电部分三大块。为防止与其他系统之间的干扰，施工中必须采取有效措施。

① 音频信号输入的馈电

a. 话筒输出必须使用专用屏蔽软线与调音台连接；如果线路较长（10～15m）应使用双芯屏蔽软线作低阻抗平衡输入连接。中间设有话筒转接插座的，必须接触特性良好。

b. 长距离连接的话筒线（超过 50m）必须采用低阻抗（200Ω）平衡传送的连接方法，最好采用有色标的四芯屏蔽线，并穿钢管敷设。

c. 调音台及全部周边设备之间的连接均需采用单芯（不平衡）或双芯（平衡）屏蔽软线连接。

② 功率输出的馈电 功率输出的馈电系统指功放输出至扬声器箱之间的连接电缆。

a. 厅堂、舞厅和其他室内扩声系统均采用低阻抗（8Ω，有时也用4Ω或16Ω的）输出，一般采用截面积为2～6mm²的软导线穿管敷设。发烧线的截面积决定于传输功率的大小和扬声器的阻尼特性要求。通常要求馈线的总直流电阻（双向计算长度）应小于扬声器阻抗的1/50～1/100。如扬声器阻抗为8Ω，则馈线的总直流电阻应小于0.16～0.08Ω。馈线电阻越小，扬声器的阻尼特性越好，低音越纯，力度越大。

b. 室外扩声、体育场扩声大楼背景音乐和宾馆客户广播等由于场地大，扬声器箱的馈电线路长，为减少线路损耗通常不采用低阻抗连接，而使用高阻抗定电压传输（70V或100V）音频功率。从功放输出端至最远端扬声器负载的线路损耗一般应小于0.5dB，馈线宜采用穿管的双芯聚氯乙烯多股软线。

c. 宾馆客房多套节目的广播线应每套节目敷设一对馈线，而不能共用一根共公地线，以免节目信号间的干扰。

③ 供电线路 扩声系统的供电电源与其他用电设备相比，用电量不大，但最怕被干扰。为尽量避免灯光、空调、水泵、电梯等用电设备的干扰，建议使用变压比为1∶1的隔离变压器，此变压器的初次级任何一端都不与初级的地线相接。总用电量小于10kV·A时，功率放大器应使用三相电源，然后在三相电源中再分成三路220V供电，在3路用电分配上应尽量保持三相平衡。如果供电电压（220V）的变化量超过＋5％～－10％（即198～231V）时，应考虑使用自动稳压器，以保证系统各设备正常工作。

为避免干扰和引入交流噪声，扩声系统应设有专门的接地地线，不与防雷接地或供电接地共用地线。

上述各馈电线路敷设时，均应穿电线铁管敷设，这是防干扰、防老鼠咬断线和防火等三方面的需要。

(2) 导线直径的计算 选择导线直径的依据是传送的电功率、允许最大的压降、导线允许的电流密度和电缆线的力学强度等因素，计算公式如下：

$$q=0.035(100-n)LW/(nU^2)$$

式中 q——导线铜芯截面积，mm²；

L——电线的最大长度，m；

W——传输的电功率，W；

U——线路上的传输电压，V；

n——允许的线路压降，以百分率计。

例：一电缆长200m，传输的电功率为100W，传输的电压为100V，允许的线路压降为10％，则导线的截面积应为

$$q=0.035×(100-10)×200×100/(10-100^2)=0.63mm^2$$

考虑到电缆线的力学强度，选用2×0.75mm²的线缆。最后还应校核一下电流密度，最大允许的电流密度为5～10A/mm²。

为保证电缆的力学强度，规定穿管的功率线缆至少应有0.75mm²的截面积；明线拉线线缆至少应有1.5mm²的截面积。

4.2.2 系统扬声器的配接

定电压传输的公共广播系统，各扬声器负载一般都采用并联连接，如图4-21所示。

功放输出端的输出电压、输出功率和输出阻抗三者之间的关系如下：

$$P = U^2 / Z$$

式中　P——输出功率，W；

　　　Z——输出阻抗，Ω；

　　　U——输出电压，V。

例： 一功放的输出功率为 100W，输出电压为 100V，那么其能接上的最小负载能力为 $Z_{100V} = U^2 / P = 100^2 / 100 = 100\Omega$，低于 100Ω 的总负载将会使功放发生过载。

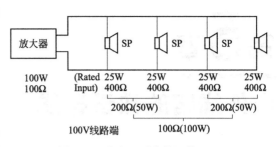

图 4-21　定电压系统的阻抗匹配

上例中如果使用 4 个 25W 的扬声器，那么需配用多大变化的输送变压器呢？

变压器初级对次级的电压比可这样表达，如图 4-22 所示。

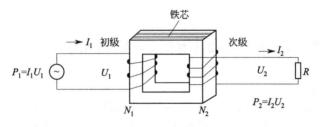

图 4-22　匹配变压器

$$U_2 / U_1 = N_2 / N_1$$

式中　U_1，U_2——变压器的实际输入电压和次级输出电压；

　　　N_1，N_2——变压器初级和次级绕组的匝数。

如果不考虑变压器的功率损耗，那么初、次级之间的功率应相等：$U_1 I_1 = U_2 I_2$，$I_1 = U_2^2 / (U_1 R)$，则 $Z = U_1 / I_1 = (N_1 / N_2)^2 R$。

变压器的输入阻抗等匝数比的平方乘上负载阻抗 R，或者说变压器初、次级的阻抗比等于变压器变压比的平方。图 4-22 中扬声器的阻抗为 8Ω，要求每个变压器的输入阻抗为 400Ω，那么变压器的变比应为 7：1。

为适应不同扬声器阻抗匹配的需要，匹配变压器通常做成抽头型的，如图 4-23 所示。

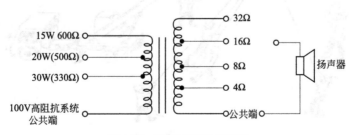

图 4-23　匹配变压器的配接

第5章

户外线路的敷设布线

5.1 架空线的敷设

5.1.1 电杆

(1) 电杆的分类 电杆应有足够的机械强度，常用的电杆有木电杆、金属电杆、水泥电杆三种。

① 木电杆 已被淘汰。

② 金属电杆 最常见的是铁塔，多由角铁焊接而成，多用在高压输电磁线路上。

③ 水泥电杆 是最常用的一种，强度大，使用年限长。选用水泥电杆时，其表面应光洁平整，壁厚均匀，没有外露钢筋，杆身弯曲不超过杆长的 2%。电杆立起前，应将顶端封堵，防止电杆投入使用后，杆内积水，浸蚀钢筋，导致电杆断裂。在现代施工工作中，一般采用起重机械立杆，如图 5-1 所示：起吊时，坑边站两人负责电杆入坑，由一人指挥。当杆顶吊离地面 500mm 时，应停止起吊，检查吊绳及各绳扣无误后，方可继续起吊。当杆根吊离地面 200mm 时，坑边二人将杆根移至坑口，电杆继续起吊，电杆就会一边竖起，一边伸入坑内，坑边两人要推动杆根，使其便于入抗。

图 5-1 起重机立杆

(2) 横担 横担是用来安装绝缘子、避雷器等设施的，横担的长度是根据架空线根数和线间距离来确定的，通常把它可分为木横担、铁横担和陶瓷横担三种。

① 木横担：木横担按断面形状分为圆横担和方横担两种，目前已淘汰。

② 铁横担：铁横担是用角铁制成的，坚固耐用，使用最多，使用前应采用热镀锌处理，可以延长使用寿命。

③ 陶瓷横担：陶瓷横担（瓷横担绝缘子）。其优点是不易击穿，不易老化，绝缘能力高，安全可靠，维护简单，主要应用在高压线路上。

线路横担安装要求：横担安装方向及安装如图 5-2、图 5-3 所示。为了使横担安装方向统一，便于认清来电方向，直线杆单横担应装于受电侧；90°转角杆及终端杆，当采用单横担时，应装于拉线侧。

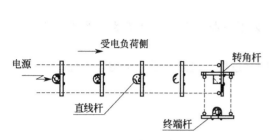

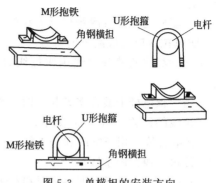

图 5-2　横担的安装方向和单横担安装　　　　　图 5-3　单横担的安装方向

横担安装应平整，安装偏差端部上下歪斜不应超过 20mm，左右扭斜不应超过 20mm。

横担安装，应符合下列规定数值：

a. 垂直安装时，顶端顺线路歪斜不应大于 10mm。

b. 水平安装时，顶端应向上翘起 5°～10°，顶端顺线路歪斜不应大于 20mm。

c. 全瓷或瓷横担的固定处应加软垫。

(3) 绝缘子　俗称瓷瓶，作用是用来固定导线。应有足够的电气绝缘能力和机械强度，使带电导线之间或导线与大地之间绝缘。

① 针式绝缘子如图 5-4 所示：针式绝缘子分为高压针式绝缘子和低压针式绝缘子两种，由于横担有铁、木两种，所以针式绝缘子又分为长柱、短柱及弯脚式绝缘子。

针式绝缘子适用于直线杆上或在承力杆上用来支持跳线的地方。

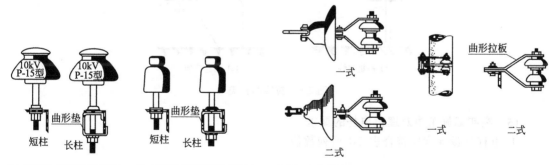

(a) 高压针式绝缘子安装图　(b) 低压针式绝缘子安装图　　(a) 高压悬式加碟式绝缘子安装图　(b) 低压蝶式绝缘子安装图

图 5-4　针式绝缘子安装图　　　　　　图 5-5　蝶式绝缘子安装图

② 蝶式绝缘子如图 5-5 所示：蝶式绝缘子用于终端杆、转角杆、分支杆、耐张杆以及导线需承受拉力的地方。

③ 拉线绝缘子：又称为拉线球，居民区、厂矿内电杆的拉线从导线之间穿过时，应装设拉线绝缘子。拉线绝缘子距地面不应小于 2.5mm，其作用如下。

a. 防止维修人员上杆带电作业时，人体碰及上拉线而造成单相触电。

b. 防止导线与拉线短路时造成线路接地或人体触及中、下拉线时造成人体触电。

(4) 拉线 电杆拉线（板线）是为了平衡电杆所受到的各方面的作用力，并抵抗风压等，防止电杆倾倒。

安装拉线要求如下。

① 安装拉线与电杆的夹角不应该小于 45°，拉线穿过公路时，对路面最低垂直距离不应小于 6m。

② 终端杆的拉线及耐张杆承力拉线应与线路方向对正，分角拉线应与线路分角线方向对正，防风拉线应与线路方向垂直。

③ 合股组成的镀锌铁线用作拉线时，股数必须三股以上，并且单股直径不应在 4mm 以上。

④ 当一根电杆上装设多条拉线时，拉线不应有过松、过紧、受力不均匀等现象。

⑤ 拉线的种类（图 5-6）如下。

a. 终端拉线：用于终端和分支杆。

b. 转角拉线：用于转角杆。

c. 人字拉线：用于基础不坚固和跨越加高杆及较大耐张段中间的直线杆上。

d. 高桩拉线：用于跨越公路和渠道等处。

e. 自身拉线：用于受地形限制不能采用一般拉线处，它的强度有限，不应该用在负载重的电杆上。

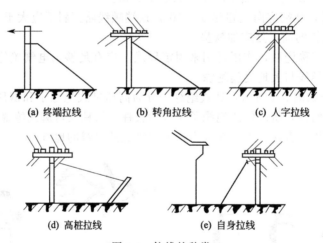

| (a) 终端拉线 | (b) 转角拉线 | (c) 人字拉线 |

| (d) 高桩拉线 | (e) 自身拉线 |

图 5-6 拉线的种类

(5) 在实际施工中对埋设电杆的要求

① 电杆埋设深度应符合表 5-1 所列数值。

表 5-1 电杆埋设深度表　　　　　　　　　　　　　　　　　　　　　m

杆长	8.0	9.0	10.0	11.0	12.0	13.0	15.0
埋深	1.5	1.6	1.7	1.8	1.8	2.0	2.3

电杆埋深最小不得小于 1.5m，杆根埋设必须夯实。

② 杆上设变压器台的电杆一般埋设深度不小于 2m。

③ 由于电杆受荷重、土质影响，杆基的稳定不能满足要求，常采用卡盘对基础进行补强，所以水泥杆卡盘的埋深不小于电杆埋深的三分之一，最小不得小于 0.5m。

5.1.2　架空室外线路的一般要求

(1) 导线架设要求

① 导线在架设过程中，应防止发生磨伤、断股、弯折等情况。

② 导线受损伤后，同一截面内，损伤面积超过导电部分截面积的 17% 应锯断后重接。

③ 同一档距内，同一根导线的接头，不得超过 1 个，导线接头位置与导线固定处的距离必须大于 0.5m。

④ 不同金属、规格的导线严禁在档距内连接。

⑤ 1～10kV 的导线与拉线，电杆或构架之间的净空距离，不应小于 200mm，1kV 以下配电磁线路，不应小于 50mm。

1～10kV 引下线与 1kV 以下线路间的距离不应小于 200mm。

(2) 导线对地距离及交叉跨越要求　低压架空线路导线间最小距离如下。

① 水平排列：档距在 40m 以内时为 30cm，档距在 40m 以外时为 40cm。

② 垂直排列时为 40cm。

③ 导线为多层排列时接近电杆的相邻导线间水平距离为 60cm。高、低压同杆架设时，高、低压导线间最小距离不小于 1.2m。

④ 不同线路同杆架设时，要求高压线路在低压动力线路的上端，弱电磁线路在低压动力线路的下端。

⑤ 低压架空线路与各种设施的最小距离，如表 5-2 所示。

表 5-2　低压架空线路与各种设施的最小距离

距凉台、台阶、屋顶的最小垂直距离	2.5m
导线边线距建筑物的凸出部分和没有门窗的墙	1m
导线至铁路轨顶	7.5m
导线至铁路车厢、货物外廓	1m
导线距交通要道垂直距离	6m
导线距一般人行道地面垂直距离	5m
导线经过树木时，裸导线在最大弧垂和最大偏移时，最小距离	1m
导线通过管道上方，与管道的垂直距离	3m
导线通过管道下方，与管道的垂直距离	1.5m
导线与弱电磁线路交叉不小于 1.25m，平行	1m
沿墙布线经过里巷、院内人行道时，至地面垂直距离	3.5m
距路灯线路	1.2m

⑥ 沿墙敷设：绝缘导线应水平或垂直敷设，导线对地面距离不应低于 3m，跨越人行道时不应低于 3.5m。水平敷设时，零线设在最外侧。垂直敷设时，零线在最下端。跨越通车道路时，导线距地不低于 6m。沿墙敷设的导线间距离为 20～30cm。

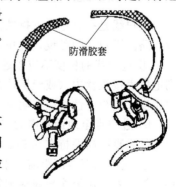

防滑胶套

5.1.3　登杆

登杆使用的工具有脚扣和安全带。脚扣如图 5-7 所示，不同长度的杆杆径不同，要选用不同规格的脚扣，如登 8m 杆用 8m 杆脚扣。现在还有一种通用脚扣，大小可调。使用前要检查脚扣是否完好，有没有断裂痕迹，脚扣皮带是否结实。

安全带是为了确保登高安全，在高空作业时支撑身体，

图 5-7　脚扣

使双手能松开进行作业的保护工具，如图 5-8 所示。

　　登杆前先系好安全带，为了便于在杆上操作，安全带的腰带系在胯骨以下，系得不要太紧。把腰绳和安全绳挎在肩上。脚扣的皮带不要系得过紧，以脚能从皮带中脱出，而脚扣又不会自行脱落为好。用脚扣登杆的方法如图 5-9 所示。

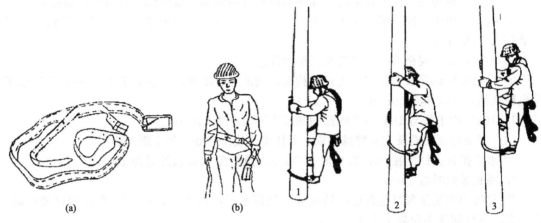

图 5-8　安全带　　　　　　　　　　　　　　图 5-9　用脚扣登杆

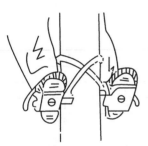

图 5-10　脚扣定位

　　登杆时，应用双手抱住电杆，一脚向上跨扣，脚上提时不要翘脚尖，脚要放松，用脚扣的重力使其自然挂在脚上，脚扣平面一定要水平，否则上提过程中脚扣会碰杆脱落。每次上跨间距不要过大，以膝盖成直角最合适。上跨到位后，让脚扣尖靠向电杆，脚后跟用力向侧后方踩，脚扣就会很牢固地卡在杆上，卡稳后不要松脚，要把重心移过来，另一脚上提松开脚扣，做第二跨，注意脚扣上提时两脚扣不要相碰以免脱落。

　　由于杆梢直径小，登杆时越向上脚扣越容易脱扣下滑，要特别注意。当到达工作位置后，应先挂好安全绳，且安全带与电杆有一定倾斜角度。调整脚扣到合适操作的位置，将两脚相互扣死，如图 5-10 所示。

　　脚扣和安全绳都稳固后，方可以松开手进行操作。另外，杆前不要忘记带工具袋，并带上一根细绳，以便从杆下提取工件。

5.1.4　敷设进户线

　　进户线是指从室外支持铁件处接下来引到室内电度表或配电盘（室内第一支持点）的一段线路。进户线的敷设，应按以下要求进行。

　　① 进户线的长度不应该超过 1m；超过时应使用绝缘子在中间固定。室内一端应能够接到电度表接线盒内（或经熔体盒再进电度表接线盒内）；室外一端与接户线搭接后要有一定的裕度。进户中性线应有明显标志。

　　② 进户点至地面距离大于 2.7m 时，应采用绝缘导线穿瓷管进户，并使进户管口与接户线的垂直距离保持在 0.5m 左右（如图 5-11 所示）。

　　③ 进户点至地面距离小于 2.7m 时，应加装进户杆（落地杆或短杆），采用塑料护套线穿瓷管或者采用绝缘导线穿钢管（或硬塑料管）进户（如图 5-12 所示）。

　　④ 进户点至地面距离虽然大于 2.7m，但与原来已加高的或由于安全要求必须加高的接

户线垂直距离在 0.5m 以上时，应按图 5-13 所示方法使进户线与接户线相连接。此时接户线和进户线应采用绝缘良好的铜芯或铝芯导线，不得使用软线，也不得有接头。进户线的最小截面积，当采用铜芯绝缘线时为 $1.5mm^2$，采用铝芯绝缘线时为 $2.5mm^2$。

⑤ 选择进户线截面积的原则是：对于电灯和电热负载，导线的安全载流量（安）≥所有电器的额定电流之和，对于接有电动机的负载，导线的安全载流量，应按对电动机供电的线路的工作电流来确定。

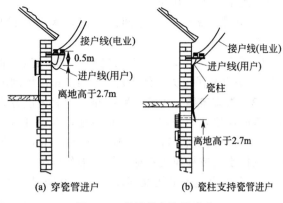

图 5-11　绝缘线穿瓷管进户

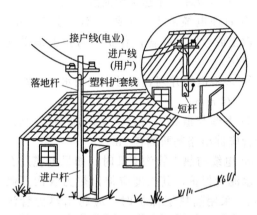

图 5-12　加装进户杆（落地杆或短杆）进户

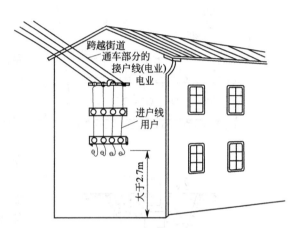

图 5-13　角铁加装瓷瓶支持单根绝缘线穿管进户

5.2　电缆线路的敷设

5.2.1　电力电缆的分类及检查

按绝缘材料分类有：油浸纸绝缘、塑料绝缘、橡胶绝缘。

按结构特征分类有：统包型、分相型、扁平型、自容型等。

电力电缆敷设前，必须进行外观、电气检查，检查电缆表面有没有损伤，并测量电力电缆绝缘电阻。

5.2.2　室外敷设

室外敷设的方法有很多，分为桥架、沿墙支架、金属套索吊挂、电缆隧道、电缆沟、直埋等。应根据环境要求、电缆数量等具体情况，来决定敷设方式。

(1) 架空明敷

① 在缆桥、缆架上敷设电缆时，相同电压的电缆可以并列敷设，但电缆间的净距不应小于 3.5cm。

② 架空明敷的电缆与热力管道净距不应小于 1m，达不到要求应采取隔热措施，与其他

管道净距不应小于 0.5m。

③ 电缆支架或固定点间的距离，水平敷设电力电缆不应大于 1m，控制电缆不应大于 0.8m。

④ 金属套索上，水平悬吊电力电缆固定点间距离不应大于 0.75m，控制电缆不应大于 0.6m。垂直悬吊电力电缆不应大于 1.5m，控制电缆不应大于 0.75m。

(2) 直埋电缆 电缆线路的路径上有可能存在使电缆受到机械损伤、化学作用、热影响等危害的地段，要采取相应保护措施，以保证电缆安全运行。

① 室外直埋电缆，深度不应小于 0.7m，穿越农田时，不应小于 1m，避免由于深翻土地、挖排水沟或拖拉机耕地等原因损伤电缆。

② 直埋电缆的沿线及其接头处应有明显的方位标志，或牢固的标桩。水泥标桩不小于 120mm×120mm×600mm，如图 5-14 所示。

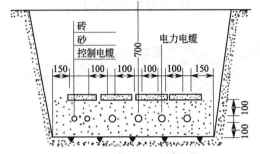

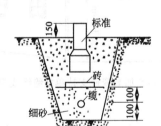

图 5-14　电缆埋设及标桩做法图

③ 非铠装电缆不准直接埋设。

④ 电缆应埋设在建筑物的散水以外。

⑤ 直埋电缆的上、下须铺不小于 100mm 厚的软土或沙层，并盖砖保护，防止电缆受到机械损伤。

⑥ 多根电缆并列直埋时，线间水平净距不应小于 100mm。

⑦ 电缆与道路、铁路交叉时应穿保护管，保护管应伸出路基两侧各 2m。

⑧ 电缆与热力管沟交叉时，如果电缆用石棉、水泥管保护，其长度应伸出热力管沟两侧各 2m；采用隔热层保护时，应超出热力管沟两侧各 1m。

(3) 水底敷设

① 水底电缆应利用整根电缆，不能有接头。

② 敷设于水中的电缆，必须贴于水底。

③ 水底电缆引至架空线路时，引出地面处离栈道不应小于 10m。

④ 在河床及河岸容易遭受冲刷的地方，不应敷设电缆。

(4) 桥梁上敷设

① 敷设于桥上的电缆，电缆应穿在耐火材料制成的管中，如没有人接触，电缆可敷设在桥上侧面。

② 在经常受到振动的桥梁上敷设的电缆，采取防振措施。桥的两端和伸缩缝处留有电缆松弛部分，以防电缆由于结构胀缩而受到损坏。

(5) 电缆终端头和中间接头制作要求

① 电力电缆的终端头和中间接头，要保证密封良好，防止电缆油漏出使绝缘干枯，绝缘性能降低。同时，纸绝缘有很大的吸水性，极易受潮，也同样导致绝缘性能降低。

② 电缆终端头、中间接头的外壳与电缆金属护套及铠装层应良好接地。接地线应采用铜绞线，其截面积不应该小于 100mm^2。

③ 不同牌号的高压绝缘胶或电缆油，不应该混合使用。

④ 电缆接头的绝缘强度，不应低于电缆本身的绝缘强度。

第**6**章

接地及漏电保护技术

6.1 电力网及保护接地形式

6.1.1 电力网

电力系统中各级电压的电力线路及与其连接的变电所总称为电力网，简称电网。电力网是电力系统的一部分，是输电线路和配电线路的统称，是输送电能和分配电能的通道，是把发电厂、变电所和电能用户联系起来的纽带。

电网由各种不同电压等级和不同结构的线路组成，按电压的高低可将电力网分为低压网、中压网、高压网和超高压网等。电压在 1kV 以下的称为低压网，1～10kV 的称为中压网，高于 10kV 低于 330kV 的称为高压网，330kV 以上的称为超高压网。电网按电压高低和供电范围大小可分为区域电网和地方电网。区域电网供电范围大，电压一般在 220kV 以上；地方电网供电范围小，电压一般在 35～110kV 之间。电网也往往按电压等级来称呼，如说 10kV 电网或 10kV 系统，就是指相互连接的整个 10kV 电压的电力线路。根据供电地区的不同，有时也将电网称为城市电网和农村电网。

6.1.2 三相交流电网和电力设备的额定电压

额定电压 U_N 是指在规定条件下，保证电网、电气设备正常工作而且具有最佳经济效果的电压。电气设备都是按照指定的电压和频率设计制造的，这个指定的电压和频率称为电气设备的额定电压和额定频率。额定电压通常指电气设备铭牌上标出的线电压，当电气设备在该电压和频率下运行时，能获得最佳的技术性能和经济效果。

为了成批生产和实现设备互换，各国都制定有标准系列的额定电压和额定频率。我国规定工业用标准额定频率为 50Hz（俗称工频）；国家标准规定，交流电力网和电力设备的额定电压等级较多，但考虑设备制造的标准化、系列化，电力系统额定电压等级不宜过多，具体规定见表 6-1。

表 6-1 我国交流电力网和电力设备的额定电压 U_N

类　别	电力网和用电设备额定电压	发电机额定电压	电力变压器额定电压	
			一次侧绕组	二次侧绕组
低压配电网/V	220/127	230	200/127	230/133
	380/220	400	380/220	400/230
中压配电网/kV	3	3.15	3 及 3.15	3.15 及 3.3
	6	6.3	6 及 6.3	6.3 及 6.6
	10	10.5	10 及 10.5	10.5 及 11
	—	13.8,15.75,18,20	13.8,15.75,18,20	—

续表

类 别	电力网和用电设备额定电压	发电机额定电压	电力变压器额定电压	
			一次侧绕组	二次侧绕组
高压配电网/kV	35	—	35	38.5
	63	—	63	69
	110	—	110	121
	220	—	220	242
输电网/kV	330	—	330	363
	500	—	500	550
	750	—	750	—

6.1.3 电力系统的中性点运行方式

在电力系统中，当变压器或发电机的三相绕组为星形连接时，其中性点有两种运行方式：中性点接地和中性点不接地。中性点直接接地系统常称为大电流接地系统，中性点不接地和中性点经消弧线圈（或电阻）接地的系统称为小电流接地系统。

中性点运行方式的选择主要取决于单相接地时电气设备的绝缘要求及供电可靠性。图 6-1 所示为常用的电力系统中性点运行方式，图中电容 C 为输电线路对地分布电容。

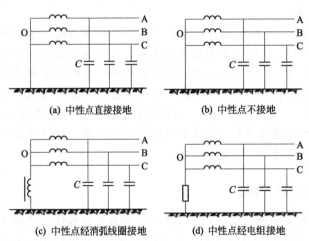

(a) 中性点直接接地　　　　(b) 中性点不接地

(c) 中性点经消弧线圈接地　　(d) 中性点经电组接地

图 6-1　电力系统中性点运行方式

（1）中性点直接接地方式　中性点直接接地方式发生一相对地绝缘破坏时，就构成单相短路，供电中断，可靠性会降低。但是，这种方式下的非故障相对地电压不变，故电气设备绝缘可按相电压考虑，降低设备要求。此外，在中性点直接接地的低压配电系统中，如为三相四线制供电，可提供 380V 或 220V 两种电压，供电方式更为灵活。

（2）中性点不接地方式　在正常运行时，各相对地分布电容相同，三相对地电容电流对称且其和为零，各相对地电压为相电压。这种系统中发生一相接地故障时，线间电压不变，非故障相对地电压升高到原来相电压的 $\sqrt{3}$ 倍，故障相电流增大到原来的 3 倍。因此对中性点不接地的电力系统，注意电气设备的绝缘要按照线电压来选择。

目前，在我国电力系统中，110kV 以上高压系统，为降低绝缘设备要求，多采用中性点直接接地运行方式；6～35kV 中压系统中，为提高供电可靠性，首选中性点不接地运行方式。当接地系统不能满足要求时，可采用中性点经消弧线圈或电阻接地的运行方式；低于 1kV 的低压配电系统中，考虑到单相负荷的使用，通常均为中性点直接接地的运行方式。

6.1.4 电源中性点直接接地的低压配电系统

电源中性点直接接地的三相低压配电系统中，从电源中性点引出的有中性线（代号 N）、保护线（代号 PE）或保护中性线（代号 PEN）。

(1) 低压电力网接地形式分类及字母含义

① 低压电力网接地形式分类　电源中性点直接接地的三相四线制低压配电系统可分成 3 类：TN 系统、TT 系统和 IT 系统。其中 TN 系统又分为 TN-S 系统、TN-C 系统和 TN-C-S 系统 3 类。

TN 系统和 TT 系统都是中性点直接接地系统，且都引出有中性线（N 线），因此都称为"三相四线制系统"。但 TN 系统中的设备外露可导电部分（如电动机、变压器的外壳，高压开关柜、低压配电柜的门及框架等）均采取与公共的保护线（PE 线）或保护中性线（PEN 线）相连接的保护方式，如图 6-2 所示。IT 系统的中性点不接地或经电阻（约 1000Ω）接地，且通常不引出中性线，因它一般为三相三线制系统，其中设备的外露可导电部分与 TT 系统一样，也是经各自的 PE 线直接接地。

所谓"外露可导电部分"是指电气装置中能被触及到的导电部分。它在正常情况下不带电，但在故障情况下可能带电，一般是指金属外壳，如高低压柜（屏）的框架、电机机座、变压器或高压多油开关的箱体及电缆的金属外护层等。"装置外导电部分"也称为"外部导电部分"，它并不属于电气装置，但也可能引入电位（一般是地电位），如水、暖、煤气、空调等的金属管道及建筑物的金属结构。

中性线（N 线）是与电力系统中性点相连能起到传导电能作用的导体，其主要作用是：

a. 通过三相系统中的不平衡电流（包括谐波电流）；

b. 便于连接单相负载（提供单相电气设备的相电压和电流回路）及测量相电压；

c. 减小负荷中性点电位偏移，保持 3 个相电压平衡。

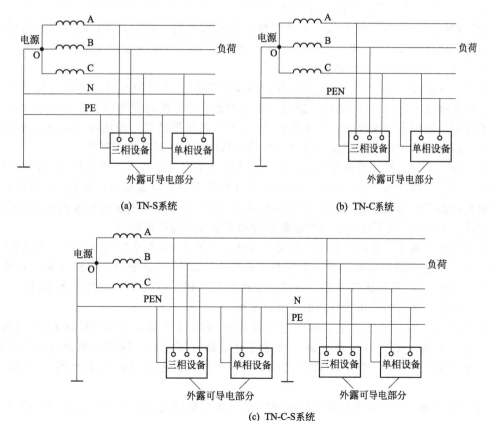

(a) TN-S系统

(b) TN-C系统

(c) TN-C-S系统

图 6-2　低压配电系统保护方式

因此，N 线是不容许断开的，在 TN 系统的 N 线上不得装设熔断器或开关。

保护线与用电设备外露的可导电部分（指在正常工作状态下不带电，在发生绝缘损坏故障时有可能带电，而且极有可能被操作人员触及的金属表面）可靠连接，其作用是在发生单相绝缘损坏对地短路时，一是使电气设备带电的外露可导电部分与大地同电位，可有效避免触电事故的发生，保证人身安全；二是通过保护线与地之间的有效连接，能迅速形成单相对地短路，使相关的低压保护设备动作，快速切除短路故障。

保护中性线（PEN 线）兼有 PE 线和 N 线的功能，用于保护性和功能性结合在一起的场合，如图 6-2(b) 所示的 TN-C 系统，但首先必须满足保护性措施的要求。PEN 线不用于由剩余电流保护装置 RCD 保护的线路内。

② 接地系统字母符号含义

a. 第一个字母表示电源端与地的关系。

T——电源端有一点（一般为配电变压器低压侧中性点或发电机中性点）直接接地。

I——电源端所有带电部分均不接地，或有一点（一般为中性点）通过阻抗接地。

b. 第二个字母表示电气设备（装置）正常不带电的外露可导电部分与地的关系。

T——电气设备外露可导电部分独立直接接地，此接地点与电源端接地点在电气上不相连接。

N——电气设备外露可导电部分与电源端的接地点有用导线所构成的直接电气连接。

c. "-"（半字线）后面的字母表示中性导体（中性线）与保护导体的组合情况。

S——中性导体与保护导体是分开的。

C——中性导体与保护导体是合一的。

(2) TN 系统　TN 系统是指在电源中性点直接接地的运行方式下，电气设备外露可导电部分用公共保护线（PE 线）或保护中性线（PEN 线）与系统中性点 O 相连接的三相低压配电系统。TN 系统又分 3 种形式：

① TN-S 系统　整个供电系统中，保护线 PE 与中性线 N 完全独立分开，如图 6-2(a) 所示。正常情况下，PE 线中无电流通过，因此对连接 PE 线的设备不会产生电磁干扰。而且该系统可采用剩余电流保护，安全性较高。TN-S 系统现已广泛应用在对安全要求及抗电磁干扰要求较高的场所，如重要办公楼、实验楼和居民住宅楼等民用建筑。

② TN-C 系统　整个供电系统中，N 线与 PE 线是同一条线（也称为保护中性线 PEN，简称 PEN 线），如图 6-2(b) 所示。PEN 线中可能有不平衡电流流过，因此通过 PEN 线可能对有些设备产生电磁干扰，且该系统不能采用灵敏度高的剩余电流保护来防止人员遭受电击。因此，TN-C 系统不适用于对抗电磁干扰和安全要求较高的场所。

③ TN-C-S 系统　在供电系统中的前一部分，保护线 PE 与中性线 N 合为一根 PEN 线，构成 TN-C 系统，而后面有一部分保护线 PE 与中性线 N 独立分开，构成 TN-S 系统，如图 6-2(c) 所示。此系统比较灵活，对安全要求及抗电磁干扰要求较高的场所采用 TN-S 系统配电，而其他场所则采用较经济的 TN-C 系统。

不难看出，在 TN 系统中，由于电气设备的外露可导电部分与 PE 或 PEN 线连接，在发生电气设备一相绝缘损坏，造成外露可导电部分带电时，则该相电源经 PE 或 PEN 线形成单相短路回路，可导致大电流的产生，引起过电流保护装置动作，切断供电电源。

(3) TT 系统　TT 系统是指在电源中性点直接接地的运行方式下，电气设备的外露可导电部分与电源引出线无关的各自独立接地体连接后，进行直接接地的三相四线制低压配电系统，如图 6-3 所示。由于各设备的 PE 线之间无电气联系，因此相互之间无电磁干扰。此系统适用于安全要求及抗电磁干扰要求较高的场所，国外这种系统较普遍，现我国也开始推广应用。

在 TT 系统中，若电气设备发生单相绝缘损坏，外露可导电部分带电，该相电源经接地体、大地与电源中性点形成接地短路回路，产生的单相故障电流不大，一般需装设高灵敏度的接地保护装置。

(4) IT 系统 IT 系统的电源中性点不接地或经约 1000Ω 电阻接地，其中所有电气设备的外露可导电部分也都各自经 PE 线单独接地，如图 6-4 所示。此

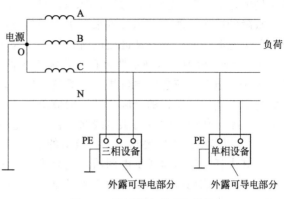

图 6-3 低压配电的 TT 系统

系统主要用于对供电连续性要求较高及易燃易爆危险的场所，如医院手术室、矿井下等。

6.1.5 电力负荷的分级及对供电电源的要求

负荷是指电网提供给用户的电力，负荷的大小用电气设备（发电机、变压器、电动机和线路）中通过的功率或电流来表示。

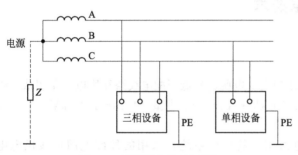

图 6-4 低压配电的 IT 系统

(1) 电力负荷分极 电力负荷按其对供电可靠性的要求和意外中断供电所造成的损失和影响，分为一级负荷、二级负荷和三级负荷。

① 一级负荷 一级负荷是指发生意外中断供电事故后，将造成人身伤亡，或者在经济上造成重大设备损坏、重大产品报废、需要很长时间才能恢复生产，或者在政治上造成重大不良影响等后果的电力负荷。

一级负荷电力用户的主要类型有：重要交通枢纽、重要通信枢纽、国民经济重点企业中的重大设备和连续生产线、重要宾馆、政治和外事活动中心等。

在一级负荷中，当中断供电将影响实时处理计算机及计算机网络非常工作中断，或中断供电后将发生中毒、爆炸和火灾等情况的负荷，以及特别重要场所不允许中断供电的负荷，应视为特别重要的负荷。

② 二级负荷 二级负荷是指发生意外中断供电事故，将在经济上造成如主要设备损坏、大量产品报废、短期一时无法恢复生产等较大损失，或者会影响重要单位的正常工作，或者会产生社会公共秩序混乱等后果的电力负荷。

二级负荷电力用户的主要类型有：交通枢纽、通信枢纽、重要企业的重点设备、大型影剧院及大型商场等大型公共场所等。普通办公楼、高层普通住宅楼、百货商场等用户中的客梯电力、主要通道照明等用电设备也为二级负荷设备。

③ 三级负荷 三级负荷是指除一、二级负荷外的其他电力负荷。三级负荷应符合发生短时意外中断供电不至于产生严重后果的特征。

(2) 各级电力负荷对供电电源的要求

① 一级负荷的供电要求

a. 一级负荷应由两个独立电源供电，有特殊要求的一级负荷还要求其两个独立电源来

自不同的地点。"独立电源"是指不受其他任一电源故障的影响，不会与其他任一电源同时发生故障的电源。两个电源分别来自于不同的发电厂；两个电源分别来自于不同的地区变电所；两个电源中一个来自地区变电所，另一个为自备发电机组，便可视为两个独立电源。

b. 一级负荷中的特别重要负荷，除需满足两个独立电源供电的一般要求外，有时还需要设置应急电源。应急电源仅供该一级负荷使用，不可与其他负荷共享，并且应采取防止与正常电源之间并列运行的措施。常用的应急电源有：独立于正常电源之外的自备发电机组，独立于正常工作电源的专用供电线路，蓄电池电源等。

② 二级负荷的供电要求　二级负荷的电力用户一般应当采用两台变压器或两回路供电，要求当其中任一变压器或供电回路发生故障时，另一变压器或供电回路不应同时发生故障。对于负荷较小或地区供电条件困难的且难以取得两回路的，也可由一10(6)kV 及以上的专用架空线路供电。

③ 三级负荷的供电要求　三级负荷性一般电力用户，对供电方式无特殊要求。当用户为以三级负荷为主，但有少量一级负荷时，其第二电源可采用自备应急发电机组或逆变器作为一级负荷的备用电源。

6.2 电力用户供电系统及供电要求

6.2.1 电力用户供电系统的组成

电力用户供电系统由外部电源进线、用户变配电所、高低压配电线路和用电设备组成。按供电容量的不同，电力用户可分为大型（10000kV·A 以上）、中型（1000～10000kV·A）、小型（1000kV·A 及以下）。

(1) 大型电力用户供电系统　大型电力用户的供电系统，采用的外部电源进线供电电压等级为 35kV 及以上，一般需要经用户总降压变电所和车间变电所两级变压。总降压变电所将进线电压降为 6～10kV 的内部高压配电电压，然后经高压配电线路引至各车间变电所，车间变电所再将电压变为 220/380V 的低电压供用电设备使用，其结构如图 6-5 所示。

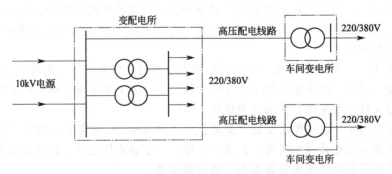

图 6-5　大型电力用户供电系统

某些厂区的环境和设备条件许可的大型电力用户，也有的采用"高压深入负荷中心"的供电方式，即 35kV 的进线电压直接一次降为 220/380V 的低电压。

(2) 中型电力用户供电系统　中型电力用户一般采用 10kV 的外部电源进线供电电压，经高压配电所和 10kV 用户内部高压配电线路馈电给各车间变电所，车间变电所再将电压变换成 220/380V 的低电压供用电设备使用。高压配电所通常与某个车间变电所合建，其结构如图 6-6 所示。

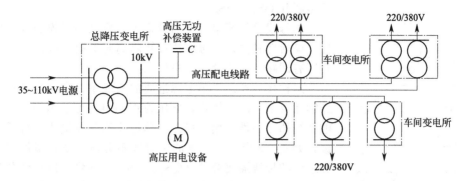

图 6-6 中型电力用户供电系统

(3) 小型电力用户供电系统 一般的小型电力用户也用 10kV 外部电源进线电压，通常只设有一个相当于建筑物变电所的降压变电所，容量特别小的小型电力用户可不设变电所，采用低压 220/380V 直接进线。

6.2.2 电气主接线的基本形式

变配电所的电气主接线是以电源进线和引出线为基本环节，以母线为中间环节构成的电能输配电电路。变电所的主接线（或称一次接线、一次电路）是由各种开关设备（断路器、隔离开关等）、电力变压器、避雷器、互感器、母线、电力电缆、移相电容器等电气设备按一定次序相连接组成的具有接收和分配电能的电路。

母线又称汇流排，它是电路中的一个电气节点，由导体构成起着汇集电能和分配电能的作用，它将变压器输出的电能分配给各用户馈电线。如果母线发生故障，则所有用户的供电将全部中断，因此要求母线应有足够的可靠性。

变电所主接线形式直接影响变电所电气设备的选择，变电所的布置、系统的安全运行、保护控制等许多方面。因此，正确确定主接线的形式是建筑供电中一个不可缺少的重要环节。

考虑到三相系统对称，为了分析清楚和方便起见，通常主接线图用单线图表示。如果三相不尽相同，则局部可以用三线图表示。主接线的基本形式按有无母线通常分为有母线接线和无母线接线两大类。有母的主接线按母线设置的不同，又有单母线不分段接线、单母线分段接线、带旁路母线的单母线接线和双母线接线 4 种接线形式。无母线接线有线路-变压器接线和桥接线两种接线形式。

(1) 单母线不分段接线 如图 6-7 所示，每条引入线和引出线的电路中都装有断路器和隔离开关，电源的引入与引出是通过同一组母线连接的。断路器（QF_1、QF_2）主要用来切断负荷电流或故障电流，是主接线中最主要的开关设备。隔离开关（QS）有两种：靠近母线侧的称为母线隔离开关（QS_2、QS_3），作为隔离母线电

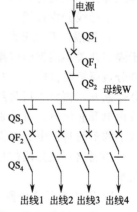

图 6-7 单母线不分段接线

源，以便检修母线、断路器 QF_1、QF_2 用；靠近线路侧的称为线路隔离开关（QS_1、QS_4），防止在检修断路器时从用户（负荷）侧反向供电，或防止雷电过电压沿线路侵入，以保证维修人员安全使用。

隔离开关与断路器必须联锁操作，以保证隔离开关"先通后断"，不带负荷操作。如出线 1 送电时，必须先合上 QS_3、QS_4，再合上断路器 QF_2；如停止供电，须先断开 QF_2，然后再断开 QS_3、QS_4。

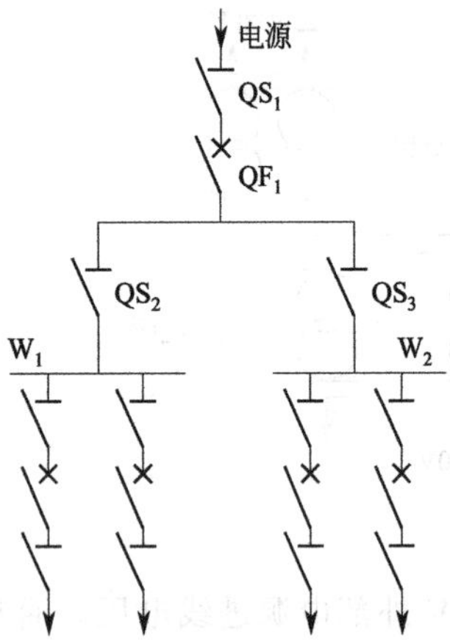

图 6-8 单母线不分段
接线的改进

单母线接线简单，使用设备少，配电装置投资少，但可靠性、灵活性较差。当母线或母线隔离开关故障或检修，必须断开所有回路，造成全部用户停电。

这种接线适用于单电源进线的一般中、小型容量且对供电连续性要求不高的用户，电压为 6～10kV 级。有时为了提高供电系统的可靠性，用户可以将单母线不分段接线进行适当的改进，如图 6-8 所示。改进的单母线不分段接线，增加了一个电源进线的母线隔离开关（QS_2、QS_3），并将一段母线分为两段（W_1、W_2）。当某段母线故障或检修时，先将电源切断（QF_1、QS_1 分断），再将故障或需要检修的母线 W_1（或 W_2）的电源侧母线隔离开关 QS_2（或 QS_3）打开，使故障或需要检修的母线段与电源隔离。然后，接通电源（QS_1、QF_1 闭合），可继续对非故障母线段 W_2（或 W_1）供电。这样，缩小了因母线故障或检修造成的停电范围，提高了单母线不分段接线方式供电的可靠性。

(2) 单母线分段接线 当出线回路数增多且有两路电源进线时，可用隔离开关（或断路器）将母线分段，成为单母线分段接线，如图 6-9 所示，QS_L（或 QF_L）为分段隔离开关（或断路器）。母线分段后，可提高供电的可靠性和灵活性。在正常工作时，分段隔离开关（或断路器）可接通也可断开运行，即单母线分段接线可以分段运行，也可以并列运行。

① 分段运行　采用分段运行时，各段相当于单母线不分段接线。各段母线之间在电气上互不影响，互相分列，母线电压按非同期（同期指的是两个电源的频率、电压幅值、电压波形、初相角完全相同）考虑。

任一电路电源故障或检修时，如其余电源容量还能负担该电源的全部引出线负荷时，则可经过"倒闸操作"恢复对故障或检修电源全部引出线的供电，否则该电源所带的负荷将全部或部分停止运行。当任意一段母线故障或检修时，该段母线的全部负荷将停电。

单母线分段接线方式根据分段的开关设备不同，有以下几种：

a. 用隔离开关分段。如图 6-9(a) 所示。对于用隔离开关 QS_L 分段的单母线接线，由于隔离开关不能带电流操作，当需要切换电源（某一电源故障停电或开关检修）时，会造成部分负荷短时停电。如母线段 I 的电源 I 停电，需要电源 II 带全部负荷时，首先将 QF_1、QS_2 断开，再将 I 段母线各出线开关断开，然后将母线隔离开关 QS_L 闭合。这时，I 段母线由电源 II 供电，可分别合上该段各引出线开关恢复供电。当母线故障或检修时，则该段母线上的负荷将停电。当需要检修母线隔离开关 QS_L 时，需要将两段母线上的全部负荷停电。

用隔离开关分段的单母线接线方式，适用于具有由双回路供电、允许短时停电的二级负荷。

b. 用负荷开关分段。其功能与特点与用隔离开关分段的单母线基本相同。

c. 用断路器分段。接线如图 6-9(b) 所示。分段断路器 QF_L，除具有分段隔离开关的作用外，该断路器一般都装有继电保护装置，能切断负荷电流或故障电流，还可实现自动分、合闸。当某段母线故障时，分段断路器 QF_L 与电源进线断路器（QF_1 或 QF_2）的继电保护动作将同时切断故障母线的电源，从而保证了非故障母线正常运行。当母线检修时，也不会引起正常母线段的停电，可直接操作分段断路器，拉开隔离开关进行检修，其余各段母线继

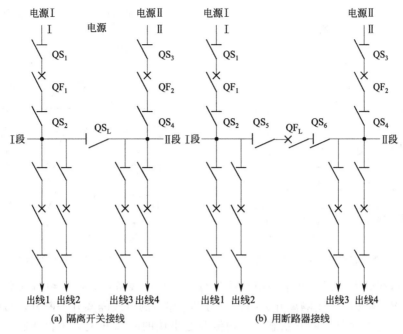

(a) 隔离开关接线　　　　　　　　　(b) 用断路器接线

图 6-9　单母线分段接线

续运行。

　　用断路器分段的单母线接线，可靠性提高。如果有后备措施，一般可以对一级负荷供电。

　　② 并列运行　采用并列运行时，相当于单母线不分段接线形式。当某路电源停电或检修时，无须整个母线停电，只需断开停电或故障电源的断路器及其隔离开关，调整另外电源的负荷量。但当某段母线故障或检修时，将会引起正常母线段的短时停电。

　　母线可分段运行，也可不分段运行。实际运行中，一般采取分段运行的方式。单母线分段便于分段检修母线，减小母线故障影响范围，提高了供电的可靠性和灵活性。这种接线适用于双电源进线的比较重要的负荷，电压为 6～10kV 级。

　　(3) 带旁路母线的单母线接线　单母线分段接线，不管是用隔离开关分段还是用断路器分段，在母线检修或故障时，都避免不了使接在该母线的用户停电。另外，单母线接线在检修引出线断路器时，该引出线的用户必须停电（双回路供电用户除外）。为了克服这一缺点，可采用单母线加旁路母线的接线方式。

　　单母线带旁路接线方式如图 6-10 所示，增加了一条母线和一组联络用开关电器、多个线路侧隔离开关。

　　当对出线断路器 QF_3 检修时，先闭合隔离开关 QS_7、QS_4、QS_3，再闭合旁路母线断路器 QF_2，将 QF_3 断开，拉开隔离开关 QS_5、QS_6；出线不需停电就可进行断路器 QF_3 的检修，保证供电的连续性。

　　这种接线适用于配电线路较多、负载性质较重要的主变电所或高压配电所。该运行方式灵活，检修设备时可以利用旁路母线供电，减少停电。

　　(4) 双母线接线　双母线接线方式如图 6-11 所示。其中，母线 W_1 为工作母线、母线 W_2 为备用母线，两段母线互为备用。任一电源进线回路或负荷引出线都经一个断路器和两个母线隔离开关接于双母线上，两个母线通过母线断路器 QF_L 及其隔离开关相连接，其工作方式可分为两种。

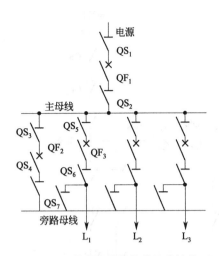

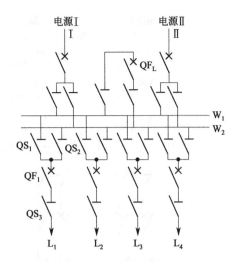

图 6-10　带旁路母线的单母线接线　　　　　图 6-11　双母线接线

① 两组母线分列运行　其中一组母线运行，一组母线备用，即两组母线分为运行或备用状态。与 W_1 连接的母线隔离开关闭合，与 W_2 连接的母线隔离开关断开，母线联络断路器 QF_L 在正常运行时处于断开状态，其两侧与之串接的隔离开关为闭合状态。当工作母线 W_1 故障或检修时，经"倒闸操作"即可由备用母线继续供电。

② 两组母线并列运行　两组母线并列运行，但互为备用。将电源进线与引出线路与两组母线连接，并将所有母线隔离开关闭合，母线联络断路器 QF_L 在正常运行时也闭合。当某组母线故障或检修时，仍可经"倒闸操作"，将全部电源和引出线路均接于另一组母线上，继续为用户供电。

由于双母线两组互为备用，大大提高了供电可靠性和主接线工作的灵活性。一般用在对供电可靠性要求很高的一级负荷，如大型建筑物群总降压变电所的 35～110kV 主接线系统中，或有重要高压负荷或有自备发电厂的 6～10kV 主接线系统中。

(5) 线路-变压器组接线　电路如图 6-12 所示。

① 图 6-12(a) 所示为一次侧电源进线和一台变压器的接线方式。断路器 QF_1 用来切断负荷或故障电流，线路隔离开关 QS_1 用来隔离电源，以便安全检修变压器或断路器等电气设备。在进线的线路隔离开关 QS_1 上，一般带有接地刀闸 QS_D，在检修时线路可通过 QS_D 将线路与地短接。

② 图 6-12(b) 所示接线，当电源由区域变电所专线供电，且线路长度在 2～3km，变压器容量不大，系统短路容量较小时，变压器高压侧可不装设断路器，只装设隔离开关 QS_1，由电源侧出线断路器 QF_1 承担对变压器及其线路的保护。

若切除变压器，先切除负荷侧的断路器 QF_2，再切除一次侧的隔离开关 QS_1；投入变压器时，则操作顺序相反，即先合上一次侧的隔离开关 QS_1，再使二次侧断路器 QF_2 闭合。

利用线路隔离开关 QS_1 进行空载变压器的切除和投入时，若电压为 35kV 的变压器，容量限制在 1000kV·A 以内；电压为 110kV 的变压器，容量限制在 3200kV·A 以内。

③ 图 6-12(c) 所示接线，采用两台电力变压器，并分别由两个独立电源供电，二次侧母线设有自投装置，可极大地提高供电的可靠性。二次侧可以并联运行，也可分列运行。

该接线的特点是直接将电能送至用户，高压侧无用电设备，若电源线路发生故障或检修，须停变压器；变压器故障或检修时，所有负荷全部停电。该接线方式适用于出线为二级、三级负荷，只有 1～2 台变压器的单电源或双电源进线的供电。

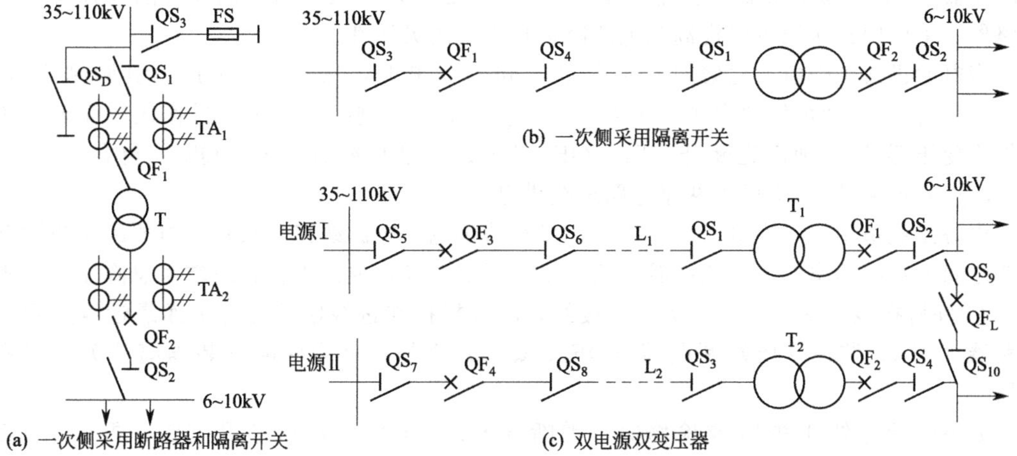

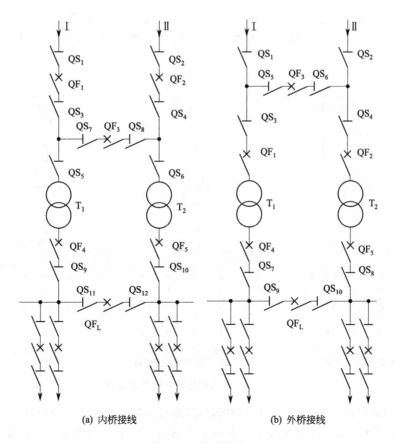

图 6-12　线路-变压器组接线

(6) 桥式接线　对于具有双电源进线、两台变压器的终端总降压变电所,可采用桥式接线。它实质上是连接了两个 35～110kV "线路-变压器组"的高压侧,其特点是有一条横连跨接的 "桥"。桥式接线比分段单母线结构简单,减少了断路器的数量,两路电源进线只采用 3 台断路器就可实现电源的互为备用。根据跨接桥横连位置的不同,分为内桥接线和外桥接线。

① 内桥接线　图 6-13(a) 为内桥接线,跨接桥接在进线断路器之下而靠近变压器侧,

图 6-13　桥式接线

桥断路器（QF₃）装在线路断路器（QF₁、QF₂）之内，变压器高压侧仅装隔离开关，不装断路器。采用内桥接线可以提高输电线路运行方式的灵活性。

当电源进线Ⅰ失电或检修时，先将 QF₁ 和 QS₃ 断开，然后合上 QF₃（其两侧的 QS₇、QS₈ 应先合上），即可使两台主变压器 T₁、T₂ 均由电源进线Ⅱ供电，操作比较简单。如果要停用变压器 T₁，则需先断开 QF₁、QF₃ 及 QF₄，然后断开 QS₅、QS₉，再合上 QF₁ 和 QF₃，使主变压器 T₂ 仍可由两路电路进线供电。

内桥接线适用于：变电所对一级、二级负荷供电；电源线路较长；变电所跨接桥没有电源线之间的穿越功率；负荷曲线较平衡，主变压器不经常退出工作；终端型总降压变电所。

② 外桥接线 图 6-13(b) 为外桥接线，跨接桥接在进线断路器之上而靠近线路侧，桥断路器（QF₃）装在变压器断路器（QF₁、QF₂）之外，进线回路仅装隔离开关，不装断路器。

如果电源进线Ⅰ失电或检修时，需断开 QF₁、QF₃，然后断开 QS₁，再合上 QF₁、QF₃，使两台主变压器 T₁、T₂ 均由电源进线Ⅱ供电。如果要停用变压器 T₁，只要断开 QF₁、QF₃ 即可；如果要停用变压器 T₂，只要断开 QF₂、QF₅ 即可。

外桥接线适用于：变压所对一级、二级负荷供电；电源线路较短；允许变电所高压进线之间有较稳定的穿越功率；负荷曲线变化大，主变压器需要经常操作；中间型总降压变电所，易于构成环网。

6.2.3 变电所的主接线

① 高压侧采用电源进线经过跌落式熔断器接入变压器。结构简单经济，供电可靠性不高，一般只用于 630kV·A 及以下容量的露天的变电所，对不重要的三级负荷供电，如图 6-14(a) 所示。

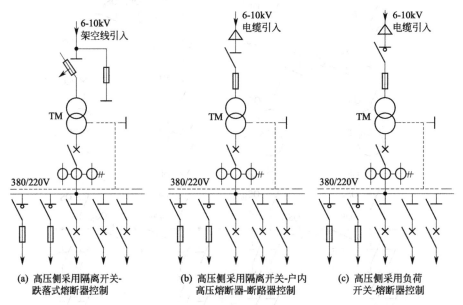

图 6-14 一般民用建筑变电所主接线

② 高压侧采用隔离开关-户内高压熔断器-断路器控制的变电所，通过隔离开关和户内高压熔断器接入进线电缆。这种接线由于采用了断路器，变电所的停电、送电操作灵活方便，但供电可靠性仍不高，一般只用于三级负荷。如果变压器低压侧有与其他电源的联络线，则

可用于二级负荷，如图 6-14(b) 所示，一般用于 320kV·A 及以下容量的室内变电所，且变压器不经常进行投切操作。

③ 高压侧采用负荷开关-熔断器控制，通过负荷开关和高压熔断器接入进线电缆。结构简单、经济，供电可靠性仍不高，但操作比上述方案要简便灵活，也只适于不重要的三级负荷、容量在 320kV·A 以上的变电所，如图 6-14(c) 所示。

④ 两路进线、高压侧无母线、两台主变压器、低压侧单母线分段的变电所主接线，如图 6-15 所示。这种接线可靠性较高，可供二、三级负荷。

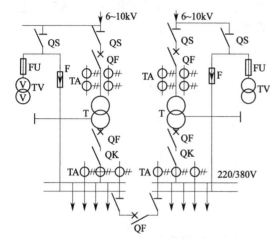

图 6-15　两路进线、高压侧无母线、两台主变压器、低压侧单母线分段的变电所主接线

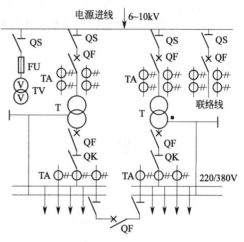

图 6-16　一路进线、高压侧单母线、两台主变压器、低压侧单母线分段的变电所主接线

⑤ 一路进线、高压侧单母线、两台主变压器、低压侧单母线分段的变电所主接线，如图 6-16 所示。这种接线可靠性也较高，可供二、三级负荷。

⑥ 两路进线、高压侧单母线分段、两台主变压器、低压侧单母线分段的变电所主接线，如图 6-17 所示。这种接线可靠性高，可供一、二级负荷。

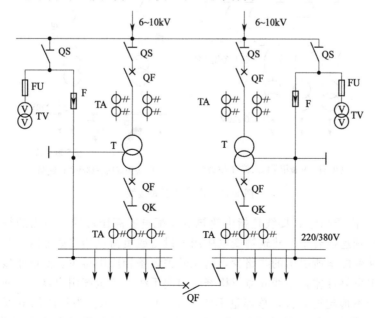

图 6-17　两路进线、高压侧单母线分段、两台主变压器、低压侧单母线分段的变电所主接线

6.2.4 供配线路的接线方式

(1) 高压配电线路的接线方式　高压配电线路的接线方式有放射式、树干式及环式。

① 放射式　高压放射式接线是指由变配电所高压母线上引出的任一回线路，只直接向一个变电所或高压用电设备供电，沿线不分接其他负荷，如图 6-18(a) 所示。这种接线方式简单、操作维护方便，便于实现自动化。但高压开关设备用得多、投资高，线路故障或检修时，由该线路供电的负荷要停电。为提高可靠性，根据具体情况可增加备用线路，如图 6-18(b) 所示为采用双回路放射式线路供电，图 6-18(c) 所示为采用公共备用线路供电，图 6-18(d) 所示为采用低压联络线供电线路等，都可以增加供电的可靠性。

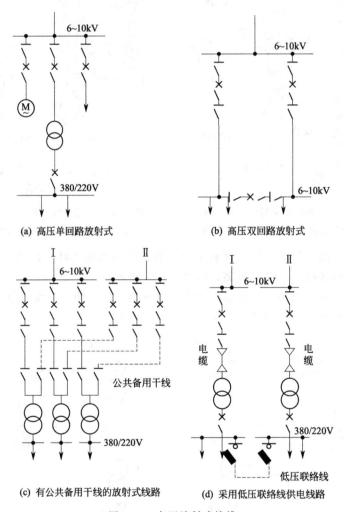

(a) 高压单回路放射式　　(b) 高压双回路放射式

(c) 有公共备用干线的放射式线路　　(d) 采用低压联络线供电线路

图 6-18　高压放射式接线

② 树干式　高压树干式接线是指由建筑群变配电所高压母线上引出的每路高压配电干线上，沿线要分别连接若干个建筑物变电所用电设备或负荷点的接线方式，如图 6-19(a) 所示。这种接线从变配电所引出的线路少，高压开关设备相应用得少。配电干线少可以节约有色金属，但供电可靠性差，干线故障或检修将引起干线上的全部用户停电，所以，一般干线上连接的变压器不得超过 5 台，总容量不应大于 3000kV·A。为提高供电可靠性，同样可采用增加备用线路的方法，如图 6-19(b) 所示为采用两端电源供电的单回路树干式供电，

若一侧干线发生故障，还可采用另一侧干线供电。另外，不可采用树干式供电和带单独公共备用线路的树干式供电来提高供电可靠性。

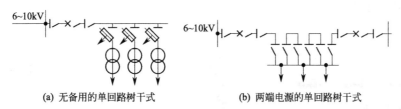

(a) 无备用的单回路树干式　　　(b) 两端电源的单回路树干式

图 6-19　高压树干式接线

③ 环式　对建筑供电系统而言，高压环式接线其实是树干式接线的改进，如图 6-20 所示，两路树干式线路连接起来就构成了环式接线。这种接线运行灵活，供电可靠性高。当干线上任何地方发生故障时，只要找出故障段，拉开其两侧的隔离开关，把故障段切除后，全部线路就可以恢复供电。由于闭环运行时保护整定比较复杂，正常运行时一般均采用开环运行方式。

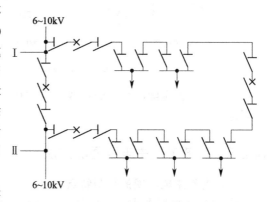

图 6-20　高压环式接线

以上简单分析了 3 种基本接线方式的优缺点。实际上，建筑高压配电系统的接线方式往往是几种接线方式的组合，采用何种接线方式，应根据具体情况，经技术经济综合比较后才能确定。

(2) 低压配电线路的接线方式　低压配电线路的基本接线方式可分为放射式、树干式和环式 3 种。

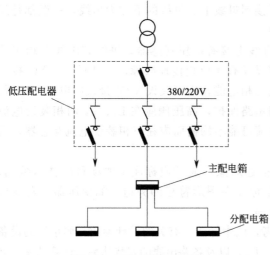

图 6-21　低压放射式接线

① 放射式　低压放射式接线如图 6-21 所示，由变配电所低压配电屏供电给主配电箱，再呈放射式分配至分配电箱。由于每个配电箱由单独的线路供电，供电可靠性较高，所用开关设备及配电线路也较多，多用于用电设备容量大，负荷性质重要，建筑物内负荷排列不整齐及有爆炸危险的厂房等情况。

② 树干式　低压树干式接线主要供电给用电容量较小且分布均匀的用电设备。这种接线方式引出的配电干线较少，采用的开关设备自然较少，但干线出现故障就会使所连接的用电设备受到影响，供电可靠性较差。图 6-22 所示为几种树干式接线方式。

图中，链式接线适用于用电设备距离近，容量小（总容量不超过 10kW），台数为 3～5 台的情况。变压器-干线式接线方式的二次侧引出线经过负荷开关（或隔离开关）直接引至建筑物内，省去了变电所的低压侧配电装置，简化了变电所结构，减少了投资。

③ 环式　建筑群内各建筑物变电所的低压侧，可以通过低压联络线连接起来，构成一

个环，如图 6-23 所示。这种接线方式供电可靠性高，一般线路故障或检修只是引起短时停电或不停电，经切换操作后就可恢复供电。环式接线保护装置整定配合比较复杂，因此低压环形供电多采用开环运行。

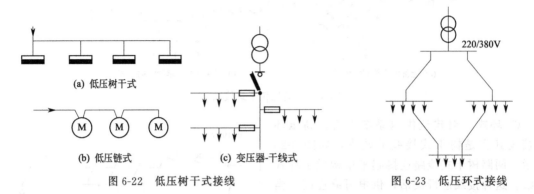

图 6-22　低压树干式接线　　　　　　　图 6-23　低压环式接线

实际工厂低压配电系统的接线，也往往是上述几种接线方式的组合，可根据具体实际情况而定。

6.2.5　识读电气主电路图的方法

(1) 电气主电路图的绘制特点

① 电气主电路图中的电气设备、元件，如电源进线、变压器、隔离开关、断路器、熔断器、避雷器等都垂直绘制，而母线则水平绘制。

电气主电路图，除特殊情况外，几乎无一例外地画成单线图，并以母线为核心将各个项目（如电源、负载、开关电器、电线电缆等）联系在一起。

② 母线的上方为电源进线，电源的进线如果以出线的形式送至母线，则将此电源进线引至图的下方，然后用转折线接至开关柜，再接到母线上。母线的下方为出线，一般都是经过配电屏中的开关设备和电线电缆送至负载的。

③ 为了监测、保护和控制主电路设备，母线上接有电压互感器，进线和出线上均串接有电流互感器。为了了解高压侧的三相电压情况及有无单相接地故障，应装设 Y0/Y0/接线的电压互感器。如果只需了解三相电压情况或三相电能，则可装设 V/V 接线的电压互感器。为了了解各条线路的三相负荷情况及实现相间短路保护，高压侧应在 L_1、L_3 两相装设电流互感器；低压侧总出线及照明出线由于三相负荷可能不均衡而应在三相装设电流互感器，而低压动力回路则可只在一相装设电流互感器。

④ 在分系统主电路图中，为了较详细地描述对象，通常应标注主要项目的技术数据。技术数据的表示方法采用两种基本形式：一是标注在图形符号的旁边，如变压器、发电机等；二是以表格的形式给出，如各种开关设备等。

⑤ 为了突出系统的功能，供使用、维修参考，图中标注了有关的设计参数，如系统的设备容量 P_s、计算容量 P_{30}、需要系数 K、计算电流 I_{30}，以及各路出线的安装功率、计算功率、计算电流、电压损失等。这些是图样所表达的重要内容，也是这类主电路图的重要特色之一。

安装容量：安装容量是某一供电系统或某一供电干线上所安装的用电设备（包括暂停止不用的设备，但不包括备用设备）铭牌上所标定的容量之和，单位是 kW 或 kV·A。安装容量又称设备容量，符号为 P_s（计算负荷）或 S_s。

计算容量：某一系统或某一干线上虽然安装了许多用电设备，但这些设备不一定满载运行，也不一定同时都在工作，还有一些设备的工作是短暂的或间断式的，各种电气设备的功率因数也不相同。因此，在配电系统中，运行的实际负荷并不等于所有电气设备的额定负荷之和，即不能完全根据安装容量的大小来确定导线和开关设备的规格及保护整定值。因此，在进行变配电系统设计时，必须确定一个假想负荷来代替运行中的实际负荷，从而选择电气设备和导体。通常采用 30min 内最大负荷所产生的温度来选择电气设备。实践表明，导体发热要持续到 30min 才能升高到稳定的温度，因而在电气工程上通常把每隔 30min 的负荷值绘制成负荷大小与时间关系的负荷曲线，其中的负荷最大值称为计算容量，用 P_{JS}、S_{JS}、Q_{JS} 表示，其相应的电流称为计算电流，用符号 I_{JS} 表示。

需要系数：计算容量的确定是一项比较复杂的统计工作。统计的方法很多，通常采用比较简单的需要系数来确定。所谓需要系数，就是考虑了设备是否满负荷、是否同时运行，以及设备工作效率等因素而确定的一个综合系数，以 K_X 表示，显然 K_X 是小于 1 的数。

（2）电流互感器的接线方案　在电气主电路中电流互感器的画法如图 6-24 所示。

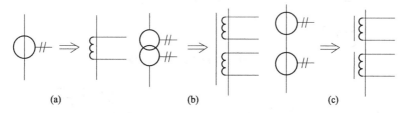

(a)　　　　　　　　　　(b)　　　　　　　　　　(c)

图 6-24　电气主电路中电流互感器的画法

电流互感器在三相电路中常见有 4 种接线方案，如图 6-25 所示。

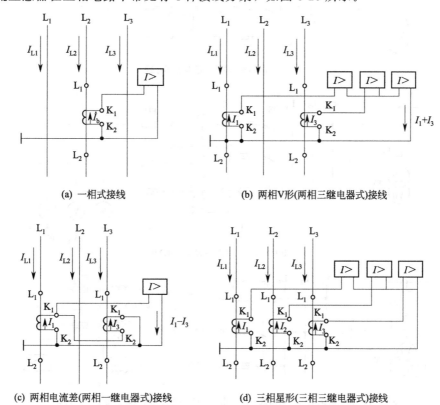

(a) 一相式接线　　　　　　　　　(b) 两相V形(两相三继电器式)接线

(c) 两相电流差(两相一继电器式)接线　　　　(d) 三相星形(三相三继电器式)接线

图 6-25　电流互感器的 4 种常用接线方案

　　① 一相式接线，如图 6-25(a) 所示。这种接线在二次侧电流线圈中通过的电流，反映一次电路对应相的电流。这种接线通常用于负荷平衡的三相电路，供测量电流和接过负荷保护装置用。

　　② 两相电流接线（两相 V 形接线），如图 6-25(b) 所示。这种接线也叫两相不完全星形接线，电流互感器通常接于 L_1、L_3 相上，流过二次侧电流线圈的电流，反映一次电路对应相的电流，而流过公共电流线圈的电流为 $I_1 + I_3 = I_2$，它反映了一次电路 L_2 相的电流。这种接线广泛应用于 6～10kV 高压线路中，测量三相电能、电流和作过负荷保护用。

　　③ 两相电流差接线，如图 6-25(c) 所示。这种接线也常把电流互感器接于 L_1、L_3 相，在三相短路对称时流过二次侧电流线圈的电流为 $I = I_1 - I_3$，其值为相电流的 $\sqrt{3}$ 倍。这种接

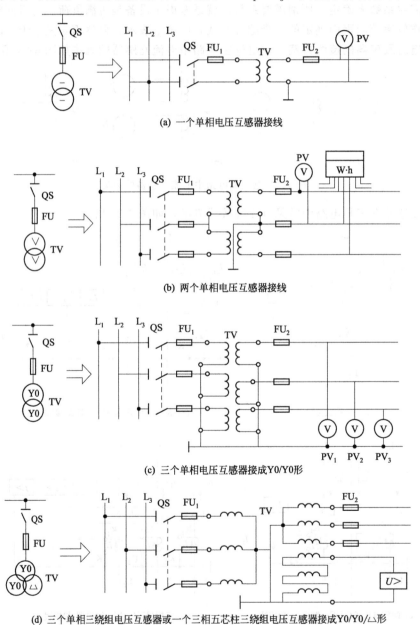

(a) 一个单相电压互感器接线

(b) 两个单相电压互感器接线

(c) 三个单相电压互感器接成Y0/Y0形

(d) 三个单相三绕组电压互感器或一个三相五芯柱三绕组电压互感器接成Y0/Y0/△形

图 6-26　电压互感器的接线方案

线在不同短路故障下，反映到二次侧电流线圈的电流各自不同，因此对不同的短路故障具有不同的灵敏度。这种接线主要用于 6～10kV 高压电路中的过电流保护。

④ 三相星形接线，如图 6-25(d) 所示。这种接线流过二次侧电流线圈的电流分别对应主电路的三相电流，它广泛用于负荷不平衡的三相四线制系统和三相三线制系统中，用作电能、电流的测量及过电流保护。

(3) 电压互感器的接线方案 电压互感器在三相电路中常见的接线方案有 4 种，如图 6-26 所示。

① 一个单相电压互感器的接线，如图 6-26(a) 所示。供仪表、继电器接于三相电路的一个线电压上。

② 两个单相电压互感器接线，如图 6-26(b) 所示。供仪表、继电器接于三相三线制电路的各个线电压上，它广泛地应用在 6～10kV 高压配电装置中。

③ 三个单相电压互感器接线（Y0/Y0 形），如图 6-26(c) 所示。供电给要求相电压的仪表、继电器，并供电给接相电压的绝缘监视电压表。由于小电流接地的电力系统在发生单相接地故障时，另外两完好相的对地电压要升高到线电压的 $\sqrt{3}$ 倍，因此绝缘监视电压表不能接入按相电压选择的电压表，否则在一次电路发生单相接地时，电压表可能被烧坏。

④ 三个单相三绕组电压互感器或一个三相五芯柱三绕组电压互感器接成 Y0/Y0/（开口三角）形，如图 6-26(d) 所示。接成 Y0 的二次绕组，供电给需相电压的仪表、继电器及作为绝缘监察的电压表，而接成开口三角形的辅助二次绕组，供电给用作绝缘监察的电压继电器。一次电路正常工作时，开口三角形两端的电压接近于零，当某一相接地时，开口三角形两端将出现近 100V 的零序电压，供继电器工作，发出信号。

(4) 变配电所的主电路图有两种基本绘制方式—系统式主电路图和装置式主电路图 系统式主电路图是按照电能输送和分配的顺序用规定的图形符号和文字符号来表示设备的相互连接关系，示出了高压、低压开关柜相互连接关系。这种主电路图全面、系统，但未标出具体安装位置，不能反映出其成套装置之间的相互排列位置，如图 6-27 所示。这种图主要在设计过程中，进行分析、计算和选择电气设备时使用，在运行中的变电所值班室中，作为模拟供配电系统运行状况用。

在工程设计的施工设计阶段和安装施工阶段，通常需要把主电路图转换成另外一种形式，即按高压或低压配电装置之间的相互连接和排列位置而画出的主接线图，称为装置式主电路

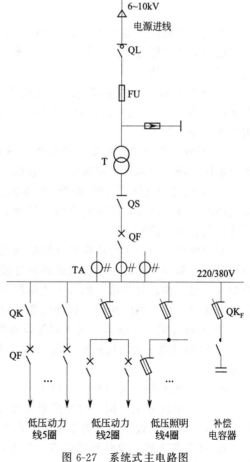

图 6-27 系统式主电路图

图，各成套装置的内部设备的接线以及成套装置之间的相互连接和排列位置一目了然，这样才能便于成套装置订货采购和安装施工。以系统式主电路图 6-27 为例，经过转换，可以得

出如图 6-28 所示的装置式主电路图。

(5) 识读电气主电路图的方法　拿到一张图纸时，若看到有母线，就知道它是变配电所的主电路图。然后，再看看是否有电力变压器，若有电力变压器就是变电所的主电路图，若无则是配电所的主电路图。但是不管是变电所的还是配电所的主电路图，它们的分析（识图）方法一样，都是从电源进线开始，按照电能流动的方向进行识图。

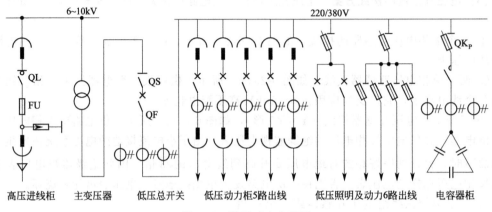

图 6-28　装置式主电路图

电气主电路图是变电所、配电所的主要图纸，有些主电路图又比较复杂，要能读懂它必须掌握一定的读图方法。一般从主变压器开始，然后向上、向下读图，向上识读电源进线，向下识读配电出线。

① 电源进线　看清电源进线回路的个数、编号、电压等级、进线方式（架空线、电缆及其规格型号）、计量方式，电流互感器、电压互感器和仪表规格型号数量，防雷方式和避雷器规格型号数量。

② 了解主变压器的主要技术数据　这些技术数据（主变压器的规格型号、额定容量、额定电压、额定电流和额定频率）一般都标在电气主电路图中，也有另列在设备表内的。

③ 明确各个电压等级的主接线基本形式　变电所都有两或三级电压等级，识读电气主电路图时应逐个阅读，明确各个电压等级的主接线基本形式，这样，对复杂的电气主电路图就能比较容易地读懂。

对变电所来说，主变压器高压侧的进线是电源，因此要先看高压侧的主接线基本形式，是单母线还是双母线，是不分段的还是分段的，是带旁路母线的还是不带旁路母线的，是不是桥式，是内桥还是外桥。如果主变压器有中压侧，则最后看中压侧的主接线基本形式，其思考方法与看高压侧的相同。此外还要了解母线的规格型号。

④ 了解开关、互感器、避雷器等设备配置情况

a. 电源进线开关的规格型号及数量、进线柜的规格型号及台数、高压侧联络开关规格型号。

b. 低压侧联络开关（柜）规格型号。

c. 低压出线开关（柜）的规格型号及台数；回路个数、用途及编号；计量方式及表计；有无直控电动机或设备及其规格型号、台数、启动方法、导线电缆规格型号。

d. 对主变压器、线路和母线等，与电源有联系的各侧都应配置有断路器，当它们发生故障时，就能迅速切除故障。

e. 断路器两侧一般都应该配置隔离开关，且刀片端不应与电源相连接。

f. 了解互感器、避雷器配置情况。

⑤ 电容补偿装置和自备发电设备或 UPS 的配置情况　了解有无自备发电设备或 UPS，其规格型号、容量与系统连接方式及切换方式、切换开关及线路的规格型号、计量方式及仪表，电容补偿装置的规格型号及容量、切换方式及切换装置的规格型号。

6.2.6　识图示例

(1) 有两台主变压器的降压变电所的主电路　电路如图 6-29 所示，该变电所的负荷主要是地区性负荷，变电所 110kV 侧为外桥接线，10kV 侧采用单母线分段接线。这种接线要求 10kV 各段母线上的负荷分配大致相等。

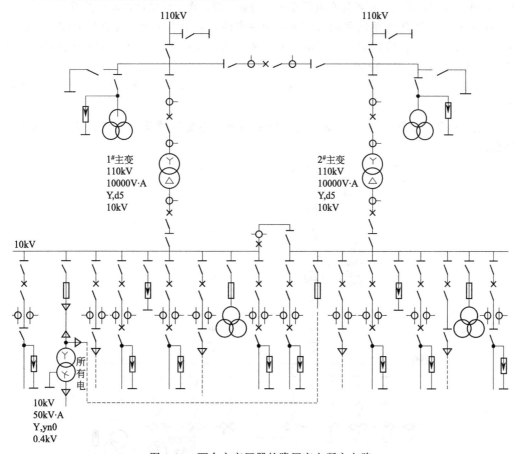

图 6-29　两台主变压器的降压变电所主电路

① 主变压器　$1^\#$ 主变压器与 $2^\#$ 主变压器的一、二次侧电压为 110/10kV，其容量都是 10000kV·A，而且两台主变压器的接线组别也相同，都为 Y，d5 接线。主电路图一般都画成单线图，局部地方可画成多线图。由这些情况得知，这两台主变压器既可单独运行也可并列运行，电源进线为 110kV。

② 主变压器的一次侧（电源进线）　两台主变压器一次侧的接线方式是相同的。两台主变压器各经断路器、电流互感器和隔离开关与电源相连，电源电压为 110kV。两台主变压器一次侧还能通过"外桥"路（隔离开关-断路器-隔离开关）接通或断开，以提高变电所供电的灵活性和可靠性。

在 110kV 电源入口处，都装有避雷器、电压互感器和接地隔离开关（俗称接地刀闸），供保护、计量和检修之用。

③ 主变压器的二次侧　两台主变压器的二次侧出线各经电流互感器、断路器和隔离开关，分别与两段 10kV 母线相连。这两段母线由联络开关（由两个隔离开关和一个断路器组成）进行联络。正常运行时，母线联络开关处于断开状态，各段母线分别由各自主变压器供电。当一台主变压器检修时，接通母线联络开关，于是两段母线合成一段，由另一台主变压器供电，从而保证不间断向用户供电。

④ 配电出线　在每段母线上接有 4 条架空配电线路和 2 条电缆配电线路。在每条架空配电线路上都接有避雷器，以防线路雷击损坏。变电所用电由所用变压器供给，这是一台容量为 50kV·A、接线组别为 Y, yn0 的三相变压器，它可由 10kV 两段母线双路受电，以提高用电的可靠性。此外，在两段母线上还各接有电压互感器的避雷器，作为计量和防雷保护用。

(2) 有一台主变附备用电源的降压变电所主电路　对不太重要、允许短时间停电的负荷供电时，为使变电所接线简单、节省电气元件和投资，往往采用一台主变并附备用电源的接线方式，其主电路如图 6-30 所示。

① 主变压器　主变压器一、二次侧电压为 35/10kV，额定容量为 6300kV·A，接线组别为 y, d5。

② 主变压器一次侧　主变压器一次侧经断路器、电流互感器和隔离开关与 35kV 架空线路连接。

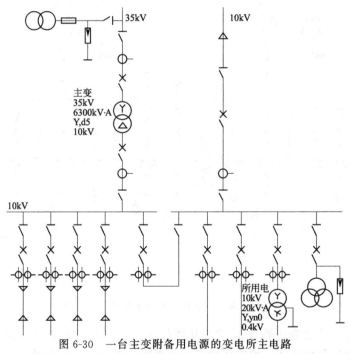

图 6-30　一台主变附备用电源的变电所主电路

③ 主变压器二次侧　主变压器二次侧出口经断路器、电流互感器和隔离开关与 10kV 母线连接。

④ 备用电源　为防止 35kV 架空线路停电，备有一条 10kV 电缆电源线路，该电缆经终端电缆头变换成三相架空线路，经隔离开关、断路器、电流互感器和隔离开关也与 10kV 母线连接。正常供电时，只使用 35kV 电源，备用电源不投入；当 35kV 电源停用时，方投入备用电源。

⑤ 配电出线　10kV 母线分成两段，中间经母线联络开关联络。正常运行时，母线联络开关接通，两段母线共同向 6 个用户供电，同时还通过一台 20kV·A 三相变压器向变电所供电。此外，母线上还接电压互感器和避雷器，用作测量和防雷保护。电压互感器为三相户

内式，由辅助二次线圈接成开口三角形。

（3）组合式成套变电所　组合式成套变电所又叫箱式变电所（站），其各个单元部分都是由制造厂成套供应的，便于在现场组合安装。组合式成套变电所不需建造变压器室和高、低压配电室，并且易于深入负荷中心。图 6-31 所示为 XZN-1 型户内组合式成套变电所的高、低压主电路图。

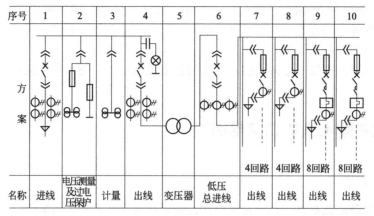

序号	1	2	3	4	5	6	7	8	9	10
方案							4回路	4回路	8回路	8回路
名称	进线	电压测量及过电压保护	计量	出线	变压器	低压总进线	出线	出线	出线	出线

图 6-31　XZN-1 型户内组合式成套变电所的高、低压主电路

1～4—4 台 GFC-10A 型手车式高压开关柜；5—变压器柜；
6—低压总进线柜；7～10—4 台 BFC-10A 型抽屉式低压柜

其电气设备分为高压开关柜、变压器柜和低压柜 3 部分。高压开关柜采用 GFC-10A 型手车式高压开关柜，在手车上装有 ZN4-10C 型真空断路器；变压器柜主要装配 SCL 型环氧树脂浇注干式变压器，防护式可拆装结构，变压器装有滚轮，便于取出检修；低压柜采用 BFC-10A 型抽屉式低压配电柜，主要装配 ME 型低压断路器等。

（4）低压配电线路　低压配电线路一般是指从低压母线或总配电箱（盘）送到各低压配电箱的供电线路。图 6-32 所示为低压配电线路。电源进线规格型号为 BBX-500，$3 \times 95 + 1 \times 50$，这种线为橡胶绝缘铜芯线，三相相线截面积为 95mm^2，一根零线的截面积为 50mm^2。电源进线先经隔离开关，用三相电流互感器测量三相负荷电流，再经断路器作短路和过载保护，最后接到（100×6）的低压母线上。在低压母线排上接有若干个低压开关柜，可根据其使用电源的要求分类设置开关柜。

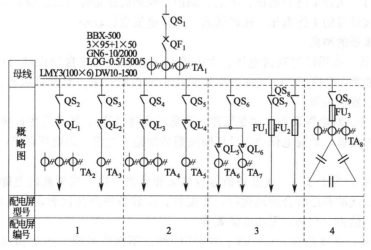

图 6-32　低压配电线路

该线路采用放射式供电系统。从低压母线上引出若干条支路直接向支配电箱（盘）或用电设备配电，沿线不再接其他负荷，各支路间无联系，因此这种供电方式线路简单，检修方便，适合于负荷较分散的系统。

母线上方是电源及进线。380/220V 三相四线制电源，经隔离开关 QS_1、断路器 QF_1 送至低压母线。QF_1 用作短路与过载保护。三相电流互感器 TA_1 用于测量三相负荷电流。

在低压母线排上接有若干个低压开关柜，在配电回路上都接有隔离开关、断路器或负荷开关，作为负荷的控制和保护装置。

配电出线回路上所接的电流互感器，除用作电流测量外，还可供电能计量用。

6.3 识读供配电系统二次电路图

6.3.1 二次设备

(1) 二次设备的重要性 为了保证一次设备运行可靠和安全，需要有许多辅助电气设备为之服务，这些设备就是二次设备。二次设备是电气系统中不可缺少的重要组成部分，这是因为：

① 一台设备是否已带电，甚至一个开关是否已闭合送电，在许多情况下，根据外表是分辨不清的，这就需要通过各种视听信号，如灯光、音响等来反映。

② 灯光与音响信号仅能表明设置的大致工作状态，如果需要详细地、定量地监视电气设备的工作情况，还需要用各种仪表、测量设备来监视电路的各种参数，如电压、频率的高低，电流、功率的大小，发出或消耗电能的多少等。

③ 电气设备与线路在运行过程中有时会产生故障，有时会超过设备、线路允许工作范围与限度，这就需要有一套检测这些故障信号并对线路、设备的工作状态进行自动调整（断开、切换等）的保护设备。

④ 小型的低压开关可以用手进行操作，但是高压、大电流开关设备的体积是很大的，手动操作是很困难的，特别是当设备出了故障，需要用开关切断电路时，手动操作更是不行，这就需要有一套能进行自动控制的电气操作设备。

上述这些对一次设备进行监视、测量、保护与控制的设备称为二次设备或者称为辅助设备。通常，二次设备的工作电压是比较低的，工作电流也比较小。

(2) 二次设备的种类

① 控制设备。指用以控制高电压、大电流开关设备的电气自动控制与电气操作系统，如 CD10 型电磁操作机构、CT8 型弹簧操作机构中的控制开关、合闸接触器、分合闸线圈、储能电动机、位置开关等。

② 保护设备。对电气设备（如变压器、高低压电动机等）、线路发生故障及其他不正常状态进行保护的设备，如继电保护，低压断路器的短路、过流、失电压保护，熔断器保护等设备。

③ 测量设备。为了监视一次设备的运行状态和计量一次系统消耗的电能，保证供电系统安全、可靠、优质和经济合理地运行，要配置、安装各种测量仪表，如电流表、电压表、功率表、功率因数表、有功及无功电能表等。

④ 监察设备。主要是对 6～10kV、35kV 中性点不接地系统发生单相接地故障进行监察，通过 3 块电压表分别测量三相相电压及 Y0/Y0/△ 连接的 3 个单相三绕组电压互感器、

电压继电器电路来实施。

⑤ 指示设备，即信号系统。用来指示一次设备的运行状态，有位置信号、事故信号和预告信号。设备有指示灯、光字牌、音响装置（电铃、警笛、蜂鸣器）等。

⑥ 操作电源。供电给继电保护装置、自动装置、信号装置、断路器控制等二次电路及事故照明的电源，统称为操作电源。操作电源有交流操作电源和直流操作电源两大类。

交流操作电源一般引自高压进线电源计量柜的电压互感器二次侧，经控制变压器将～100V 电压升高为～220V，其接线简单，投资少，运行维护方便，但直接受系统交流电源影响，可靠性较差，一般常用在小型工厂的变配电所。

直流操作电源有晶闸管整流电容储能电源、碱性镉镍蓄电池电源等，电压有 220V、110V 和 48V 等。

6.3.2　二次设备电路图及其特点

将二次设备按照一定顺序绘制的电路图，称为二次电路图，也称为辅助电路图。二次电路图是电气工程图的重要组成部分，较其他电气图显得更复杂，其主要特点有下列几项。

(1) 二次设备数量多　一次电路的设备一般只有为数不多的几台（件），而监视、测量、控制、保护用的二次设备元件多达数十种。随着电压等级的提高，设备容量的增大，需要自动控制和保护的系统也越来越复杂，二次设备的种类与数量也就越多。

(2) 连接导线多　由于二次设备数量多，连接二次设备之间的导线必然也很多，而且二次设备之间的连线不像一次线那么简单。通常情况下，一次设备只在相邻设备之间连接，而且连接导线的数量仅限于单相两根线、三相三根线或三相四根线，最多也不过三相五根线（三根相线、一根中性线和一根保护线）。二次设备之间的连线不限于相邻设备之间，而是可以跨越较远的距离，相互之间往往交错相连。另外，某些二次设备接线端子很多，如一个中间继电器除线圈外，触点有的多达 10 多对，这意味着从这个继电器引入/引出的导线可达 20 余根。

(3) 二次设备动作程序多，工作原理复杂　大多数一次设备的动作过程只是通或断、带电或不带电等，而大多数二次设备的动作过程程序多，工作原理复杂。以一般保护电路为便，通常由感受元件感受被测参量，再将被测量送到执行电气元件，或立即执行，或延时执行，或同时作用于几个电气元件动作，或按一定次序作用于几个元件分别动作；动作之后还要发出动作信号，如音响、灯光显示、数字和文字指示等。这样，二次电路图必然要复杂得多。

(4) 二次设备工作电源种类多　在某一确定的系统中，一次设备的电压等级是很少的，如 10kV 配电变电所，一次设备的电压等级只有 10kV 和 380/220V，但二次设备的工作电压等级和电源种类却可能有多种，有直流，有交流，有 380V 以下的各种电压等级，如 380V、220V、100V、36V、24V、12V、6.3V、1.5V 等。

6.3.3　常见二次电路图

由于二次回路使用范围广、电气元件多、安装分散，因此为了设计、运行和维修方便，常将二次回路分成以下几类：按二次回路电源的性质可分为交流回路和直流回路。交流回路包括电流互感器、电压互感器、厂（所）用变压器供电的全部；直流回路包括直流电源正极到负极的全部回路。按二次回路的用途可分为操作电流回路、测量仪表回路、断路器控制和信号回路、继电保护和自动装置回路等。

　　常见的二次回路图有 3 种形式，即集中式二次电路图、分开式二次电路图和安装接线图，本节主要介绍如何识读这些二次电路图。

　　二次电路图的绘制方法视其二次设备接线的复杂程度而定。较简单的采用集中表示法（即过去俗称的整体式电路图），较复杂的采用分开表示法（即过去俗称的展开式电路图）。二次电路图只是反映二次回路的工作原理，不能用来指导二次设备的安装，与二次电路图配套的就是描述装接关系的接线图，二次设备接线图是现场装配工人不可缺少的重要图纸。

　　分开式二次电路图图线清晰、横向排列、符合人们的阅读习惯。对于比较复杂的二次系统，通常采用分开式表示方法。

　　(1) 集中式二次电路图　集中式二次电路图通常将二次接线和一次接线中的有关部分画在一起，所有的仪表、继电器和其他电气元件都以整体形式的图形符号表示，不画出内部的接线，而只画出接点的连接，并按它们之间的相互关系，把二次部分的电流回路、电压回路、直流回路和一次接线绘制在一起。这种图的特点是能对整个装置的构成有一个整体的概念，并可清楚地了解二次回路各元件间的电气联系和动作原理。

　　图 6-34 所示为 6～10kV 线路过电流保护的集中式二次电路图。

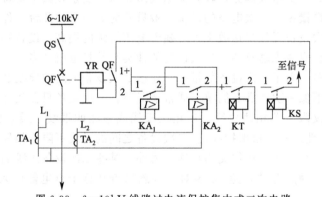

图 6-33　6～10kV 线路过电流保护集中式二次电路
QS—隔离开关；QF—断路器；TA_1，TA_2—电流互感器；
KA_1，KA_2—电流继电器；KT—时间继电器；KS—信号继电器；
YR—断路器跳闸线圈

　　整套过电流保护装置由 4 个继电器组成。其中 KA_1、KA_2 为电流继电器，其线圈分别接于 L_1、L_2 相电流互感器 TA_1、TA_2 的二次侧。当电流超过动作值时，其动合触点 KA_1（1-2）、KA_2（1-2）闭合，启动时间继电器 KT，经一定延时后，KT 的动合触点 KT（1-2）闭合，直流操作电源正端经 KT 的动合触点 KT（1-2）→信号继电器 KS 线圈→断路器的辅助动合触点 QF（1-2）→断路器跳闸线圈 YR→操作电源的负端。当跳闸线圈 YR 和信号继电器 KS 的线圈中有电流流过时，两者同时动作，一方面断路器 QF 跳闸，另一方面信号继电器 KS 的动合触点 KS（1-2）发出信号。断路器跳闸后，辅助触点 QF（1-2）切断跳闸线圈 YR 中的电流。

　　从以上分析可知，集中式二次电路图中的一次接线根据二次接线直接画出有关的部分。如电流互感器以三线图的形式表示，其余则以单线图的形式表示。二次接线部分表示交流回路的全部，直流回路的电源只标出正、负两极。图中，所有的电气设备都应采用国家标准统一规定的图形符号表示，设备之间的联系应按照实际的连接顺序画出。

　　集中式二次电路图具有以下 5 个特点：

　　① 在集中式二次电路图中，往往把有关的主电路（一次回路）及主要的一次设备简要地绘制在二次电路图的一旁，用以表示二次电路对主电路的监视、测量、保护等功能。在集

中式二次电路图中，主要是突出二次电路的工作原理，不考虑具体设备元件的内部结构及排列。

一次设备和二次设备的相关部分画在一起，且二次设备采用整体的形式表示，继电器的线圈与触点画在一起，并用机械连接线（虚线）对应连接，因此二次设备的构成、数量及其之间的相互关系比较直观，能给读图者一个明确的整体概念。

② 集中式二次电路图是以设备、元件为中心绘制的图，图中各设备、元件均用统一的图形符号和文字符号集中的形式表示，按动作顺序画出。例如，继电器的线圈与触点、断路器的主触点和辅助触点，跳闸线圈等都分别集中绘制在一起。这种表示方法便于清楚地显示设备、元件之间的连接关系，比较形象直观，便于分析整套装置的动作原理，是绘制分开式二次电路图等其他工程图的原始依据。

③ 为了图面清晰、简明起见，整体式原理电路图中表示的一次设备一般用单线图表示，除非二次设备非用三线表示不可。

④ 无论一次设备还是二次设备（主要是那些带有触点的开关、继电器、按钮等）所表示的状态都是未带电或非激励、不工作的状态；如不是表示的这一状态，则必须另有注明。

⑤ 图上各设备之间的联系是以设备的整体连接来表示的，没有给出设备的内部接线，一般也不给出设备引出线端子的编号和引出线的编号，控制电源仅标出电源的极性和符号，没有具体表示是从何处引来的。因此，这种图大多情况下不具备完整的使用价值，还不能用来安装接线、查找故障等。

（2）分开式二次电路图　分开式二次电路图，同样也是用来表达二次回路构成的基本原理，但与集中式二次电路图的表达方式有所不同，其特点是将二次回路的设备展开，即把线圈和触点按交流电流回路、交流电压回路和直流回路为单元分开表示。同时，为避免回路的混淆，属于同一线圈作用的触点或同一电气元件的端子，需标注相同的文字符号。此外，回路的排列按动作次序由左到右、由上到下逐行有序地排列。这样，阅读和查对回路就比集中式图方便。这种分开式图回路次序非常清晰明显，因此现场使用极为普遍。

分开式图的绘制一般是将电路分成几部分，如交流电流回路、交流电压回路、直流操作回路和信号回路等，每一部分又分为很多行。交流回路按 L_1、L_2、L_3 的相序，直流回路按继电器的动作顺序自上至下排列。同一回路内的线圈和触点是按照实际连接顺序排列的，在每一个回路的右侧配有文字说明。

图 6-34 所示为根据图 6-33 所示的集中式图而绘制的分开式图。图中左侧为示意图，表示主接线及保护装置所连接的电流互感器在一次系统中的位置；右侧为保护回路的分开式图，由交流回路、直流操作回路、信号回路 3 部分组成。交流回路由电流互感器的二次绕组供电。电流互感器只装在 L_1、L_2 两相上，每相分别接入一个电流继电器线圈，然后用一根公共线引回，构成不完全的星形接线。直流操作回路两侧的竖线表示正、负电源，上面两行为时间继电器的启动回路，第三行为跳闸回路。其动作过程为：当被保护的线路发生过电流时，电流继电器 KA_1 或 KA_2 动作，其动合触点 KA_1（1-2）、KA_2（1-2）闭合，接通时间继电器 KT 的线圈回路。时间继电器 KT 动作后，经过整定时限后，延时闭合的动合触点 KT（1-2）闭合，接通跳闸回路。继电器在合闸状态时与主轴联动的常开辅助触点 QF（1-2）是处于闭合位置的。因此，在跳闸线圈 YR 中有电流流过时，断路器跳闸。同时，串联于跳闸回路中的信号继电器 KS 动作并掉牌，其在信号回路中的动合触点 KS（1-2）闭合，接通信号小母线 WS 和 WS_A。WS 接信号正电源，而 WS_A 经过光字牌的信号灯接负电源，光字牌点亮，给出正面标有"掉牌复归"的灯光信号。

分开式图与集中式图是一种图的两种表示方法。分开式二次电路图是以电路（即回路）

为中心绘制的，各个电气元件不管属于哪一个项目，只要是同一个回路的，都要画在一个回路中。将电器、继电器以及仪的线圈、触点分开，分别画在所属的电路中，并将整个电路按交流电流回路、交流电压回路、直流电压回路、直流信号回路等，且按不同电压等级画成几个独立的部分。

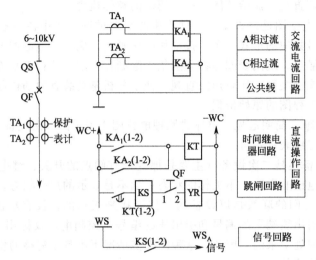

图 6-34　6～10kV 线路继电保护展开式二次电路图

分开式图与集中式图是等效的，但展开图电路清晰，易于读图，便于了解整套装置的动作程序和工作原理，特别是在一些表现复杂装置的电气原理时，其优点更突出。

① 根据供给二次电路的电源的不同类型划分为不同的独立部分。如交流回路，又分交流电流回路和交流电压回路；直流回路，又分信号回路、控制回路、测量回路、合闸回路、保护回路等。每一回路又分成若干行，行的排列顺序是从上至下或从左到右，交流电按第一相 L_1、第二相 L_2、第三相 L_3、中性线或公共线 N；其他电路按电器的动作顺序自上而下、自左至右排列。

② 分开式二次电路图通常排列成平等的行，按系统的因果、动作顺序自上而下排列。例如，图中电流继电器 KA 动作后，时间继电器 KT 动作，因此 KA 回路在 KT 回路之上。对于多相电路，通常按从上而下或从左至右排序，每一行元件的排列一般也按顺序从左到右排列，但对于负载元件（如图中的 KA、KT、KM、YR 等线圈）通常上下对齐。

为了说明回路的特征、功能，以加深对图的原理的理解，通常在每一回路的右侧标注简要的文字说明，用以说明回路的名称、功能。例如，图中标注的"交流电流回路""直流电压回路""延时回路""直流跳闸回路""信号回路"等。这种文字说明，必须简明扼要、条理清楚。这些文字说明是分开式电路图的重要组成部分，读图时切不可忽视。通过阅读这些文字说明，就可知道这个回路的功能或作用。

③ 同一仪表的各种线圈、电器以及继电器的线圈、触点是分开画在不同电源的电路中的，属于同一电气元件的触点、线圈都标以同一个文字符号。

例如，图 6-34 中，电流继电器 KA_1、KA_2 的电流线圈在电流互感器的二次电流回路中，而其触点则接在电压回路中，但它们都标以相同的文字符号 KA_1、KA_2。

④ 展开图中各种独立电路的供电电源除了交流电流电路用电流互感器直接表示外，一般都是通过各种电源小母线引入的。在分开式二次电路图中，各种小母线按照电源类别和功能的不同，分别采用不同的名称符号。

6.3.4　二次电路图识读要领

由于二次电路图比较复杂，识读二次电路图时，通常应掌握以下几个要领：

① 概略了解图的全部内容。例如，图的名称、设备或元器件表及其对应的符号、设计说明等，然后粗略纵观全图。重点要识读主电路以及它与二次回路之间的关系，以准确地抓住该图所表达的主题。

例如，断路器的控制回路电路图主要表达该电路是怎样使断路器合闸、跳闸的。同样，信号回路电路图表达了发生事故或不正常运行情况时怎样发生光报警信号；继电保护回路表达了怎样检测出故障特征的物理量及怎样进行保护等。抓住了主题后，一般采用逆推法，就能分析出各回路的工作过程或原理。

② 掌握制图规则。在制图规则里规定，电路图中各触点都是电气元件在没有外激励的情况下的原始状态。例如，按钮没有按下、开关未合闸、继电器线圈没有电、温度继电器在常温状态下、压力继电器在常压状态下等，这种状态称为图的原始状态。但识图时不能完全按原始状态来分析，否则很难理解图样所表达的工作原理。因此在识图时，必须假定某一个激励，如某一个按钮被按下，将会产生什么样的一个或一系列反应，并以此为依据来分析。

如果在一张复杂的图中，为了识读图样的方便，不会忘记或遗失所假定的激励及它的反映，可将图样或图样的一部分改画成某种激励下的状态图（称为状态分析图）。这种状态分析图是识图过程中绘制的一种图，通常不必十分规整地画出，还可用铅笔在原图上另加标记。

③ 在电路图中，同一设备的各个电气元件位于不同回路的情况比较多。在分开式二次电路图中，往往将各个电气元件画在不同的回路，甚至不同的图纸上，识图时应从整体观念出发，去了解各设备的功能。辅助开关的开合状态应从主开关的开合状态去分析，如断路器的辅助触点状态应从主触点（断路器的断开、闭合）状态去分析，继电器触点的状态应从继电器线圈带电状态去分析。一般来说，继电器触点是执行元件，因此应从触点看线圈的状态，不要看到线圈再去找触点。

④ 任何一个复杂的电路都是由若干基本电路、基本环节构成的。识读复杂电路图时一般要化整为零，一般按图注功能块来划分，把它分成若干个基本电路或部分。然后，先看主电路，后看二次回路，由易到难，层层深入，分别将各部分、各个回路看懂，最后将其贯穿，整个电路的工作原理或过程就能看懂。

识图时先识读主电路，再识读二次回路。识读二次回路时，一般从上至下，先识读交流回路，再识读跳闸回路，然后识读信号回路。先识读单元组合电路，后识读整体，如果某个环节一时读不懂，可先读懂其他环节，然后根据有关知识和其他环节的工作原理，就可推测出这一部分的功能。

⑤ 二次图的种类很多，如集中式二次电路图、分开式二次电路图、混合式二次电路图及二次接线图等。对于某一设备、装置和系统，这些图实际上是从不同的使用角度和不同的侧面对同一对象采用不同的描述手段，显然这些图存在着内部的联系。因此，识读各种二次图时应将各种图联系起来，例如，读集中式电路图可以与分开式电路图相联系，读接线图可以与电路图相联系。掌握各类图的互换，即绘制方法，是阅读二次图的一个十分重要的方法。

6.3.5　识图示例

（1）基本的断路器控制电路

① LW2 型控制开关　LW2 型控制开关有两个固定位置（垂直和水平）和两个操作位置

（由垂直位置再顺时针转 45°和水平位置再逆时针转 45°）。由于具有自由行程，因此开关的触点位置共有 6 种状态，即"预备合闸""合闸""合闸后""预备跳闸""跳闸""跳闸后"。图 6-35(a)所示为 LW2-Z 型控制开关触点图表，用于表明控制开关的操作手柄在不同位置时各触点的通断情况。

当断路器为断开状态，操作手柄置于"跳闸后"的水平位置，需进行合闸时，首先将手柄顺时针旋转 90°至"预备位置"，再旋转 45°至"合闸位置"，此时触点 5-8 接通，发合闸脉冲。断路器合闸后，松开手柄，操作手柄在复位弹簧作用下，自动返回至垂直位置"合闸后"。进行跳闸操作时，是将操作手柄从"合闸后"的垂直位置逆时针旋转 90°至"预备跳闸"位置，再继续旋转 45°至"跳闸"位置，此时触点 6-7 接通，发跳闸命令脉冲。断路器跳闸后，松开手柄使其自动复归至水平位置"跳闸后"。合、跳闸分两步进行，其目的是防止误操作。

控制开关的图形符号如图 6-35(b) 所示。图中 6 条垂直虚线表示控制开关手柄的 6 个不同的操作位置，即 PC（预备合闸）、C（合闸）、CD（合闸后）、PT（预备跳闸）、T（跳闸）、TD（跳闸后），水平线即端子引线，水平线下方位于垂直虚线上的粗黑点表示该对触点在此操作位置是闭合的。

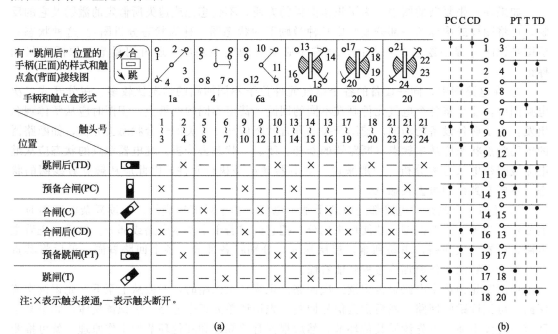

图 6-35　LW2-Z 型触点通断情况及图形符号

② 灯光监视的断路器控制电路　电磁操作机构的断路器控制信号电路如图 6-36 所示。图中，L＋、L－为控制小母线和合闸小母线；100L（＋）为闪光小母线；708L 为事故音响小母线；708L－为信号小母线（负电源）；SA 为 LW2-Z-1a、4、6a、4a、20、20/F8 型控制开关，HG、HR 为绿、红色信号灯；FU$_1$～FU$_4$ 为熔断器；R 为附加电阻；KCF 为防跳继电器；KM 为合闸接触器；YC、YT 为合闸、跳闸线圈。控制信号电路动作过程如下。

a. 断路器的手动控制。手动合闸前，断路器处于跳闸位置，控制开关置于"跳闸后"（TD）"位置，SA 的触点 SA（11-10）闭合，电流由正电源 L＋经→FU$_1$→SA 的触点 SA（11-10）→绿灯 HG→附加电阻 R_1→断路器辅助动断触点 QF（1-2）→合闸接触器 KM→负电源 L－，形成通路，绿灯发平光。此时，合闸接触器 KM 线圈两端虽有一定的电压，但由

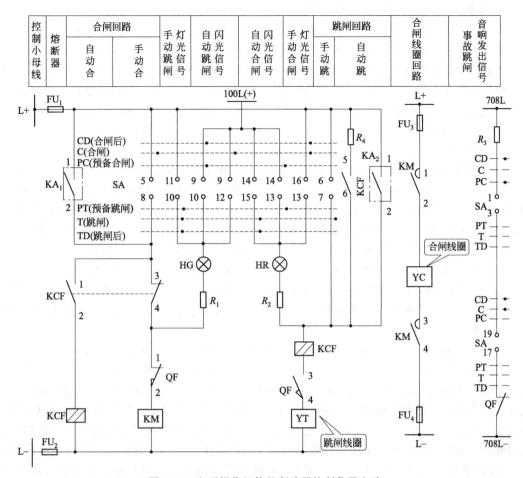

图 6-36　电磁操作机构的断路器控制信号电路

于绿灯及附加电阻的分压作用，不足以使合闸接触器动作。在此，绿灯不但是断路器的位置信号，同时对合闸回路起了监视作用。如果回路故障，绿灯 HG 将熄灭。

在合闸回路完好的情况下，将控制开关 SA 置于"预备合闸（PC）"位置，此时 SA 的触点 SA（11-10）断开，而触点 SA（9-10）闭合，绿灯 HG 经 SA 的触点 SA（9-10）接至闪光小母线 100L（＋）上，HG 闪光，此时可提醒运行人员核对操作对象是否有误。核对无误后，将 SA 置于"合闸（C）"位置，SA 的触点 SA（5-8）闭合，而触点 SA（9-10）断开。SA 的触点 SA（5-8）闭合，电流由正电源 L＋经 FU$_1$→SA 的触点 SA（5-8）→KCF 的动断触点 KCF（3-4）→断路器辅助动断触点 QF（1-2）→合闸接触器 KM→负电源 L－，形成通路，合闸接触器 KM 得电，其动合触点 KM（1-2）、KM（3-4）闭合，使合闸线圈 YC 得电，断路器合闸。SA 的触点 SA（9-10）断开，绿灯 HG 熄灭。

合闸完成后，断路器辅助动断触点 QF（1-2）断开，使 KM 失电释放，断开合闸回路，控制开关 SA 自动复归至"合闸后（CD）"位置，SA 的触点 SA（16-13）闭合，电流由正电源 L＋经 FU$_1$→SA 的触点 SA（16-13）→红灯 HR→附加电阻 R_2→KCF 线圈→断路器辅助动合触点 QF（3-4）（已闭合）→跳闸线圈 YT→负电源 L－，形成通路，红灯立即发平光。同理，红灯发平光表明跳闸回路完好，而且由于红灯及附加电阻的分压作用，跳闸线圈不足以动作。

手动跳闸操作时，先将控制开关 SA 置于"预备跳闸（PT）"位置，SA 的触点 SA

（14-13）闭合，电流由闪光小母线 100L（＋）经 FU_1→SA 的触点 SA（14-13）→红灯 HR →附加电阻 R_2→KCF 线圈→断路器辅助动合触点 QF（3-4）（已闭合）→跳闸线圈 YT→负电源 L－，形成通路，红灯 HR 经 SA 的触点 SA（13-14）接至闪光小母线 100L（＋）上，HR 闪光，表明操作对象无误，再将 SA 置于"跳闸（T）"位置，SA 的触点 SA（6-7）闭合，电源由正电源 L＋经 FU_1→SA 的触点 SA（6-7）→KCF 线圈→断路器辅助动合触点 QF（3-4）（已闭合）→跳闸线圈 YT→负电源 L－，形成通路，跳闸线圈 YT 得电，断路器跳闸。跳闸后，断路器辅助动合触点 QF（3-4）断开，切断跳闸回路，红灯熄灭，控制开关 SA 自动复归至"跳闸后"位置，绿灯发平光。

b. 断路器的自动控制。当自动装置动作时，继电器 KA 的动合触点 KA1（1-2）闭合，SA 的触点 SA（5-8）被短接，电流由正电源 L＋经 FU1→KA_1 的触点 KA_1（1-2）→KCF 的动断触点 KCF（3-4）→断路器辅助动断触点 QF（1-2）→合闸接触器 KM→负电源 L－，形成通路，合闸接触器 KM 得电吸合，其动合触点 KM（1-2）、KM（3-4）闭合，使合闸线圈 YC 得电，断路器合闸。此时，控制开关 SA 仍为"跳闸后（TD）"位置，触点 SA（14-15）仍闭合，电流由闪光电源 100L（＋）经 SA 的触点 SA（14-15）→红灯 HR→附加电阻 R_2→KCF 线圈→断路器辅助动合触点 QF（3-4）→跳闸线圈 YT→负电源 L－，形成通路，红灯闪光。因此，当控制开关手柄置于"跳闸后"的水平位置，若红灯闪光，则表明断路器已自动合闸。

若一次回路发生故障，继电保护动作，保护出口继电器 KA_2 的动合触头 KA_2（1-2）闭合后，SA 的触点 SA（6-7）被短接，电流由正电源 L＋经 KA_2 的动合触点 KA_2（1-2）→KCF 线圈→断路器辅助动合触点 QF（3-4）→跳闸线圈 YT→负电源 L－，形成通路，跳闸线圈 YT 得电，使断路器跳闸。此时，控制开关为"合闸后（CD）"位置，SA 的触点 SA（9-10）闭合，电流由 100L＋→SA 的触点 SA（9-10）→绿灯 HG→附加电阻 R_1→断路器辅助动断触点 QF（1-2）→合闸接触器线圈 KM→负电源 L－，形成通路，绿灯闪光。与此同时，SA 的触点（1-3）、SA（19-17）闭合，接通事故跳闸音响信号回路，发事故音响信号。因此，当控制开关置于"合闸后"的垂直位置时，若绿灯闪光，并伴有事故音响信号，则表明断路器已自动跳闸。

c. 断路器的"防跳"。当断路器合闸后，在控制开关 SA 的触点 SA（5-8）、自动装置触点 KA_1（1-2）被卡死的情况下，如遇到一次系统永久性故障，继电保护动作使断路器跳闸，则会出现多次"跳闸-合闸"现象，称这种现象为"跳跃"。如果断路器发生多次跳跃现象，会使其损坏，造成事故扩大。因此，在控制回路中增设了由防跳继电器构成的电气防跳回路。

防跳继电器 KCF 有两个线圈：一个是电流启动线圈，串联于跳闸回路中；另一个是电压自保持线圈，经自身的动合触点 KCF（1-2）并联于合闸回路中，其动断触点 KCF（3-4）则串入合闸回路中。当利用控制开关 SA 的触点 SA（5-8）或自动装置的触点 KA_1（1-2）进行合闸时，如出现故障上，继电保护动作，KA_2 的触头 KA_2（1-2）闭合，使断路器跳闸。跳闸电流流过防跳继电器 KCF 的电流线圈使其启动，并保持到跳闸过程结束。其间动合触点 KCF（1-2）闭合，如果此时合闸脉冲未解除，即 SA 的触点 SA（5-8）或 KA_1 的触点 KA_1（1-2）进行合闸时，如合在短路故障上，继电保护动作，KA_2 的触点 KA_2（1-2）闭合，使断路器跳闸。跳闸电流流过防跳继电器 KCF 的电流线圈使其启动，并保持到跳闸过程结束。其间动合触点 KCF（1-2）闭合，如果此时合闸脉冲未解除，即 SA 的触点 SA（5-8）或 KA_1 的触点 KA_1（1-2）被卡死，则防跳继电器 KCF 的电压线圈得以自保持。动断触点 KCF（3-4）断开，切断合闸回路，使断路器不再合闸。只有在合闸脉冲解除，防跳继电器 KCF 的电压线圈失电后，整个电路才能恢复正常。

此外，防跳继电器 KCF 的动合触点 KCF（5-6）经电阻 R_4 与保护出口继电器触点 KA_2（1-2）并联，其作用是：断路器由继电保护动作跳闸后，其触点 KA_2（1-2）可能较辅助动合触点 QF（3-4）先断开，从而烧毁触点 KA_2（1-2）。动合触点 KCF（5-6）与之并联，在保护跳闸的同时防跳继电器 KCF 动作并通过动合触点 KCF（5-6）自保持。这样，即使保护出口继电器触点 KA_2（1-2）在辅助动合触点 QF（3-4）断开之前就复位，也不会由触点 KA_2（1-2）来切断跳闸回路电流，从而保护了 KA_2（1-2）触点。R_4 是一个阻值只有 $1\sim4\Omega$ 的电阻，对跳闸回路无多大影响。当继电保护装置出口回路串有信号继电器线圈时，电阻 R_4 的阻值应大于信号继电器的内阻，以保证信号继电器可靠动作。当继电保护装置出口回路无串接信号继电器时，此电阻可以取消。

（2）定时限过电流保护电路　带时限的过电流保护，按其动作时间特性分，有定时限过电流保护和反时限过电流保护两种。定时限，就是保护装置的动作时间是固定的，与短路电流的大小无关。

定时限过电流保护电路如图 6-37 所示，由启动元件（电磁式电流继电器 KA_1、KA_2）、时限元件（电磁式时间继电器 KT）、信号元件（电磁式信号继电器 KS）和出口元件（电磁式中间继电器 KM）4 部分组成。其中，YR 为断路器的跳闸线圈，QF（1-2）为断路器 QF 操纵机构的辅助触点，TA_1、TA_2 为装于 L_1 相和 L_3 相上的电流互感器。

保护电路的动作原理：当一次电路发生相间短路时，电流继电器 KA_1、KA_2 中至少有一个瞬时动作，其动合触点 KA_1（1-2）、KA_2（1-2）闭合，使时间继电器 KT 启动。KT 经过整定的时限后，其延时闭合的动合触点 KT（1-2）闭合，使串联的信号继电器 KS 和中间继电器 KM 动作。KM 动作后，其动合触点 KM（1-2）闭合，接通断路器的跳闸线圈 YR 的回路［由于 QF 在合闸位置时，动合触点 QF（3-4）已闭合］，使断路器 QF 跳闸，切除一次电路的短路故障。与此同时，KS 动作，其信号指示牌掉下，其动合触点 KS（1-2）闭合，接通信号回路，给出灯光和音响信号。在断路器跳闸时，QF 的辅助触点 QF（1-2）随之断开跳闸回路，以减轻中间继电器触点的工作，在短路故障被切除后，继电保护电路除 KS 外的其他所有继电器 KA_1、KA_2 和 KT 均自动返回起始状态，而 KS 可手动复位。

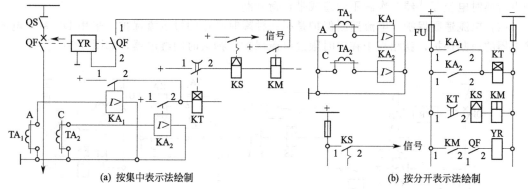

图 6-37　定时限过电流保护电路

（3）反时限过电流保护电路　反时限，就是保护电路的动作时间与反应到继电器中的短路电流的大小成反比，短路电流越大，动作时间越短，因此反时限特性也称为反比延时特性或反延时特性。

反时限过电流保护由 GL 型电流继电器组成，图 6-38 所示为两相两继电器式接线的去分流跳闸的反时限过电流保护电路。

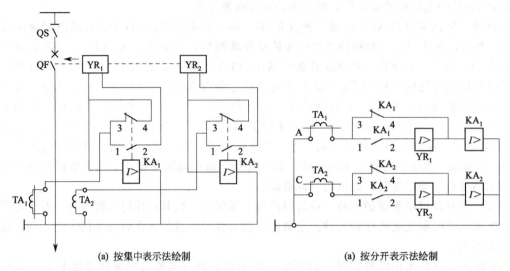

(a) 按集中表示法绘制　　　　　　　　　　(a) 按分开表示法绘制

图 6-38　反时限过电流保护电路

　　当一次电路发生相间短路时，电流继电器 KA_1、KA_2 至少有一个动作，经过一定时限后（时限长短与短路电流大小成反比关系），其动合触点闭合，紧接着其动断触点断开，这时断路器跳闸线圈 YR_1 或 YR_2 因"去分流"而得电，从而使断路器跳闸，切除短路故障部分。在继电器去分流跳闸的同时，其信号牌自动掉下，指示保护装置已经动作。在短路故障被切除后，继电器自动返回，信号牌则需手动复位。

　　电流继电器的一对动合触点，与跳闸线圈 YR 串联，其目的是用来防止继电器动断触点在一次电路正常时由于外界振动等偶然因素使之意外断开而导致断路器误跳闸的事故。增加这对动合触点后，即使动断触点偶然断开，也不会造成断路器误跳闸。

　　这种继电器的动合、动断触点，动作时间的先后顺序必须是：动合触点先闭合、动断触点后断开。而一般转换触点的动作顺序都是动断触点先断开后，动合触点再闭合。这里采用具有特殊结构的先合后断的转换触点，不仅保证了继电器的可靠动作，而且还保证了继电器触点转换时电流互感器二次侧不会造成带负荷开路。

　　(4) 电流速断保护　电流速断保护是指一种瞬时动作的过电流保护。采用 DL 系列电流继电器的速断保护，就相当于在定时限过电流保护中抽去时间继电器，如图 6-39 所示。

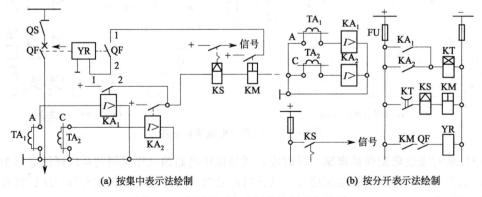

(a) 按集中表示法绘制　　　　　　　　　　(b) 按分开表示法绘制

图 6-39　定时限过电流保护的原理电路图

　　当一次电路发生相间短路时，电流继电器 KA_1 或 KA_2 瞬时动作，接通信号继电器 KS

和中间继电器 KM。KS 给出信号，KM 接通断路器的跳闸线圈 YR 的回路，使断路器 QF 跳闸，快速切除短路故障。

(5) 变压器的瓦斯保护　变压器的瓦斯保护是保护油浸式变压器内部故障的一种基本保护。在变压器的油箱内发生短路故障时，由于绝缘油和其他绝缘材料受热分解而产生气体（瓦斯），因此利用这种气体的变化情况使继电器动作来作变压器内部故障的保护。瓦斯保护的主要组成元件是瓦斯继电器，是非电量继电器，装在变压器油枕与油箱之间的连通管上。瓦斯继电器有两副动、静触点。变压器瓦斯保护电路如图 6-40 所示。

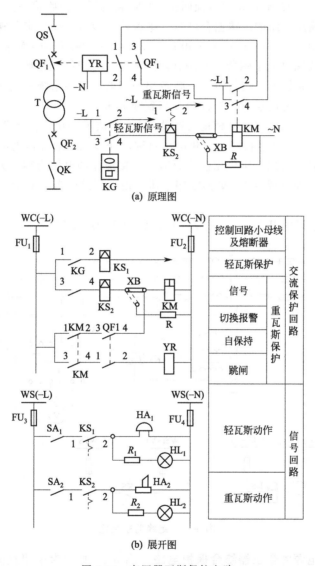

图 6-40　变压器瓦斯保护电路

在变压器正常工作时，瓦斯继电器 KC 的两副动、静触点 KG（1-2）、KG（3-4）都处于断开状态。当变压器内部发生轻微故障（轻瓦斯）时，瓦斯继电器 KG 的上触点 KG（1-2）闭合，接通轻瓦斯动作信号电路 KS₁，KS₁ 的动合触点 KS₁（1-2）闭合，接通信号回路发生报警信号。

当变压器内部发生严重故障（重瓦斯）时，KC 的下触点 KG（3-4）闭合，经信号继电器 KS$_2$、连接片 XB，启动出口继电器 KM，其动合触点 KM（3-4）闭合，接通断路器 QF 的跳闸线圈 YR，使断路器 QF$_1$ 跳闸。同时，KS$_2$ 的动合触点 KS$_2$（1-2）闭合，接通信号 回路，发生重瓦斯报警信号。若不要断路器 QF$_1$ 跳闸，可把连接片 XB 切换，经限流电阻 R，使 KS$_2$ 动作，则只发出报警信号。

为了避免由于油流剧烈冲击可能会使瓦斯继电器 KG 的下触点 KG（3-4）发生接触时的 抖动现象，使断路器可靠地跳闸，而利用中间继电器 KM 的动合触点 KM（1-2），使 KM 自 锁。在 QF$_1$ 跳闸后，其辅助动合触点 QF$_1$（1-2）、QF（3-4）复位断开。QF$_1$（1-2）断开 跳闸回路、QF$_1$（3-4）断开 KM 的自锁回路，KM 自动返回初始状态。

（6）6～10kV 高压线路的绝缘监察装置 绝缘监察装置主要用来监视小接地电流系统相 对地的绝缘情况。图 6-41 为采用一个三相五芯柱三线圈电流互感的绝缘监察装置。

三相五芯柱三线圈电流互感器二次侧有两组线圈，一组接成星形，在它的引线上接 3 块 电压表 PV$_1$～PV$_3$，系统正常运行时，反映各相的相电压；在系统发生一相接地时，则对应 相的电压表指示零，而另两块电压表读数升高到线电压。

另一组接成开口三角形（也称辅助二次绕组），构成零序电压过滤器，在开口处接一过 电压继电器 KV。系统正常运行时，三相电压对称，开口三角形开口处电压接近于零，继电 器 KV 不会动作。但当系统发生单相接地故障时，接地相的电压为零，另两个互差 120° 的相 电压叠加，则使开口处出现近 100V 的零序电压，使电压继电器 KV 动作，发出报警的灯光 和音响信号。

此外，还可通过转换开关 SA，测量一次电路的 3 个线电压。

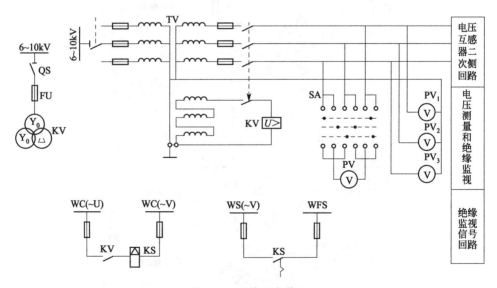

图 6-41 绝缘监察装置

（7）直流操作电源的变压器综合保护电路 图 6-42 所示为采用直流操作电源的 35kV 或 10kV、容量在 800kV·A 及以上的油浸电力变压器综合电路。

该电路的保护配置有：定时限过电流保护、电流速断保护、温度保护及瓦斯保护。其回 路有直流回路和交流回路，而直流回路中有控制、保护和信号回路。

① 主接线 由 6～10kV 电源进线经隔离开关 QS，断路器 QF$_1$，电流互感器 TA$_1$、 TA$_2$ 和 TA$_3$、TA$_4$，供给变压器 T$_1$，降压为 230/400V 向低压负荷配电。其 TA$_1$、TA$_2$ 的 二次侧接电测仪表，TA$_3$、TA$_4$ 接电流继电器 KA$_1$～KA$_5$，作电流保护。

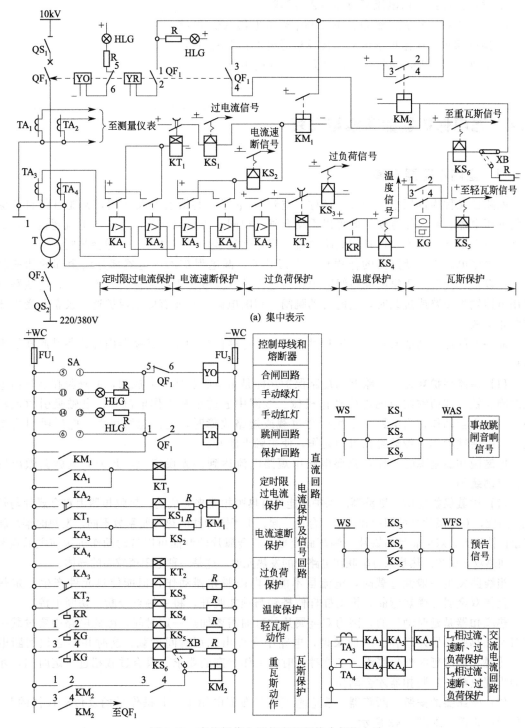

图 6-42　直接操作电源的变压器综合保护电路

② 继电保护装置

a. 反时限过电流保护。由电流互感器 TA_3、TA_4，电流继电器 KA_1、KA_2 构成的两相继电器式电路，通电延时时间继电器 KT_1 组成延时电路。

b. 电流速断保护电路。由 TA_3、TA_4、KA_3、KA_4 组成。

c. 过负荷保护。由电流互感器 KA_5 组成。

d. 瓦斯保护。由瓦斯继电器 KG 和信号继电器 KS_5 组成。

e. 温度保护。由温度继电器 KR 及信号继电器 KS_4 组成。

其详细工作原理，在前面已做过介绍，在此不再赘述。

6.4 漏电保护器的布线与安装

6.4.1 室内断路器安装

断路器又称为低压空气开关，简称"空开"，它是一种既有开关作用，又能进行自动保护的低压电器。它操作方便，既可以手动合闸、拉闸，也可以在流过电路的电流超过额定电流之后自动跳闸，这不仅仅是指短路电流，用电器过多，电流过大，一样会跳闸。

在家庭电路中，断路器的作用相当于刀开关，漏电保护器等电器部分或全部的功能总和，所以被广泛应用于家庭配电线路中作为电源总开关或分支线路保护开关。当住宅线路或家用电器发生短路或过载时，它能自动跳闸，切断电源，从而有效地保护这些设备免受损坏或防止事故扩大。

断路器的保护功能有短路保护和过载保护，这些保护功能由断路器内部的各种脱扣器来实现。

(1) 短路保护功能 断路器的短路保护功能是由电磁脱扣器完成的，电磁脱扣器是由电磁线圈、铁芯和衔铁组成的电磁动作机械。线圈中通过正常工作电流时，电磁吸引力比较小，衔铁不会动作；当电路中发生严重过载或短路故障时，电流急剧增大，电磁吸引力增大，吸引衔铁动作，带动脱扣机构动作，使主触点断开。

电磁脱扣器是瞬时动作，只要电路中短路电流达到预先设定值，开关立刻就会做出反应，自动跳闸。

(2) 过载保护功能 断路器的保护功能是由热脱扣器来完成的。热脱扣器由双金属片与热元件组成，双金属片是把铜片和铁片锻合在一起。由于铜和铁的热膨胀系数不同，发热时铜片膨胀量比铁片大，双金属片向铁片一侧弯曲变形，双金属片的弯曲可以带动动作机构使主触点断开。加热双金属片的热量来自串联在电路中的发热元件，这是一种电阻值较高的导体。

当线路发生一般性过载时，电流虽不能使电磁脱扣器动作，但能使热元件产生一定热量，促使双金属片受热弯曲，推动杠杆使搭钩与锁扣脱开，将主触点分断，切断电源。

热脱扣器是延时动作的，因为双金属片的弯曲需要加热一定时间，因此电路中要过载一段时间，热脱扣器才动作。一般来说，电路中允许出现短时间过载，这时并不必须切断电源，热脱扣器的延时性恰好满足了这种短时的工作状态的要求。只有过载超过一定时间，才认为出现故障，热脱扣器才会动作。

(3) 断路器的安装 断路器一般应垂直安装在配电箱中，其操作手柄及传动杠杆的开、合位置应正确，如图 6-43 所示。

单极组合式断路器的底部有一个燕尾槽，安装时把靠上面的槽勾入导轨边，再用力压断路器的下边，下边有一个活动的卡扣，就会牢牢卡在导轨上，卡住后断路器可以沿导轨横向移动调整位置。拆卸断路器时，找一活动的卡扣另一端的拉环，用螺丝刀撬动拉环，把卡扣拉出向斜上方扳动，断路器就可以取下来了。

断路器安装前的检测：

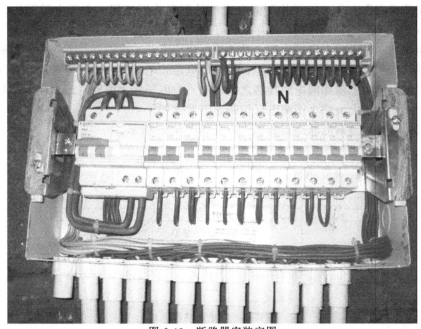

图 6-43　断路器安装实图

① 用万用表电阻挡测量各触点间的接触电阻。万用表置于"R×100"挡或"R×1k"挡，两表笔不分正、负，分别接低压断路器进、出线相对应的两个接线端，测量主触点的通断是否良好。当接通按钮被按下时，其对应的两个接线端之间的阻值应为零，当切断按钮被按下时，各触点间的阻值应为无穷大，表明低压断路器各触点间通断情况良好，否则说明该低压断路器已损坏。

有些型号的低压断路器除主触点外还有辅助触点，可用同样方法对辅助触点进行检测。

② 用兆欧表测量两极触点间的绝缘电阻。用 500V 兆欧表测量不同极的任意两个接线端间的绝缘电阻（接通状态和切断状态分别测量），均应为无穷大。如果被测低压断路器是金属外壳或外壳上有金属部分，还应测量每个接线端与外壳之间的绝缘电阻，也均应为无穷大，否则说明该低压断路器绝缘性能太差，不能使用。

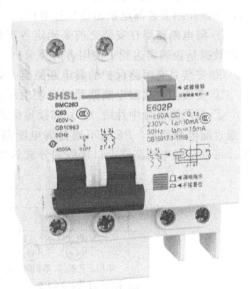

图 6-44　漏电断路器

6.4.2　家用漏电保护器（断路器）

（1）功能　顾名思义，家用漏电断路器具有漏电保护功能，即当发生人身触电或设备漏电时，能迅速切断电源，保障人身安全，防止触电事故，同时，还可用来防止由于设备绝缘损坏，产生接地故障电流而引起的电气火灾危险。

为了用电安全，在配电箱中应安装漏电断路器，可以安装一个总漏电断路器，也可以在每一个带保护线的三相支路上安装漏电断路器，一般插座上都装漏电断路器。家庭常用的是单相组合式漏电断路器，如图 6-44 所示。

漏电断路器实质上是加装了检测漏电元件的塑壳式断路器，主要由塑料外壳、操作机构、触点系统、灭弧室、脱扣器、零序电流互感器及试验装置等组成。

漏电断路器有电磁式电流动作型、晶体管（集成电路）电流动作型两种。电磁式电流动作型漏电断路器是直接动作型的，晶体管或集成电路式电流动作型漏电断路器是间接动作型的，即在零序电流互感器和漏电脱扣器之间增加一个电子放大电路，因而使零序电流互感器的体积大大缩小，也大大缩小了漏电保护断路器的体积。

电磁式电流动作型漏电断路器的工作原理如图 6-45 所示。

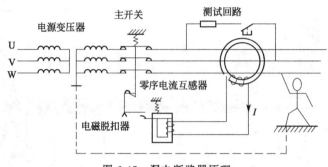

图 6-45　漏电断路器原理

漏电断路器上除了开关扳把外，还有一个按钮为试验按钮，用来试验断路器的漏电动作是否正常，断路器安好后，通电合闸，按一下试验按钮断路器应自动跳闸。当断路器漏电动作跳闸时，应及时排除故障后，再重新合闸。

注意：不要认为家庭安装了漏电断路器，用电就平安无事了。漏电断路器必须定期检查，否则，即使安装了漏电断路器也不能确保用电安全。

(2) 漏电断路器的安装　漏电断路器的安装方法与前面介绍的断路器的安装方法基本相同，下面介绍安装漏电断路器应注意的几个问题。

① 漏电断路器在安装之前要确定各项使用参数，也就是检查漏电断路器的铭牌上所标注的数据是否确实达到了使用者的要求。

② 安装具有短路保护的漏电断路器，必须保证有足够的飞弧距离。

③ 安装组合式漏电断路器时应使用铜质导线连接控制回路。

④ 要严格区分中性线（N）和接地保护线（PE），中性线和接地保护线不能混用。N 线要通过漏电断路器，PE 线不通过漏电断路器，如图 6-46(a) 所示。如果供电系统中只有 N 线，可以从漏电断路器上口接线端分成 N 线和 PE 线，如图 6-46(b) 所示。

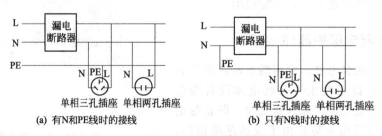

(a) 有N和PE线时的接线　　　　　(b) 只有N线时的接线

图 6-46　单相二极式漏电断路器的接线

注意：漏电断路器后面的零线不能接地，也不能接设备外壳，否则会合不上闸。

⑤ 漏电断路器在安装完毕后要进行测试，确定漏电断路器在线路短路时有可靠动作。一般来说，漏电断路器安装完毕后至少要进行 3 次测试并通过后，才能开始正常运行。

下篇

低压电工布线

三相电机24槽双层绕组嵌线全过程	电动机接线捆扎	电动机浸漆	单相电机绕组好坏判断	三相电机绕组好坏判断
认识电路板上的电子元器件	低压电器的检测	空调器室外风机电机及运行电容判别	电动机点动控制与故障排查	电动机直接启动线路及故障排查
带热继电器保护的控制线路与故障排查	电动机自锁控制与故障排查	急停开关保护控制线路与故障排查	电机定子串电阻降压启动电路与故障排查	电机星角降压启动电路与故障排查
电机正反转控制线路与故障排查	电机正反转自动循环线路与故障排查	电机能耗制动控制线路与故障排查	电动机变频控制线路与故障排查	单相电动机接线与故障排查

第**7**章

电动机布线与单相电动机控制线路

7.1 电动机控制线路布线与配盘工艺

7.1.1 电动机控制线路的布线要求

(1) 板前明线布线

① 布线通道极可能少，同时并行导线按主、控电路分类集中，单层密排，紧贴安装面布线。

② 同一平面的导线应高低一致或前后一致，不能交叉，非交叉不可时该根导线应在接线端子引出时就水平架空跨越，但必须走线合理。

③ 布线应横平竖直，分布均匀，变换走向时应垂直。

④ 布线时严禁损伤线芯和导线绝缘。

⑤ 布线顺序一般以接触器为中心，由里向外，由高到低，先控制电路，后主电路进行，以不妨碍后续布线为原则。

⑥ 在每根剥去绝缘层导线的两端上编码套管。所有从一个接线端子到另一个接线端子的导线必须连续，中间无接头。

⑦ 导线与接线端子或接线柱连接时不得压绝缘层，不反圈，不露铜过长。

⑧ 同一元件、同一回路的不同节点的导线间距离应保持一致。

⑨ 一个电气元件的接线端子上的导线不得多于两根，每根接线端子板上的连接导线一般只允许连接一根。

(2) 板前线槽配线

① 所有导线的横截面积在等于或大于 $0.5\mathrm{mm}^2$ 时，必须采用软线。考虑机械强度的原因，所用最小横截面积在控制箱外为 $1\mathrm{mm}^2$，在控制箱内为 $0.75\mathrm{mm}^2$。但对控制箱内的很小电流的电路连线，如电子逻辑线路，可用 $0.2\mathrm{mm}^2$ 的，并且可以采用硬线，但只能用于不移动和不振动的场合。

② 布线时严禁损伤线芯和绝缘导线。

③ 各电气元件的接线端子引出导线的走向以元件的水平中心线为界限，在水平中心线以上接线端子引出的导线必须进入元件上面的线槽，在水平中心线以下接线端子引出的导线必须进入元件下面的线槽。任何导线都不允许从水平方向进入线槽。

④ 各电气元件接线端子上引出或引入的导线，除间距很小和原件机械强度很小允许直接架空敷设之外，其他导线必须经过线槽进行连接。

⑤ 进入行线槽的导线完全至于行线槽内，并应尽可能避免交叉，装线不得超过其容量的 70%，以便能盖上线槽盖，并便于以后的装配和维修。

⑥ 各电气元件与线槽之间的外露导线应走向合理，并尽可能做到横平竖直，变换走向时要垂直。同一元件上的位置一致的端子上引出或引入的导线要敷设在同一平面上，并应高低一致，不得交叉。

⑦ 所有接线端子、导线接头上都应该套有与电路图上相应的接点线号一致的编码套管，并按线号进行连接，连接必须可靠，不得松动。

⑧ 在任何情况下，接线端子必须与导线截面积和材料性质相适应。当连接端子不适合连接软线或截面积较小的软线时，可以在导线端头穿上针形或交叉扎头并压紧。

⑨ 一般一个接线端子只能连接一根导线，如果采用专门设计的端子，可以连接两根或多根导线，但导线的连接方式必须是公认的，在工艺上成熟的，如夹紧、压紧、焊接等，并应严格按照连接工艺的工序要求进行。

7.1.2 电气元件的安装

(1) 安装电气元件的工艺要求

① 组合开关、熔断器的受电端子应安装在控制板的外侧，并使熔断器的受电端为底座的中心端。

② 各元件的安装位置应整齐、匀称、间距合理，便于元件的更换。

③ 紧固各元件时要用力匀称，紧固程度适当，在紧固熔断器、接触器等易碎元件时，应用手按住元件一边轻轻摇动，一边用旋具轮换旋紧对角线上的螺钉，直到手摇不动后再适当旋紧些即可。

(2) 低压开关的安装
低压开关主要用于隔离、转换及接通和分段电路，多数作为机床电路的电源开关和局部照明电路的开关，有时也可用来直接控制小容量电动机的启动、停止和正反转。低压开关一般为非自动切换电器，常用的有刀开关、组合开关和低压断路器。

① 刀开关的安装 开关安装时应做到垂直安装，使闭合操作时的手柄操作方向应从下向上合，断开操作时的手柄操作方向应从上向下分，不允许采用平装和倒装，以防止产生误合闸。

接线时，电源进线应接在开关上面的进线端上，用电设备应接在开关下面的熔体上。开关作为电动机的开关时，应将开关的熔体部分用导线直接连接，并在出线端另外加装熔断器作短路保护。安装后应检查闸刀和静插座的接触是否成直线或紧密。更换熔体必须按原规格在闸刀断开的情况下进行。

② 铁壳开关的安装 铁壳开关的安装必须垂直，安装高度一般不低于 1.5m，并以操作方便和安全为原则。接线时应将电源进线接在刀开关静插座的接线端子上，用电设备应接在熔断器的出线端子上。开关外壳的接地螺钉必须可靠连接。

③ 组合开关的安装 HZ10 组合开关应安装在控制箱内，其操作手柄最好伸出在控制箱的前面和侧面，应使手柄在水平旋转时为断开状态。HZ 组合开关的外壳必须可靠接地。

若在箱内操作，开关最好安在箱的右上方，其上方最好不要安装其他电器，否则采用隔离和绝缘措施。

组合开关的通断能力较低，不能用来分断故障电流，用于控制异步电动机的正反转时，必须在电动机完全停止转动后才能反向启动，且每小时的通断次数不能超过二十次。当操作频率过高时或负载功率因数较低时，应降低开关的容量使用，以延长其使用寿命。

倒顺开关接线时，应将开关两侧进出线中的一根互换，并看清开关接线端的标志，以防接错，产生电源两相短路故障。

④ 低压断路器的安装 低压断路器的安装应垂直于配电板安装，电源引线应接到上端，

负载引线应接到下端。

低压断路器用作电源总开关或电动机总开关时，在电源进线一侧必须加装刀开关或熔断器等，以形成一个明显的断开点。

⑤ 熔断器的安装　熔断器应完好无损，接触紧密可靠，并应将额定电压和额定电流进行标注。瓷插式熔断器应垂直安装，螺旋式熔断器的电源进线应接在底座中心端的接线端子上，用电设备应接在螺旋索的接线端子上。

熔断器应装合适的熔体，不能用多根小规格的熔体代替一个大规格的熔体。

(3) 接触器的安装

① 安装前的检查　检查接触器的铭牌与线圈的技术数据是否符合实际使用要求。检查接触器外观，应无机械损伤，用手推动接触器的可动部分时，接触器应动作灵活，无卡阻现象；灭护罩应完好无损，牢固可靠。将铁芯极面上的防锈油脂或粘在极面上的污垢用煤油擦净，以免多次使用后衔铁被粘住，造成断电后不能释放。测量接触器的线圈电阻和绝缘电阻。

② 安装要点　交流接触器应垂直安装在面板上，倾斜度不得超过5°，若有散热孔，则应将有孔的一面放在垂直方向上，以利于散热，并按规定留有适当的飞弧空间，以免烧坏相邻的电器。

安装和接线时，注意不要将零线失落或掉落在接触器内部。安装孔的螺钉应装有弹簧垫圈和平垫圈，并拧紧螺钉，以防振动松脱。安装完毕，检查接线正确后，在主触点不带电的情况下操作几次，然后测量接触器的动作值和释放值，所测数值应符合产品的规定要求。

7.2　单相电动机运行及控制线路

7.2.1　单相电动机的运行方式

(1) 单相电阻启动式异步电动机　单相电阻启动式异步电动机新型号代号为：BQ、JZ，定子线槽中嵌有主绕组和副绕组，由于主绕组负责工作占三分之二，副绕组占三分之一槽数。此类电动机一般采用正弦绕组则主绕组占的槽数略多，有的主副绕组各占三分之一的槽数，不过副绕组的线径比主绕组的线径细得多，以增大副绕组的电阻，主绕组和副绕组的轴线在空间相差90°电角度。电阻略大的副绕组经离心开关将副绕组接自电源，当电动机启动后转速达到75%～80%的转速时通过离心开关将副绕组切离电源，由主绕组单独工作，如图7-1所示为单相电阻启动式异步电动机接线原理图。

单相电阻式启动异步电动机具有中等启动转矩和过载能力，功率为40～370W，适用于水泵、鼓风机、医疗器械等。

(2) 电容启动式单相异步电动机　电容启动式单相异步电动机新型号代号为：CO_2，老型号代号为CO、JY，定子线槽主绕组、副绕组的分布与电阻启动式电动机相同，但副绕组线径较细，电阻大，主、副绕组为并联电路。副绕组和一个容量较大的启动电容串联，再串联离心开关，副绕组只参与启动不参与运行。当电动机启动后转速达到75%～80%的转速时通过离心开关将副绕组和启动电容切离电源，由主绕组单独工作，如图7-2所示为单相电容启动式异步电动机接线原理图。

单相电容启动式异步电动机启动性能较好，具有较高的启动转矩，最初的启动电流倍数为4.5～6.5倍，因此适用于启动转矩要求较高的场合，功率为120～750W，如小型空压机、磨粉机、电冰箱等满载启动机械。

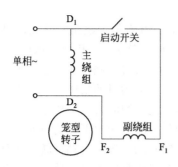

图 7-1　单相电阻启动
异步电动机接线原理图

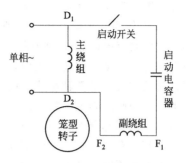

图 7-2　单相电容启动式
异步电动机接线原理图

(3) 电容运行式异步电动机　电容运行式异步电动机新型号代号为：DO_2，老型号代号为 DO、JX，定子线槽中主绕组、副绕组各占二分之一，主绕组和副绕组的轴线在空间相差 90°电角度，主、副绕组为并联电路。副绕组串接一个电容后与主绕组并接于电源，副绕组和电容不仅参与启动还长期参与运行，如图 7-3 所示为单相电容运行式异步电动机接线原理图。单相电容运行式异步电动机的电容长期接入电源工作，因此不能采用电解电容，通常采用纸介电容，电容的容量主要根据电动机运行性能来选取，一般比电容启动式的电动机要小一些。

电容运行式异步电动机的启动转矩较低，一般为额定转矩的零点几倍，但效率因数和效率较高、体积小、重量轻，功率为 8～180W，适用于轻载启动要求长期运行的场合，如电风扇、录音机、洗衣机、空调器、仪用风机、电吹风及电影机械等。

(4) 单相电容启动和运转式异步电动机　单相电容启动和运转式异步电动机型号代号为：F，又称为双值电容电动机。定子线槽中主绕组、副绕组各占二分之一，但副绕组与两个电容并联（启动电容、运转电容），其中启动电容串接离心开关并接于主绕组端。当电动机启动后转速达到 75％～80％的转速时通过离心开关将启动电容切离电源，而副绕组和工作电容继续参与运行（工作电容容量要比启动电容容量小），如图 7-4 所示为单相电容启动和运转式电动机接线图。

单相电容启动和运转式电动机具有较高的启动性能、过载能力和效率，功率为 8～750W，适用于性能要求较高的日用电器、特殊压缩泵、小型机床等。

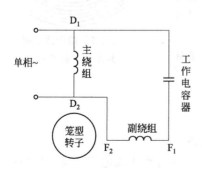

图 7-3　单相电容运行式
异步电动机接线原理图

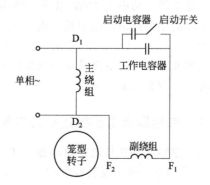

图 7-4　单相电容启动和
运转式电动机接线图

(5) 单相罩极式异步电动机 单相罩极式异步电动机型号代号为：F，是电动机中最简单的一种，图 7-5 所示为单相罩极式异步电动机接线图。

① 凸极式罩极异步电动机 一般采用凸极定子，主绕组为集中绕组，并在凸极极靴的一小部分上面套有电阻很小的短路环（又称罩极绕组，即副绕组），其结构如图 7-6 所示，转子与三相异步电动机的转子类似，是笼式的。端盖的一端与机壳浇铸在一起，另外一端可以拆卸，端盖中装有滚珠轴承或套筒轴承。凸极式罩极异步电动机的集中绕组起主绕组的作用，而罩极线圈则起副绕组的作用。当主绕组通过单相交流电源时便产生磁通，穿过罩极线圈（短路环）的那部分磁通在罩极线圈内产生一个在相位上滞后未罩部分的磁通。这两个在时间上、空间上有一定相位差的交变磁通，合成一个旋转磁场，于是电动机转子得到启动转矩，使转子由未罩部分被罩部分的方向旋转。当电动机有了正常转速时，罩极线圈几乎不起作用了。

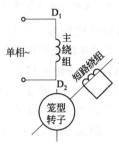

图 7-5 单相罩极式异步电动机接线图

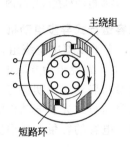

图 7-6 凸极罩极式异步电动机结构图

② 隐极式罩极异步电动机 隐极式罩极异步电动机罩极定子的冲片形状和一般异步电动机相同，主绕组和罩极绕组均为分布绕组，它们的轴线在空间相差一定的电角度（一般为 45℃），罩极绕组导线线径较粗（一般为 $\phi 1.5 \mathrm{mm}$ 左右的圆铜线），匝数少（2～8 匝），彼此串联，如图 7-7 所示隐极式罩极异步电动机结构图。

隐极式罩极异步电动机的工作原理与凸极式罩极异步电动机相同，其中电动机的旋转方向是从主绕组轴线转向罩极绕组轴线的。

单相罩极式异步电动机启动转矩和效率较低，但结构简单，成本低，功率为 10W 以下，适用于各种性能指标要求不高的小型风扇、电唱机、电吹风、电动模型和活动广告等。

当要改变隐极式罩极异步电动机的旋转方向时只要定子（转子）调头装配即可。

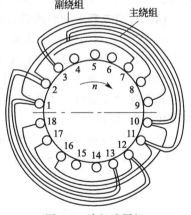

图 7-7 隐极式罩极
异步电动机结构图

7.2.2 单相异步电动机正反转控制线路

(1) 电容启动式与电容启动运行式正反转控制线路

① 单相电动机正反转控制原理 图 7-8 所示表示电容启动式或电容启动/电容运转式单相电动机的内部主绕组、副绕组、离心开关和外部电容在接线柱上的接法。其中主绕组的两端记为 U_1、U_2，副绕组的两端记为 W_1、W_2，离心开关 K 的两端记为 V_1、V_2。

这种电动机的铭牌上标有正转和反转的接法，如图 7-9 所示。

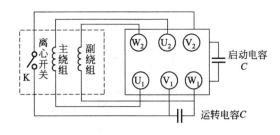

图 7-8　离心开关、外部电容和
绕组在接线柱上的接法

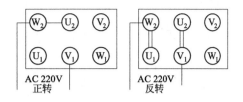

图 7-9　电动机正转、反转的接法

在正转接法时，电路原理图如图 7-10 所示。在反转接法时，电路原理图如图 7-11 所示。比较图 7-10 和图 7-11 可知，正反转控制实际上只是改变副绕组的接法：正转接法时，副绕组的 W_1 端通过启动电容和离心开关连到主绕组的 U_1 端；反转接法时，副绕组的 W_2 端改接到主绕组的 U_1 端。

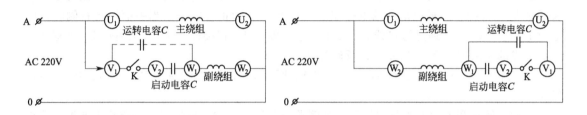

图 7-10　正转接法　　　　　　　　　　　　　图 7-11　反转接法

由于厂家不同，有些电动机的副绕组与离心开关的标号不同，接线图及接线柱正反转标志图如图 7-12 及图 7-13 所示。

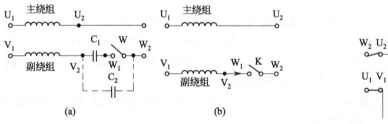

图 7-12　电容启动运行及电感
启动电动机另一种接线图

图 7-13　接线柱正反转图

② 三相倒顺开关控制单相电动机的正反转　现以六柱倒顺开关说明如下。

六柱倒顺开关有两种转换形式，打开盒盖就能看到厂家标注的代号：第一种如图 7-14（a）所示，左边一排三个接线柱标 L_1、L_2、L_3，右边三柱标 D_1、D_2、D_3；第二种如图 7-14（b）所示，左边一排标 L_1、L_2、D_3，右边标 D_1、D_2、L_3。以第一种六柱倒顺开关为例，当手柄在中间位置时，六个接线柱全不通，称为"空挡"。当手柄拨向左侧时，L_1 和 D_1、L_2 和 D_2、L_3 和 D_3 两两相通。当手柄拨向右侧时，L_1 仍与 D_1 接通，但 L_2 改为连通 D_3、L_3 改为连通 D_2。

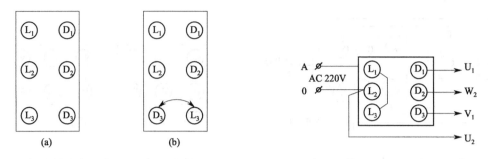

图 7-14 两种六柱接线开关　　　　图 7-15 改装方法

图 7-15 所示是第一种六柱倒顺开关用于控制单相电动机正反转的改造方法。实际上只是在 L_1 和 L_3 端之间增加了一条短接线。AC220V 从 L_1 和 L_2 上输入，图 7-14 中的 D_1 和 L_2 分别接至图 7-15 的 U_1 和 U_2 接线柱，图 7-14 的 D_3 连到图 7-15 的 V_1，图 7-14 的 D_2 连至图 7-15 的 W_2，当倒顺开关的手柄处于中间位置时，D_1～D_3 无电，单相电动机不转。当手柄拨向左侧时，L_1 通过 D_1 连通 U_1，又通过短接线、L_3、D_3 连通 V_1；L_2 直接连通 U_2，又通过 D_2 连通 W_2，最后形成的电路如图 7-10 所示，即正转接法。当手柄拨向右侧时，L_1 通过 D_1 连通 U_1，又通过短接线、L_3、D_2 连通 W_2，L_2 直接连通 U_2、又通过 D_3 连通 V_1，最后形成的电路如图 7-11 所示，即反转接法。

a. 三相倒顺开关控制线路，如图 7-16 所示，接线柱原理图如图 7-12 和图 7-13 所示。

电动机倒顺开关的工作原理如下。当倒顺开关处于"顺"位置时，主绕组电流路径为电源→开关 2 点→1 点→U_1（始端）→U_2（末端）→8 点→电源。副绕组电流路径为电源→开关 2 点→1 点→3 点→5 点→4 点→V_1（始端）→V_2（末端）→C→K→6 点→7 点→8 点→电源。

当开关处于"停"位置时，电源供电没有形成回路，主、副绕组都没有电流，故电动机停转。

当开关处于"倒"位置时，主绕组电流路径为电源→开关→2 点→3 点→U_1→U_2→8 点→电源。副绕组电流路径为电源→开关→2 点→3 点→5 点→6 点→W_2→K→C→V_2（末端）→V_1（始端）→4 点→9 点→8 点→电源。与开关置"顺"位置时相比较，改变了副绕组的始末端，副绕组中电流方向改变，电动机转向随之改变。

倒顺开关买回来时，其内部 1 点与 3 点、4 点与 9 点、6 点与 7 点都已连好，只须把 3 点与 5 点用短导线连一下即可安装使用。

b. 使用 9 触点船形开关控制，如图 7-17 所示。

开关控制原理与上相同，船形开关买回来时，需用短导线按照图中接线连一下即可安装使用。

(2) 电容运行式正反转控制线路　普通电容运行式电动机绕组有两种结构。一种为主副绕组匝数及线径相同，另一种为主绕组匝数少，且线径粗，副绕组匝数多，且线径细。这两种电动机内的接线相同，如图 7-18 所示。

① 主副绕组及接线端子的判别　用万用表（最好用数字表）"R×1"挡任意测 CA、CB、AB 阻值，测量中阻值最大的一次为 AB 端，另一端为公用端 C。当找到 C 后，测 C 与另两端的阻值，阻值小的一组为主绕组，相对应的端子为主绕组端子或接线点；阻值大的一组为副绕组，相对应的端子为副绕组端子或接线点；在测量时如两绕组的阻值不同，说明此

电动机有主、副绕组之分；如测量时，两绕组阻值相同，说明此电动机无主副绕组之分，任一个绕组都可为主，也可为副。

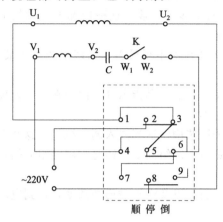

图 7-16　三相倒顺开关控制线路

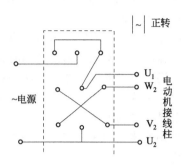

图 7-17　9 触点船形开关

② 正反转的控制　对于不分主副绕组的电动机，其控制线路如图 7-19 所示，C_1 为运行电容，K 可选各种形式的双投开关。对于有主副绕组之分的单相电动机，实现正反转控制，可改变内部副绕组与公共端接线，也可改变定子方向。如需经常改变转向，可将内部公用端拆开，参考电容启动进行式电动机接线及控制线路。

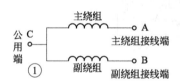

图 7-18　电容运行式电动机

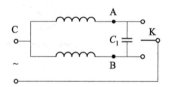

图 7-19　电容运转式电动机
正反转控制线路

7.2.3　单相异步电动机调速控制线路

单相电动机的转速与电动机绕组所加的电压有直接关系，电动机绕组上加的电压越高，定子旋转磁场越接近圆形旋转磁场，则电动机转速就越高（定子磁极数不变的情况下）。

由以上分析可知，如果电动机的磁极不变，电动机的转速与绕组所加电压成正比。调速方法有四种，都是设法采用不同的手段，通过改变绕组电压的大小，实现调速。

(1) 电抗器调速　图 7-20 所示电路由电抗器、互锁琴键开关、时间继电器、电容器、电动机等组成。电抗器与普通变压器相类似，也是由铁芯和绕组组成的，如图 7-21 所示。

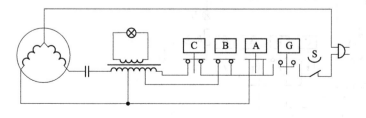

图 7-20　电抗器调速电路

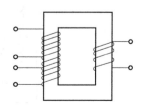

图 7-21　电抗器组成

按下 A 键时，电抗器只有一小段串入电动机副绕组，主绕组加的是全电源电压。这时副绕组的电压几乎与电源电压相等，电动机转速最高。当按下 B 键时，电抗器有一段线圈串入主绕组；与副绕组串的电抗线圈也比按下 A 键时增多了一段。这种情况下电动机的主绕组和副绕组电压都有所下降，电动机转速稍有下降。

当按下 C 键时，电动机的主绕组和副绕组与电抗器线圈串得最多，两绕组的电压最低，电动机转速也最低。

当电流通过电抗器时指示灯线圈中也感应有电压，从而点燃指示灯。由于在各挡速度时通过电抗器的电流不同，因而各挡时指示灯的亮度也不同。

（2）调速绕组调速　这种方法是在电动机的定子铁芯槽内适当嵌入调速绕组。这些调速绕组可以与主绕组同槽，也可和副绕组同槽。无论是与主绕组同槽，还是与副绕组同槽，调速绕组总是在槽的上层。

利用调速绕组调速，实质上是改变定子磁场的强弱，以及定子磁场椭圆度，达到电动机转速改变的目的。

采用调速绕组调速可分为以下三种不同的方法。

① L-A 型接法，如图 7-22 所示。

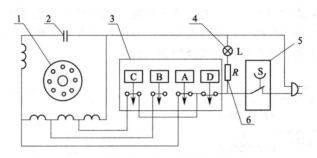

图 7-22　L-A 型接法

1—电动机；2—运行电容；3—键开关；4—指示灯；5—定时器；6—限压电阻

L-A 型接法调速时，调速绕组与主绕组同槽，嵌在主绕组的上层，并与主绕组串接于电源。

当按下 A 键时，串入的调速绕组最多，这时主绕组和副绕组的合成磁场（即定子磁场）最高，电动机转速最高。当按 B 键时，调速绕组有一部分与主绕组串联，而另外一部分则与副绕组串联。这时主绕组和副绕组的合成磁场强度下降，电动机转速也下降了。依此类推，当按下 C 键时，电动机转速最低。

② L-B 型接法　L-B 型接法调速电路的组成与原理同 L-A 型电路，只是调速绕组与副绕组同槽，嵌在副绕组上层，并串接于副绕组，如图 7-23 所示电路。

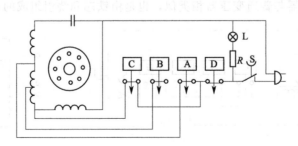

图 7-23　L-B 型接法

③ T 形接法　T 形接法电动机的调速电路如图 7-24 所示。

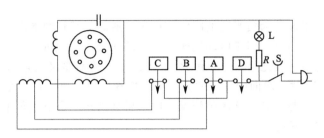

图 7-24　T 形接法

此电路的组成元器件与图 7-23 所示电路相同，调速原理也类同，调速绕组与副绕组同槽，嵌在副绕组的上层，只是调速绕组与主绕组和副绕组串联。

副绕组抽头调速，是在电动机的定子腔内没有嵌单独用于调速的绕组，而是将副绕组引出两个中间抽头。这样，当改变主绕组和副绕组的匝数比时，定子的合成磁场的强弱，以及定子磁场椭圆度都会改变，从而实现电动机调速，如图 7-25 所示。

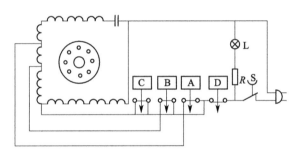

图 7-25　副绕组抽头调速电路

当按下 A 键时，接入的副绕组匝数多，主绕组和副绕组在全压下运行，定子磁场最强，电动机转速最高。当按下 B 键时，副绕组的匝数为 3000 匝；主绕组加的电压下降，而且有900 匝副绕组线圈通的电流与主绕组电流相同，这时，主绕组与副绕组的空间位置不再为90°电角度，所以定子磁场强度与 A 键按下时相比下降了，电动机转速下降。当按 C 键时，电动机定子磁场强度进一步下降，电动机转速也进一步下降。这就是副绕组抽头调速的实质。

(3) 电子调速　电子调速的实质是，通过电子线路控制加在电动机定子绕组电压的大小，达到调速的目的，如图 7-26 所示。

在图 7-26 中，由电容 C、可变电阻 R_W、限流电阻 R、双向晶闸管以及双向触发器等组成电子线路。此线路能够控制加在电动机定子绕组的电压，从而达到电动机调速的目的。

当电源与电路接通后，在电压正半波时，电容 C 通过 R_W 可变电阻和限流电阻 R 充电，电容 C 两端电压指数规律上升。电压

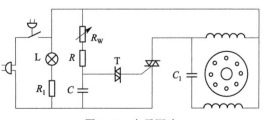

图 7-26　电子调速

上升速度取决于 $(R_W+R)C$ 值的大小，$(R_W+R)C$ 值大，电容两端电压下升得慢，反之，电容电压上升得快。当电容电压上升到双向二极管正向导通电压（峰值电压 U_p）时，

双向触发器中的一个二极管导通，发出一个脉冲。该脉冲去触发双向晶闸管中的一个晶闸管，使电动机通电。

当电源电压由正半波转为负半波的瞬间，由于导通的晶闸管两端电压为零，该晶闸管会自然关断，电动机瞬间断电，但是电动机转子有转动惯量，电动机仍然运转。

当电源电压变为负半波之后，R_w 和 R 以及 C 组成的回路又给电容反方向充电。当电容电压上升到电压 U_P 时，双向触发器的另一个二极管导通，也发出一个脉冲，该脉冲触发双向触发器的另外一个晶闸管，该晶闸管保证电动机绕组在电源电压负半波时有一段时间有电流，电动机再次得电运行。

当电源电压由负半波转为正半波瞬间，导通的晶闸管也会自然关断。电动机电压在 $220 \sim 0V$ 之间变化，电动机可以无级调速。

第8章

三相交流电动机控制线路

8.1 笼型电动机的启动控制线路

8.1.1 直接启动控制线路

电动机直接启动，其启动电流通常为额定电流的 6～8 倍，一般应用于小功率电动机。常用的启动电路有开关直接启动和接触器点动直接启动。

（1）开关直接启动　（电动机的容量低于电源变压器容量的 20% 时，才可直接启动）如图 8-1 所示。

（2）接触器点动控制线路启动　如图 8-2 所示，当合上开关 QS 时，电动机不会启动运转，因为 KM 线圈未通电，只有按下 SB_2，使线圈 KM 通电，主电路中的主触点 KM 闭合，电动机 M 即可启动。这种只有按下按钮电动机才会运转，按开按钮即停转的线路，称点动控制线路。利用接触器来控制电动机的优点：减轻劳动强度，操作小电流的控制电路就可以控制大电流主电路，能实现远距离控制与自动化控制。

（3）自锁控制线路　如图 8-3 所示。工作过程：当按下启动按钮 SB_2 时，线圈 KM 通电，主触点闭合，电动机 M 启动运转，当松开按钮时，电动机 M 不会停转，因为这时，接触器线圈 KM 可以通过并联在 SB_2 两端已闭合的辅助触点 KM 继续维持通电，电动机 M 不会失电，也不会停转。

这种松开按钮而能自行保持线圈通电的控制线路叫做具有自锁的接触器控制线路，简称自锁控制线路。

（4）具有保护功能的全压启动电路　该线路具有欠电压与失压保护功能，如图 8-4 所示。

当电动机运转时，电源电压降低到一定值（一般降低到额定电压的 85%）时，由于接触器线圈磁通减弱，电磁吸力克服不了反作用弹簧压力，动铁芯因而释放，从而使主触点断开，自动切断主电路，电动机停转，达到欠压保护。

过载保护：将热继电器的发热元件串在电动机的定子回路中，当电动机过载时，发热元件过热，使双金属片弯曲到能推动脱扣机构动作，从而使串接在控制回路中的动断触点 FR 断开，切断控制电路，使线圈 KM 断电释放，接触器主触点 KM 断开，电动机失电停转。

8.1.2 降压启动控制线路

较大容量的笼型异步电动机一般都采用降压启动的方式启动。

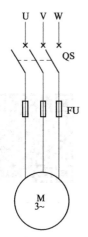

图 8-1　铁壳开关启动控制线路

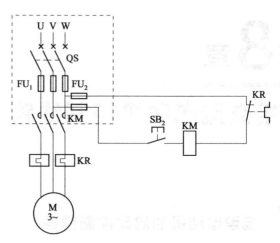

图 8-2　接触器点动控制线路图

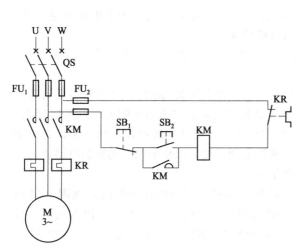

图 8-3　接触器自锁控制线路

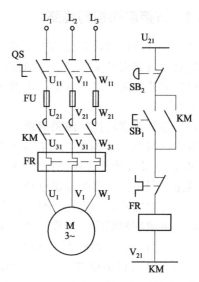

图 8-4　具有保护功能的全压启动电路

（1）自耦变压器启动法　对正常运行时为 Y 形接线及要求启动容量较大的电动机，不能采用 Y-△启动法，常采用自耦变压器启动方法。自耦变压器启动法是利用自耦变压器来实现降压启动的，用来降压启动的三相自耦变压器又称为启动补偿器，其原理和外形如图8-5 所示。

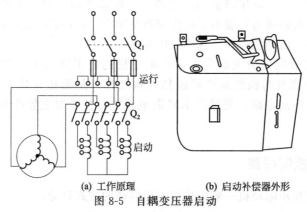

(a) 工作原理　　　(b) 启动补偿器外形

图 8-5　自耦变压器启动

用自耦变压器降压启动时,先合上电源开关 Q_1,再把转速开关 Q_2 的操作手柄推向"启动"位置,这时电源电压接在三相自耦变压器的全部绕组上(高压侧),而电动机在较低电压下启动,当电动机转速上升到接近于额定转速时,将转换开关 Q_2 的操作手柄迅速从"启动"位置投向"运行"位置,这时自耦变压器从电网中切除。

为获得不同的启动转矩,自耦变压器的次级绕组常备有不同的电压抽头,例如,次级绕组电压为初级绕组电压的 60%、80% 等,以供具有不同启动转矩的机械使用。

这种启动方法不受电动机定子绕组接线方式的限制,可按照容许的启动电流和所需的启动转矩选择不同的抽头,因此适用于启动容量较大的电动机,其缺点是设备造价较高,不能用在频繁启动的场合。

(2) 星-三角形降压启动控制线路　在正常运行时,电动机定子绕组是接成三角形的,启动时把它连接成星形,启动即将完毕时再恢复成三角形。目前 4kW 以上的 J02、J03 系列的三相异步电动机定子绕组在正常运行时,都是接成三角形的,对这种电动机就可采用星-三角形降压启动。

图 8-6 所示是一种 Y-△ 启动线路。从主回路可知,如果控制线路能使电动机接成星形(即 KM_1 主触点闭合),并且经过一段延时后再接成三角形(即 KM_1 主触点打开,KM_2 主触点闭合),则电动机就能实现降压启动,而后再自动转换到正常速度运行。控制线路的工作过程如下。

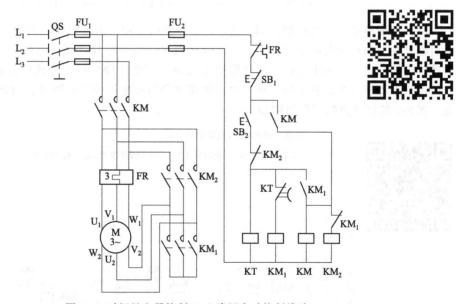

图 8-6　时间继电器控制 Y-△ 降压启动控制线路

动作原理如下:首先合上 QS。

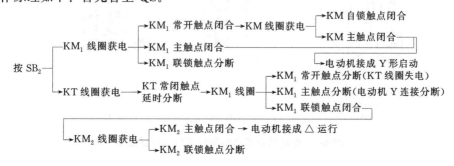

　　图 8-7 所示是用两个接触器和一个时间继电器进行 Y-△转换的降压启动控制线路。电动机连成 Y 或△都是由接触器 KM_2 完成的。KM_2 断电时电动机绕组由其动断触点连接成 Y；KM_2 通电时电动机绕组由其动合触点连接成△。对 $4\sim13kW$ 的电动机，可采用图 8-7 所示两个接触器的控制线路，电动机容量大时可采用三个接触器控制线路。图 8-7 与图 8-6 的工作原理基本相同，可自行分析。

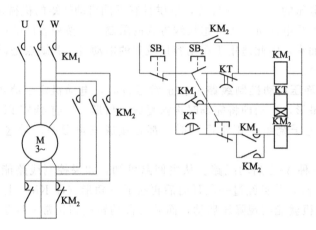

图 8-7　两个接触器和一个时间继电器控制的 Y-△降压启动控制线路

　　(3) 定子串电阻降压启动控制线路　图 8-8 所示是定子串电阻降压启动控制线路。电动机启动时在三相定子电路中串接电阻，使电动机定子绕组电压降低，启动后再将电阻短路，电动机仍然在正常电压下运行。这种启动方式由于不受电动机接线形式的限制，设备简单，因而在中小型机床中也有应用。机床中也常用这种串接电阻的方法限制点动调整时的启动电流。图 8-8 控制线路的工作过程如下。

按 SB_2 →KM_1 得电(电动机串电阻启动)
　　　　└→KT 得电,延时一段时间 KM_2 得电(短接电阻,电动机正常运行)

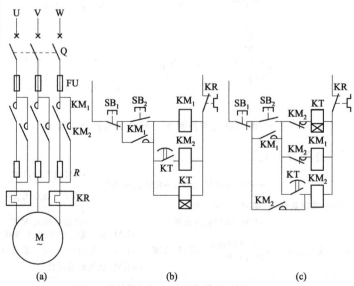

图 8-8　电动机定子串电阻降压启动控制线路

只要 KM_2 得电就能使电动机正常运行。但线路图 8-8(b)在电动机启动后 KM_1 与 KT 一直得电动作，这是不必要的。线路图 8-8(c)就解决了这个问题，接触器 KM_2 得电后，其动断触点将 KM_1 及 KT 断电，KM_2 自锁。这样，在电动机启动后，只要 KM_2 得电，电动机便能正常运行。

补偿器 QJ3、QJ5 系列都是手动操作，XJ01 系列则是自动操作的自耦降压启动器。补偿器降压启动适用于容量较大和正常运行时定子绕组接成 Y 形、不能采用 Y-△启动的笼型电动机。这种启动方式设备费用大，通常用来启动大型和特殊用途的电动机，机床上应用得不多。

8.2　电动机正反转控制线路

8.2.1　电动机正反转线路

电动机正反转线路如图 8-9 所示，具体分析如下所示。

由图 8-9(b)可知，按下 SB_2，正向接触器 KM_1 得电动作，主触点闭合，使电动机正转。按停止按钮 SB_1，电动机停止。按下 SB_3，反向接触器 KM_2 得电动作，其主触点闭合，使电动机定子绕组与正转时相比相序反了，则电动机反转。

从主回路看，如果 KM_1、KM_2 同时通电动作，就会造成主回路短路，在线路图 8-9(b)中如果按了 SB_2 又按了 SB_3，就会造成上述事故，因此这种线路是不能采用的。线路图 8-9(c)把接触器的动断辅助触点互相串联在对方的控制回路中进行联锁控制，这样当 KM_1 得电时，由于 KM_1 的动断辅助触点打开，使 KM_2 不能通电，此时即使按下 SB_3 按钮，也不能造成短路，反之也是一样。接触器动断辅助触点这种互相制约关系称为"联锁"或"互锁"。

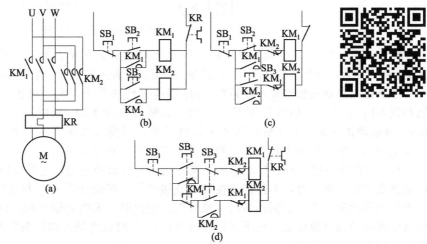

图 8-9　异步电动机正反转控制线路

在机床控制线路中，这种联锁关系应用极为广泛。凡是有相反动作，如工作台上下、左右移动；机床主轴电动机必须在液压泵电动机动作后才能启动，工作台才能移动等，都需要有类似这种联锁控制。

如果现在电动机正在正转，想要反转，则线路图 8-9(c)必须先按停止按钮 SB_1 后，再按反向按钮 SB_3 才能实现，显然操作不方便。线路图 8-9(d)利用复合按钮 SB_2，就可直接实现由正转变成反转。

很显然采用复合按钮，还可以起联锁作用，这是由于按下 SB_2 时，只有 KM_1 可得电动作，同时 KM_2 回路被切断。同理按下 SB_3 时，只有 KM_2 得电，同时 KM_1 回路被切断。

但只用按钮进行联锁，而不用接触器动断触点之间的联锁，是不可靠的。在实际中可能出现这样的情况，由于负载短路或大电流的长期作用，接触器的主触点被强烈的电弧"烧焊"在一起，或者接触器的机构失灵，使衔铁卡住总是在吸合状态，这都可能使主触点不能断开，这时如果另一接触器动作，就会造成电源短路事故。

如果用的是接触器动断动作，不论什么原因，只要一个接触器是吸合状态，它的联锁动断触点就会将另一接触器线圈电路切断，这就能避免事故的发生。

8.2.2 正反转自动循环线路

图 8-10 所示是机床工作台往返循环的控制线路，实质上是用行程开关来自动实现电动机正反转的。组合机床、龙门刨床、铣床的工作台常用这种线路实现往返循环。

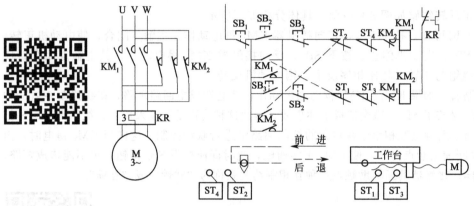

图 8-10　行程开关控制的正反转线路

ST_1、ST_2、ST_3、ST_4 为行程开关，按要求安装在固定的位置上，当撞块压下行程开关时，其动合触点闭合，动断触点打开。其实这是按一定的行程用撞块压行程开关，代替了人按按钮。

按下正向启动按钮 SB_2，接触器 KM_1 得电动作并自锁，电动机正转使工作台前进。当运行到 ST_2 位置时，撞块压下 ST_2，ST_2 动断触点使 KM_1 断电，但 ST_2 的动合触点使 KM_2 得电动作自锁，电动机反转使工作台后退。当撞块又压下 ST_1 时，KM_2 断电，KM_1 又得电动作，电动机又正转使工作台前进，这样可一直循环下去。

SB_1 为停止按钮，SB_2 与 SB_3 为不同方向的复合启动按钮。之所以用复合按钮，是为了满足改变工作台方向时，不按停止按钮可直接操作。限位开关 ST_2 与 ST_4 安装在极限位置，当由于某种故障，工作台到达 ST_1（或 ST_2）位置时，未能切断 KM_2（或 KM_3）时，工作台将继续移动到极限位置，压下 ST_3（或 ST_4），此时最终把控制回路断开，因此 ST_3、ST_4 起到极限限位保护作用。

上述这种用行程开关按照机床运动部件的位置或机件的位置变化所进行的控制，称作按行程原则的自动控制，或称行程控制。行程控制是机床和生产自动线应用最为广泛的控制方式之一。

8.3 电动机制动控制线路

8.3.1 能耗制动控制线路

能耗制动是在三相异步电动机要停车时切除三相电源的同时，把定子绕组接通直流电源，在转速为零时切除直流电源。

控制线路就是为了实现上述的过程而设计的，这种制动方法，实质上是把转子原来储存的机械能转变成电能，又消耗在转子的制动上，所以称作能耗制动。

图 8-11(a)是主电路，图 8-11(b)是用复合按钮实现能耗制动的控制线路，图 8-11(c)是用复合按钮与时间继电器实现能耗制动的控制线路。图中整流装置由变压器和整流元件组成，KM_2 为制动用接触器，KT 为时间继电器。图 8-11(b)所示为一种手动控制的简单能耗制动线路，要停车时按下 SB_1 按钮，到制动结束放开按钮。图 8-11(c)可实现自动控制，简化了操作，其控制线路工作过程如下。

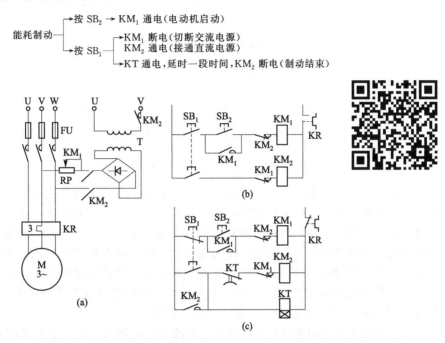

图 8-11　能耗制动控制线路

制动作用的强弱与通入直流电流的大小和电动机转速有关，在同样的转速下电流越大制动作用越强，一般取直流为电动机空载电流的 3～4 倍，过大会使定子过热。图 8-11(a)所示的直流电源中串接的可调电阻 RP，可调节制动电流的大小。

8.3.2　反接制动控制线路

反接制动实质上是改变异步电动机定子绕组中的三相电源相序，产生与转子转动方向相反的转矩，因而起制动作用。反接制动过程为：当想要停车时，首先将三相电源切换，然后当电动机转速接近零时，再将三相电源切除。控制线路就是要实现这一过程。

图 8-12(a) 为主电路，图 8-12(b)、(c) 都为反接制动的控制线路。我们知道电动机在正方向运行时，如果把电源反接，电动机转速将由正转急速下降到零。如果反接电源不及时切除，则电动机又要从零速反向启动运行。所以我们必须在电动机制动到零速时，将反接电源切断，电动机才能真正停下来。控制线路是用速度继电器来"判断"电动机的停与转的。电动机与速度继电器的转子是同轴连接在一起的，电动机转动时，速度继电器的动合触点闭合，电动机停止时动合触点打开。

线路图 8-12（b）工作过程如下。

按 $SB_2 \rightarrow KM_1$ 通电（电动机正转运行）$\rightarrow$ BV 的动合触点闭合。

按 $SB_1 \rightarrow$ 　$\rightarrow KM_1$ 断电
　　　　　$\rightarrow KM_2$ 通电（开始制动）$\rightarrow n \approx 0$, BV 复位 $\rightarrow KM_2$ 断电（制动结束）

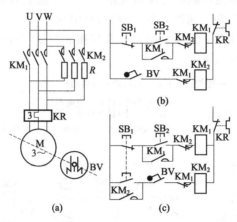

图 8-12　反向制动控制线路

线路图 8-12（b）有这样一个问题：在停车期间，如为调整工作，需要用手转动机床主轴时，速度继电器的转子也将随着转动，其动合触点闭合，接触器 KM_2 得电动作，电动机接通电源发生制动作用，不利于调整工作。线路图 8-12（c）所示的 X62W 铣床主轴电动机的反接制动线路解决了这个问题。控制线路中停车按钮使用了复合按钮 SB_1，并在其动合触点上并联了 KM_2 的动合触点，使 KM_2 能自锁。自锁后需用手转动电机、BV 的动合触点闭合，但只要不按停车按钮 SB_1，KM_2 不会得电，电动机也就不会反接于电源，只有操作停止按钮 SB_1 时，KM_2 才能得电，制动线路才能接通。

因电动机反接制动电流很大，故在主回路中串电阻 R，可防止制动时电动机绕组过热。反接制动时，旋转磁场的相对速度很大，定子电流也很大，因此制动效果显著。但在制动过程中有冲击，对传动部件有害，能量消耗较大，故用于不太经常启制动的设备，如铣床、镗床、中型车床主轴的制动。

能耗制动与反接制动相比较，具有制动准确、平稳、能量消耗小等优点，但制动力较弱，特别是在低速时尤为突出。另外它还需要直充电源，故适用于要求制动准确、平稳的场合，如磨床、龙门刨床及组合机床的主轴定位等。但这两种方法在机床中都有较广泛的应用。

8.4　点动控制和联动控制线路

8.4.1　点动控制线路

机床在正常加工时需要连续不断工作，即所谓长动。所谓点动，即按按钮时电动机转动工作，手放开按钮时，电动机即停止工作。点动用于机床刀架、横梁、立柱的快速移动，机床的调整对刀等。图 8-13（a）所示为用按钮实现点动的控制线路；图 8-13（b）所示为用开关实现点动的控制线路；图 8-13（c）所示为用中间继电器实现点动的控制线路。长动与点动的主要区别是控制电器能否自锁。

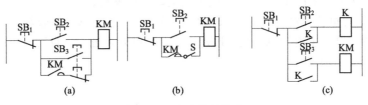

图 8-13　点动控制线路

8.4.2　联锁或互锁线路

(1) 联锁　在机床控制线路中，经常要求电动机有顺序地启动，如某些机床主轴必须在液压泵工作后才能工作，龙门刨床工作台移动时，导轨内必须有足够的润滑油；在铣床的主轴旋转后，工作台方可移动，都要求有联锁关系。如图 8-14 所示，接触器 KM_2 必须在接触器 KM_1 工作后才能工作，即保证了液压泵电动机工作后主电动机才能工作的要求。

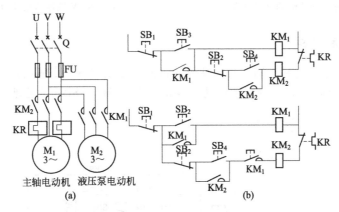

图 8-14　电动机的联锁

(2) 互锁　互锁实际上是一种联锁关系，之所以这样称呼，是为了强调触点之间的互锁作用。例如，常常有这种要求，两台电动机 M_1 和 M_2 不准同时接通，如图 8-15 所示，KM_1 动作后，它的动断触点将 KM_2 接触器的线圈断开，这样就抑制了 KM_2 再动作，反之也一样，此时，KM_1 和 KM_2 的两对动断触点，常称作"互锁"触点。

这种互锁关系在电动机正反转线路中，可保证正反向接触器 KM_1 和 KM_2 主触点不能同时闭合，以防止电源短路。在操作比较复杂的机床中，也常用操作手柄和行程开关形成联锁。下面以 X62W 铣床进给运动为例讲述这种联锁关系。

铣床工作台可做纵向（左右）、横向（前后）和垂直（上下）方向的进给运动。由纵向进给手柄操纵纵向运动，横向与垂直方向的运动由另一进给手柄操纵。铣床工作时，工作台的各向进给是不允许同时接通的，因此各方向的进给运动必须互相联锁。实际上，操纵进给的两个手柄都只能扳向一种操作位置，即接通一种进给，因此只要使两个操作手柄汊有同时起到操作的作用，就达到了联锁的目的。通常采取的电气联锁方案是：当两个手柄同时扳动时，就立即切断进给电路，可避免事故。

图 8-16 所示是有关进给运动的联锁控制线路。图中 KM_4、KM_5 是进给电动机正反转接触器。现假如纵向进给手柄已经扳动，则 ST_1 或 ST_2 已被压下，此时虽将下面一条支路（34-44-12）切断，但由于上面一条支路（34-19-12）仍接通，故 KM_4 或 KM_5 仍能得电。如

果再扳动横向垂直进给手柄而使 ST_3 或 ST_4 也动作，上面一条支路（34-19-12）也将被切断。因此接触器 KM_4 或 KM_5 将失电，使进给运动自动停止。

KM_3 是主电动机接触器，只有 KM_3 得电主轴旋转后，KM_3 动合辅助触点（4-34）闭合才能接通进给回路。主电动机停止，KM_3（4-34）打开，进给也自动停止。这种联锁可以防止工作或机床受到损伤。

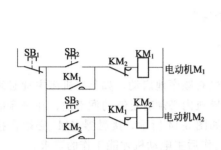

图 8-15　两台电动机的联锁控制

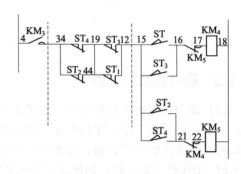

图 8-16　X62W 铣床进给运动的联锁控制线路

8.4.3　多点控制线路

为了达到两个地点同时控制一台电动机的目的，必须在另一个地点再装一组启动停止按钮，在图 8-17 中 SB_{11}、SB_{12} 为甲地启动、停止按钮，SB_{21}、SB_{22} 为乙地启动、停止按钮。

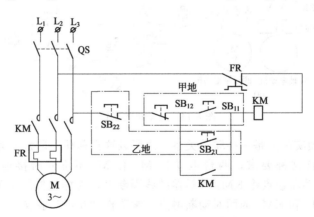

图 8-17　三相异步电动机多地控制原理图

8.4.4　工作循环自动控制

（1）正反向自动循环控制　许多机床的自动循环控制都是靠行程控制来完成的。某些机床的工作台要求正反向运动自动循环，图 8-18 所示为是龙门刨床工作台自动正反向控制线路，用行程开关 ST_1、ST_2 作主令信号进行自动转换。

线路工作过程如下：按启动按钮 SB_2，KM_1 得电，工作台前进，当达到预定行程后（可通过调整挡块位置来调整行程），挡块 1 压下 ST_1，ST_1 动断触点断开，切断接触器 KM_1，同时 ST_1 动合触点闭合，反向接触器 KM_2 得电，工作台反向运行。当反向到位时，挡块 2 压下 ST_2，工作台又转到正向运动，进行下一个循环。

行程开关 ST_3、ST_4 分别为正向、反向终端保护行程开关，以防 ST_1、ST_2 失灵时，工作台从床身上滑出。

（2）动力头的自动循环控制 图 8-19 所示为是动力头的行程控制线路，它也是由行程开关按行程来实现动力头的往复运动的。

此控制线路完成了这样一个工作循环，首先使动力头Ⅰ由位置 b 移到位置 a 停下，然后动力头Ⅱ由位置 c 移到位置 d 停住；接着使动力头Ⅰ和动力头Ⅱ同时退回原位停下。

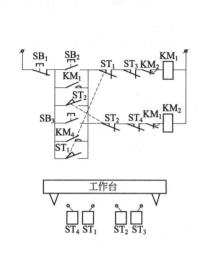

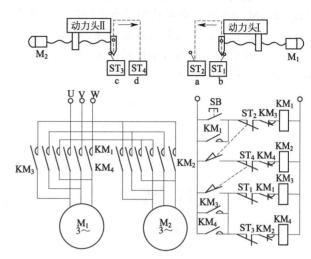

图 8-18　正反向运动的自动循环　　　　　　图 8-19　动力头行程控制线路

限位开关 ST_1、ST_2、ST_3、ST_4 分别装在床身的 a、b、c、d 处；电动机 M_1 带动动力头Ⅰ，电动机 M_2 带动动力头Ⅱ。动力头Ⅰ和Ⅱ在原位时分别压下 ST_1 和 ST_3。线路的工作过程如下。

按启动按钮 SB，接触器 KM_1 得电并自锁，使电动机 M_1 正转，动力头Ⅰ由原位 b 点向 a 点前进。当动力头到 a 点位置时，ST_2 限位开关被压下，结果使 KM_1 失电，动力头Ⅰ停止，同时使 KM_2 得电动作，电动机 M_2 正转，动力头Ⅱ由原位 c 点向 d 点前进。

当动力头Ⅱ到达 d 点时，ST_4 被压下，结果使 KM_2 失电，与此同时 KM_3 与 KM_4 得电动作并自锁，电动机 M_1 与 M_2 都反转。使动力头Ⅰ与Ⅱ都向原位退回，当退回到原位时，限位开关 ST_1、ST_3 分别被压下，使 KM_3 和 KM_4 失电，两个动力头都停在原位。

KM_3 和 KM_4 接触器的辅助动合触点，分别起自锁作用，这样能够保障动力头Ⅰ和Ⅱ都确实退到原位。如果只用一个接触器的触点自锁，那另一个动力头就可能出现没退回到原位，接触器就已失电。

8.5　电动机的调速控制

8.5.1　双速电动机高低速控制线路

双速电动机在机床中，如车床、铣床、镗床等都有较多应用。双速电动机是通过改变定子绕组的磁极对数来改变其转速的。如图 8-20 所示将出线端 D_1、D_2、D_3 接电源，D_4、D_5、D_6 端悬空，则绕组为三角形接法，每相绕组中两个线圈串联，成四个极，电动机为低速；当出线端 D_1、D_2、D_3 短接，而 D_4、D_5、D_6 接电源，则绕组为双星形，每相绕组中两个线圈并联，成两个极，电动机为高速。

图 8-20 所示为三种双速电动机高、低速控制线路，接触器 KM_L 动作为低速，KM_H 动作为高速。图 8-20(b) 用开关 S 实现高、低速控制；图 8-20(c) 用复合按钮 SB_2 和 SB_3 来实现高、低速控制。采用复合按钮联锁，可使高低速直接转换，而不必经过停止按钮。

图 8-20(d) 用开关 S 转换高低速。接触器 KM_L 动作，电动机为低速运行状态；接触器 KM_H 和 KM 动作时，电动机为高速运行状态。当开关 S 打到高速时，由时间继电器的两个触点首先接通低速，经延时后自动切换到高速，以便限制启动电流。

对功率较小的电动机可采用如图 8-20(a)、(b) 的控制方式，对较大容量的电动机可采用图 8-20(c) 的控制方式。

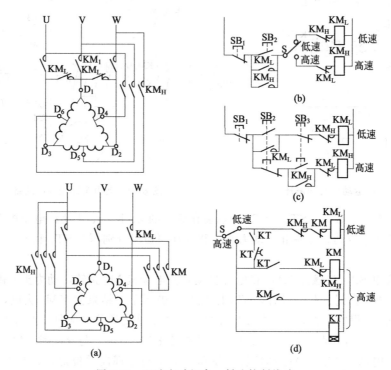

图 8-20　双速电动机高、低速控制线路

8.5.2　多速电动机的控制线路

(1) 变极对数的调速控制线路　工作原理：在图 8-21 中，合上电源开关 QS，按下低速启动按钮 SB_1，接触器 KM_1 线圈获电，联锁触点断开，自锁触点闭合，KM_1 主触点闭合，电动机定子绕组作 △ 连接，电动机低速运转。如需换为高速运转，可按下高速启动按钮 SB_2，接触器 KM_1 线圈断电释放，主触点断开，联锁触点闭合，同时接触器 KM_2 和 KM_3 线圈获电动作，主触点闭合，使电动机定子绕组接成双 Y 并联，电动机高速运转。因为电动机高速运转是由 KM_2、KM_3 两个接触器来控制的，所以把它们的常开触点串联起来作为自锁，只有两个触点都闭合，才允许工作。

(2) 时间继电器自动控制双速电动机的控制线路　工作原理：在图 8-22 中，当开关 SA 扳到中间位置时，电动机处于停止状态，如把开关扳到有"低速"的位置，接触器 KM_1 线圈获电动作，电动机定子绕组的 3 个出线端 1U、1V、1W 与电源连接，电动机定子绕组接成 △ 以低速运转。把开关扳到有"高速"的位置时，时间继电器 KT 线圈首先获电动作，使

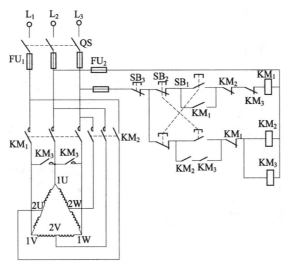

图 8-21　改变极对数的调速控制线路

电动机定子绕组接成△，首先以低速启动。经过一定的整定时间，时间继电器 KT 的常闭触点延时断开，接触器 KM$_1$ 线圈获电动作，紧接 KM$_3$ 接触器线圈也获电动作，使电动机定子绕组被接触器 KM$_2$、KM$_3$ 的主触点换接成双 Y 以高速运转。

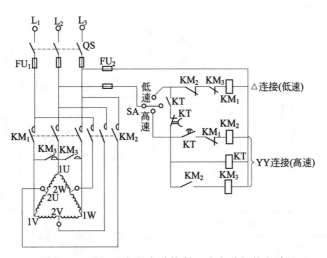

图 8-22　时间继电器自动控制双速电动机的电路

(3) 三速异步电动机的控制线路（如图 8-23 所示）　工作原理如下。

① 先合上电源开关，按下低速启动按钮 SB$_1$，接触器 KM$_1$ 线圈获电动作，电动机第一套定子绕组出线端 1U、1V、1W 连同 3U 与电源接通，电动机进入低速运转。

② 换接中速运转，先按下停止按钮 SB$_4$，使接触器 KM$_1$ 线圈断电，释放电动机定子绕组断电，然后按下中速按钮 SB$_2$ 使接触器 KM$_2$ 线圈获电动作，电动机第二套绕组 4U、4V、4W 与电源接通，电动机中速运转。

③ 再按下停止按钮 SB$_4$，使接触器 KM$_2$ 线圈断电释放，电动机定子绕组断电，再按高速启动按钮 SB$_3$，使接触器 KM$_3$ 线圈获电动作，电动机第一套定子绕组成为双 Y 接线方式，其出线端 2U、2V、2W 与电源接通，同时接触器 KM$_3$ 的另外三副常开触点将这套绕组的出线端 1U、1V、1W 和 3U 接通，电动机高速运转。

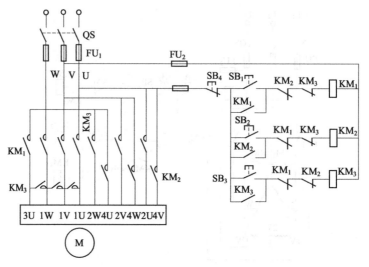

图 8-23 三速异步电动机的控制线路

（4）用时间继电器自动控制三速异步电动机的控制线路（如图 8-24 所示） 工作原理如下。

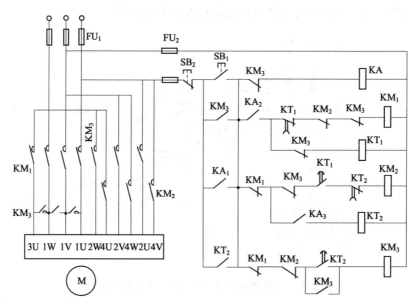

图 8-24 用时间继电器自动控制三速异步电动机的电路

① 先合上电源开关，按下启动按钮 SB_1，中间继电器 KA 线圈获电动作，其常开触点 KA_1 闭合自锁，其常开触点 KA_3 闭合为时间继电器 KT_2 获电作准备，而其常开触点 KA_2 闭合，使 KM_1 获电动作，电动机第一套定子绕组出线端 1U、1V、1W、3U 与电源接通，经过一定整定时间后，其常闭触点 KT_1 线圈延时断开，接触器 KM_1 线圈断电释放，电动机定子绕组断电。

② KT_1 常开触点延时闭合，接触器 KM_2 线圈获电动作，电动机另一套定子绕组出线端 4U、4V、4W 与电源接通，电动机中速运转。

③ 此时时间继电器 KT_2 线圈获电动作，经过一定整定时间后，其常闭触点延时断开，

接触器 KM_2 线圈断电释放，电动机定子绕组断电，而 KT_2 常开触点延时闭合，接触器 KM_3 线圈获电动作，其主触点闭合，电动机第一套定子绕组以双 Y 方式连接，其出线端 2U、2V、2W 与电源接通，同时接触器 KM_3 的另外 3 副常开触点将这套绕组的出线端 1U、1V、1W 与 3U 接通，电动机高速运转。

8.6　绕线转子异步电动机控制线路

8.6.1　绕线转子异步电动机的自动控制线路

绕线转子异步电动机的自动控制线路如图 8-25 所示。工作过程：按下启动按钮 SB_1，KM_1 线圈得电，常开触点闭合自锁，同时另一副常开触点闭合，KT_1 线圈得电，KT_1 的延时闭合触点闭合，KM_2 线圈获电，KM_2 的主触点闭合，切除电阻 R_1，KM_2 的常开辅助触点闭合，使 KT_2 线圈得电，KT_2 的延时闭合触点闭合，KM_3 线圈得电，KM_3 主触点闭合，电阻 R_2 切除。

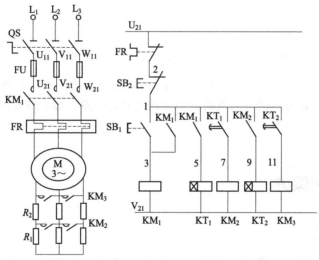

图 8-25　绕线转子异步电动机的自动控制线路

三相绕线转子异步电动机的优点是：可通过滑环在转子绕组上串接外加电阻达到减小启动电流的目的，启动矩大，而且可调速，在电力拖动中经常使用。

8.6.2　绕线转子异步电动机的正反转及调速控制线路

图 8-26 中凸轮控制器共有九对常开触点，其中四对触点用来控制电动机的正反转，另外五对触点与转子电路中所串的电阻相接，控制电动机的转速。凸轮控制的手轮除"0"位置外，其左右各有五个位置，当手轮处在各个位置时，各对触点接通。

(1) 正反转控制　手轮由"0"位置向右转到"1"位置时，由图可知，电动机 M 通入 U、V、W 的相序开始正转，启动电阻全部接入转子回路，如手轮反转，即由"0"位置向左转到"1"位置时，从图中可看出电源改变相序，电动机反转。

(2) 调速控制　当手轮处在左边"1"位置或右边"1"位置时，使电动机转动时，其电阻全部串入转子电路，这时转速最低，只要手轮继续向左或向右转到"2""3""4""5"位

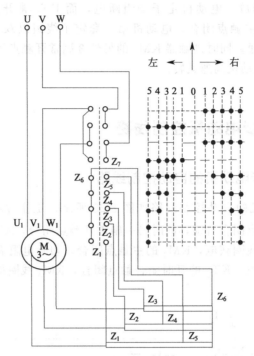

图 8-26 绕线转子电动机的正反转及调速控制线路

置，触点 Z_1-Z_6、Z_2-Z_6、Z_3-Z_6、Z_4-Z_6、Z_5-Z_6 依次闭合，随着触点的闭合，逐步切除电路中的电阻，每切除一部分电阻电动机的转速就相应升高一点，那么只要控制手轮的位置，就可控制电动机的转速。

8.7 电动机的保护

8.7.1 保护方式

(1) 短路保护 电动机绕组的绝缘、导线的绝缘损坏或线路发生故障时，会造成短路现象，产生短路电流并引起电气设备绝缘损坏和产生强大的电动力使电气设备损坏。因此在产生短路现象时，必须迅速地将电源切断，常用的短路保护元件有熔断器和自动开关。

① 熔断器保护 熔断器的熔体串联在被保护的电路中，当电路发生短路或严重过载时，它自动熔断，从而切断电路，达到保护的目的。

② 自动开关保护 自动开关又称自动空气熔断器，它有短路、过载和欠压保护，这种开关能在线路发生上述故障时快速地自动切断电源。它是低压配电重要保护元件之一，常作低压配电盘的总电源开关及电动机变压器的合闸开关。

通常熔断器比较适用于对动作准确度和自动化程度较差的系统中，如小容量的笼型电动机、一般的普通交流电源等。在发生短路时，很可能造成一相熔断器溶断，造成单相运行，但对于自动开关，只要发生短路就会自动跳闸，将三相同时切断。自动开关结构复杂，操作频率低，广泛用于要求较高的场合。

(2) 过载保护 电动机长期超载运行，电动机绕组温升超过其允许值，电动机的绝缘材料就会变脆，寿命减少，严重时使电动机损坏。过载电流越大，达到允许温升的时间就越短，常用的过载保护元件是热继电器。热继电器可以满足这样的要求，当电动机为额定电流时，电动机为额定温升，热继电器不动作，在过载电流较小时，热继电器要经过较长时间才动作，过载电流较大时，热继电器则经过较短的时间就会动作。

由于热惯性的原因，热继电器不会受电动机短时过载冲击电流或短路电流的影响而瞬时动作，所以在使用热继电器作过载保护的同时，还必须设有短路保护，并且选作短路保护的熔断器熔体的额定电流不应超过 4 倍热继电器发热元件的额定电流。

当电动机的工作环境温度和热继电器工作环境温度不同时，保护的可靠性就受到影响。现有一种用热敏电阻作为测量元件的热继电器，它可将热敏元件嵌在电动机绕组中，可更准确地测量电动机绕组的温升。

(3) 过电流保护　过电流保护广泛用于直流电动机或绕线转子异步电动机，对于三相笼型电动机，由于其短时过电流不会产生严重后果，故不采用过流保护而采用短路保护。

过电流往往是由不正确的启动和过大的负载转矩引起的，一般比短路电流要小，在电动机运行中产生过电流要比发生短路的可能性更大，尤其是在频繁正反转启制动的重复短时工作制的电动机中更是如此。直流电动机和绕线转子异步电动机线路中过电流继电器也起着短路保护的作用，一般过电流的强度值为启动电流的 2.2 倍左右。

(4) 零电压与欠电压保护　当电动机正在运行时，如果电源电压因某种原因消失，那么在电源电压恢复时，电动机就要自行启动，这就可能造成生产设备的损坏，甚至造成人身事故。对电网来说，同时有许多电动机及其他用电设备自行启动也会引起不允许的过电流及瞬间网络电压下降，为了防止电压恢复时电动机自行启动的保护叫零压保护。当电动机正常运转时，电源电压过分地降低将引起一些电器释放，造成控制线路不正常工作，可能产生事故；电源电压过分地降低也会引起电动机转速下降甚至停转。因此需要在电源电压降到一定允许值以下时将电源切断，这就是欠电压保护。

8.7.2　保护电路

一般常用磁式电压继电器实现欠压保护。如图 8-27 所示是电动机常用保护的接线图，主要元件的保护过程如下。

短路保护：熔断器 FU。

过载保护（热保护）：热继电器 KR。

过流保护：过流继电器 KA_1、KA_2。

零压保护：电压继电器 KZ。

低压保护：欠电压继电器 KV。

联锁保护：通过正向接触器 KM_1 与反向接触器 KM_2 的动断触点实现。电压继电器 KZ 起零压保护作用，在该线路中，当电源电压过低或消失时，电压继电器 KZ 就要释放，接触器 KM_1 或 KM_2 也马上释放，因为此时主令控制器 QC 不在零位（即 QC_0 未闭合），所以在电压恢复时，KZ 不会通电动作，接触器 KM_1 或 KM_2 就不能通电动作。若使电动机重新启动，必须先将主令开关 QC 打回零位，使触点 QC_0 闭合，KZ 通电并自锁，然后再将 QC 打向正向或反向位置，电动机才能启动。这样就通过 KZ 继电器实现了零压保护。

在许多机床中不是用控制开关操作，而是用按钮操作的。利用按钮的自动恢复作用和接触器的自锁作用，可不必另加设零压保护继电器了。如图 8-27 所示，当电源电压过低或断电时，接触器 KM 释放，此时接触器 KM 的主触点和辅助触点同时打开，使电动机切断电源并失去自锁。当电源恢复正常时，操作人员必须重新按下启动按钮 SB_2，才能使电动机启动。所以像这样带有自锁环节的电路本身已兼备了零压保护环节。

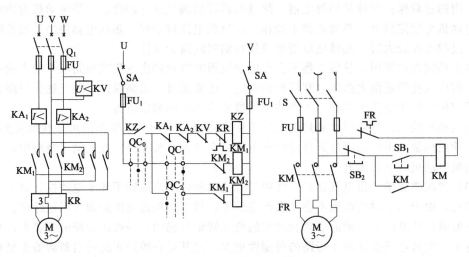

图 8-27 电动机常用保护接线图

第**9**章

直流电动机的控制

9.1 直流电动机的启动与制动控制线路

9.1.1 串励直流电动机的控制线路

图 9-1 所示为串励电动机串入电阻启动线路图,其控制过程如下。

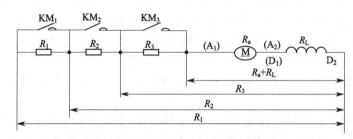

图 9-1　串励电动机串入电阻启动线路图

(1) 启动　串励电动机具有启动转矩大、启动时间短和可过载等优点。

图中 R_1、R_2、R_3 分别为三级启动电阻,KM_1、KM_2、KM_3 为三个接触器的主触点,用于短接 R_1、R_2、R_3 三个电阻,串励电动机串入三级启动电阻的过程是随着电动机转速的升高,逐级切除电阻 R_1、R_2、R_3。

(2) 制动　由于串励电动机的理想空载转速趋于无穷大,运行中不可能满足发电反馈制动的条件,因而无法发电反馈制动。

(3) 调速　串励电动机的调速方法有电枢回路串入电阻调速、改变电枢电压调速和改变励磁电流调速。

当调节分流电阻 R 时,可改变电动机磁电流,从而调节电动机的转速,R 越小,R 中的电流就越大,励磁绕组中电流越小,磁通就越小,电动机转速越高。

9.1.2 并励直流电动机的控制线路

(1) 反接制动控制线路(如图 9-2 所示)　并励直流电动机双向反接制动线路就是,当直流电动机在正向运转需要停止运行时,在切断直流电动机电源后,立即在直流电动机的电枢中通入反转的电流;而直流电动机在反向运转需要停止运行时,在切断直流电动机电源后,立即在直流电动机的电枢中通入正转的电流,从而达到使直流电动机在正、反转的情况下立即停车的目的。并励直流电动机双向反接制动控制线路原理图如下。

① 当合上电源总开关 QS 时,断电延时时间继电器 KT_1、KT_2,电流继电器 KA 通电

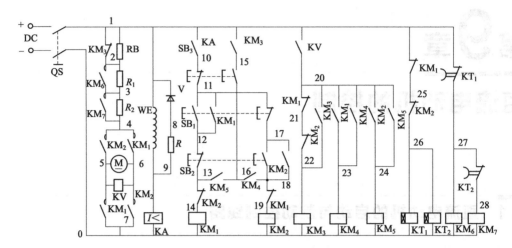

图 9-2 励磁反接制动控制线路

闭合；当按下正转启动按钮 SB_1 时，接触器 KM_1 通电闭合，直流电动机 M 串电阻 R_1、R_2 启动运转；经过一定时间，接触器 KM_6 闭合，切除串电阻 R_1，直流电动机 M 串电阻 R_2 继续启动运转；又经过一定时间，接触器 KM_7 通电闭合，切除串电阻 R_2，直流电动机全速全压运行，电压继电器 KV 闭合，继而接触器 KM_4 通电闭合，完成正转启动过程。

② 随着电动机转速的升高，反电势 E_a 也增大，当 E_a 达到定值后，电压继电器 KV 获电吸合，KV 常开触点闭合，使接触器 KM_3 线圈获电吸合，KM_3 的常开触点闭合，为反接制动作准备。

③ 停车制动时，按下停止按钮 SB_3，接触器 KM_1 线圈断电释放，电动机作惯性运转，反电势 E_a 仍很高，电压继电器 KV 的吸合，接触器 KM_3 线圈获电吸合，KM_3 常闭触点断开，使制动电阻 R 接入电枢回路，KM_3 的常开触点闭合，使接触器 KM_2 线圈获电吸合，电枢通入反向电流，产生制动转矩，电动机进行反接制动而迅速停转，待转速接近于零时，电压继电器 KV 线圈断电释放，KM_3 线圈断电释放，接着 KM_2 线圈也断电释放，反接制动结束。

（2）改变励磁电流进行调速控制　如图 9-3 所示。

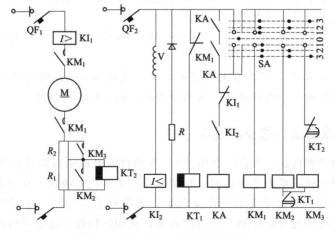

图 9-3 改变励磁电流进行调速控制

9.1.3 直流电动机的保护线路

(1) 过载保护 如果在运行过程中电枢电流超过了过载能力，应立即切断电源，过电流保护是靠电流继电器实现的，过电流继电器线圈串接在电动机主回路接触器线圈回路中，以获得过电流信号，其常闭触点串接在电动机主回路接触器的线圈回路中，当电动机过电流时，主回路接触器断电，使电动机脱离电源。

(2) 零励磁保护 当减弱直流电动机励磁时，电动机转速升高，如果运行时，励磁电路突然断电，转速将急剧上升，通常叫"飞车"，为防止"飞车"事故，在励磁电路中串入欠电流继电器，被叫做零励磁继电器，如图 9-4 所示。

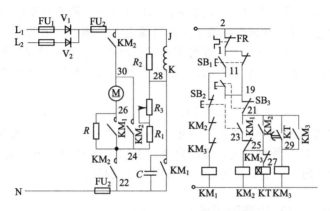

图 9-4 直流电动机的保护线路

9.2 电器控制自动调速系统

9.2.1 直流发电机-电动机系统

直流发电机-电动机系统又称为交磁放大调速系统或 G-M 调速系统，如图 9-5 所示。

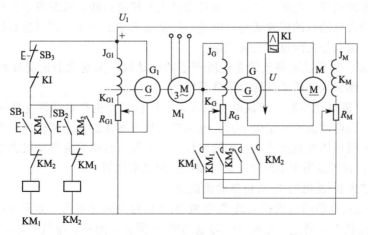

图 9-5 G-M 调速系统

工作原理如下。

(1) 励磁 先启动三相异步电动机 M_1，使励磁发电机 G_1 和直流发电机 G 旋转，励磁

开始发出直流电压 U_1，分别给 G-M 机提供励磁电压和控制电路电压。

(2) 启动 按下启动按钮 SB$_1$（SB$_2$），接触器 KM$_1$（或 KM$_2$）线圈获电吸合，其常开触点闭合，发电机 G 的励磁线圈 J$_G$-K$_G$ 便流过一定方向的电流，发电机开始励磁。因发电机的励磁绕组有较大的电感，故励磁电流上升较慢，电动势逐渐增大，直流电动机 M 的电枢电压 U 也是从零开始逐渐升高的，启动时，就可避免较大的启动电流冲击，所以启动时，在电枢回路中不需串入启动电阻，电动机 M 就可平滑正向启动。

(3) 调速

① R_M 和 R_G 分别是发电机 G 和电动机 M 的励磁绕组的调节电位器，启动前 R_M 调到零，R_G 调到最大，其目的是使直流电压 U 逐步上升，电动机 M 则从最低速逐步上升到额定转速。

② 当直流电动机需要调速时，可调节 R_G（阻值减小）使直流发电机的励磁电流增加，于是发电机发出的电压即电动机电枢绕组上的电源电压 U 增加，电动机转速 n 增加。

③ 若要电动机在额定转速以上进行调速，应先调节 R_G 使电动机电枢端电压 U 保持为额定值不变（即 R_G 不变），然后调节 R_M，若使阻值增大，则励磁电流减小，磁通也增大，所以转速升高。

(4) 停车制动 若要电动机停车，可按停止按钮 SB$_3$，接触器 KM$_1$（或 KM$_2$）线圈断电，发电机 G 的励磁绕组 J$_G$-K$_G$ 断电，发电机电动势消失，直流电动机 M 的电枢回路电压 U 消失，这时电动机 M 作惯性运转，而励磁绕组 J$_M$-K$_M$ 也仍有励磁电流，故这时电动机为发电机，电流开始反向，产生制动转矩，从而实现能耗制动。

9.2.2 电机扩大机的自动调速系统

(1) 电机扩大机的自动调速系统控制方式及供电方式 电机扩大机实质上由两台直流发电机串接组合在一起构成，其输入部件是它的励磁绕组，即控制绕组，由于扩大机电压放大倍数和功率放大倍数很大，故输入较小的控制信号，即可得到高电压、大功率的输出，是一个很好的放大器件。

① 电机扩大机自动控制系统控制方式

a. 开环控制：直流发电机-电动机调速系统中，励磁机给发电机励磁绕组供电，而发电机发出的电给电动机提供电源，再由电动机带动生产机械运转，这时发电机励磁绕组输入电流为输入量，直流电动机的转速就是输出量，控制输入量的大小，即可达到控制输出量的目的，而输出量与输入量之间没有任何关系。

b. 闭环控制：如果设法将负载变化所产生的电动机转速变化的情况反映到输入端，并进行适当调整，那么这种系统就称为闭环系统。

② 电机扩大机自动控制系统供电工作方式 电机扩大机在自动调速系统中可以有两种供电工作方式，当电动机的容量较小时，电机扩大机可直接给电动机供电，当电动机容量较大时，电机扩大机可作为直流发电机的励磁机，再由发电机给直流电动机供电。前者的实际应用如 YT520，后者多用于 B2012A 龙门刨床、螺纹磨床等。

(2) 电机扩大机-发电机-电动机自动调速系统

① 具有转速负反馈的电机扩大机-发电机-电动机自动调速系统 如图 9-6 所示。

a. 在机械连接上，测速发电机 TG 与电动机 M 同轴，测速发电机的输出电压 U_{TG} 与电动机的转速 n 成正比，U_0 为输入控制电压，U_{TG} 反极性同 U_C 在电位器 RP 上综合成为负反馈连接形式，两者的差值即为电机扩大机控制绕组的输入信号电压。

b. 系统在运行中，如对应于某一给定的控制电压为 U_{C1}，则此时电动机 M 的转速为

n_1，反馈电压相应为 U_{TG1}，电机扩大机控制绕组上的输入电压 $U_1 = U_{C1} - U_{TG1}$，系统稳定运行在一定转速上，当外界存在扰动时，电动机的转速就会受到影响而发生变化，但对这种具有转速负反馈的系统其影响是很小的。

c. 若负载转矩突然增加，则主回路电流随即增加，电流增加除使发电机端电压因内部压降的增加而降低外，电动机的电枢电压也会下降，而使 n_1 下降，同时 U_{TG1} 下降为 U_{TG2}，给定电压 U_{C1} 未变，则扩大机输入电压 $U_2 = U_{C1} - U_{TG2}$ 就增加，控制绕组流过较大的电流，其所增加电流将导致电机扩大机、发电机输出电压增加，所增加的电压就补偿了由于电枢电流增加而产生的电压降，而使电动机转速恢复 n_1。

d. 在启动开始瞬间，加入给定电压 U 后，电动机的转速不能突然上升，因为惯性关系，转速在瞬间仍然为零，显然反馈电压 $U_{TG} = 0$。此时，扩大机的输入电压为 U_C，要比正常运转的信号电压高得多，这样，电机扩大机就处于强励磁状态，直流发电机也将产生很高的电压，电动机在此高压作用下，迅速启动，时间短暂。在启动过程中，随着电动机转速的升高，U_{TG} 也随着增大，电机扩大机的输入电压逐渐减小，最后电动机稳定运行在给定电压对应转速上。

② 具有电压负反馈的自动调速系统　具有电压负反馈的自动调速，如图 9-7 所示。

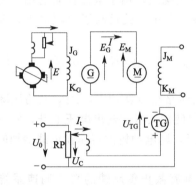

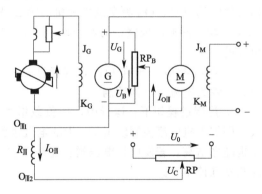

图 9-6　具有转速负反馈的电机
扩大机-发电机-电动机自动调速系统

图 9-7　具有电压负反馈的自动调速

a. 电动机的转速近似正比于其电枢端电压，因而用电动机端电压的变化来反映其转速的变化，从而以电压负反馈取代转速负反馈，具有电压负反馈的自动调速系统中，其中 U_0 为给定电压，RP_B 为调速电位器，RP 是为实现负反馈用电位器，输出电压（代表转速）同给定电压在 RP 上综合后，取其差值送往电机扩大机控制绕组Ⅲ中（图 9-7）。

b. 电压负反馈的形成过程：RP 并联在电枢两端，其上电压值近似与电动机转速成正比，上端为正、下端为负，它的负端接 $O_{Ⅲ1}$，即其电流流入 RP 的抽头，经 RP 后由 $O_{Ⅲ2}$ 流向 $O_{Ⅲ1}$ 而给定电压的极性，显然要使给定电流由 $O_{Ⅲ1}$ 流向 $O_{Ⅲ2}$，故两者极性相反，它们的电压在 RP 上综合后，取其差值送往控制绕组 $O_Ⅲ$ 中，这就形成了电压负反馈，控制绕组 $O_Ⅲ$ 中的电流 $I_{OⅢ}$ 便由给定电压 U_C 及反馈电压 U_B 差值决定，当控制绕组的阻值为 $R_Ⅲ$ 时，$I_{OⅢ} = (U_C - U_B)/R_Ⅲ$。

c. 电机扩大机作为调节放大元件，其输入的给定信号电压同负反馈信号电压（转速或电压负反馈）的综合方式有电差接法和磁差接法两种，如图 9-8 所示为磁差接法。

③ 具有电流正反馈的自动调速系统　电压负反馈虽然能改善系统的特性，但只能在一定限定内稳速，由于电压负反馈所取信号电压是发电机的端电压，故不能补偿发电机电枢绕组的电压降，而发电机的换向绕组、电动机的电枢绕组、换向绕组都处于反馈电阻 RP_B 之

外，取不到补偿信号，故采用电流正反馈来加以补偿，如图9-9所示。

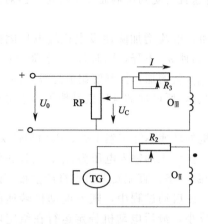

图9-8 信号电压的磁差接法

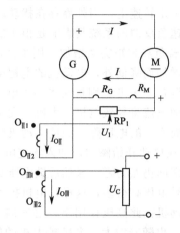

图9-9 具有电流正反馈的自动调速系统

a. 电路中RP_1为电流正反馈深度的调节电位器，R_G和R_M分别为发电机及电动机的换向极绕组的电阻，O_{II}为交磁扩大机的第2号低内阻控制绕组，用于电流控制之用，电阻器RP_1并联在两换向极绕组的两个端点上，RP_1上压降的大小，就反映了电枢电流，即负载电流的大小。

b. 电流经O_{II1}流向O_{II2}，其极性与控制电流I_{OIII}一致，而大小又正比于主回路的电流，故称为电流正反馈控制。

c. 控制过程如下：运行中，如负载增加时，电枢回路电流就加大，RP_1上的压降也增大，则扩大机电流控制绕组O_{II}中的电流也就增加，促使扩大机的输出电压上升，发电机电压也随之增高，若发电机电压增长能补偿主回路电压降，则电动机的转速在负载增加时，就能基本维持不变。

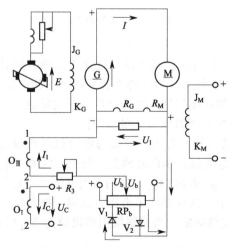

图9-10 具有电流截止负反馈的
自动调速系统

④ 具有电流截止负反馈的自动调速系统 当电动机负载突然增加得很大，甚至被堵转时，系统在两种反馈的作用下，主回路的电流能很快增长到危险程度，大的电流和产生的转矩，可能会使电机烧坏，为此电路中可采用具有电流截止负反馈的自动调速系统，如图9-10所示。

a. 在两换向极绕组上的压降U_1，反映主回路电流大小，电压U_1经二极管V_1和电位器上的电压U_b进行比较，当$U_1 < U_b$时二极管V_1承受反向电压不能导通，控制绕组中没有电流，当$U_1 > U_b$时，V_1承受正向电压而导通，电流从"+"端经二极管V_1和电位器抽头，再经控制绕组O_{III2}-O_{III1}回到"—"端，此电流产生的磁势与给定O_I中的电流产生磁势相反，起共磁作用，于是电机扩大机和发电机的电压下降，电动机转速下降。

b. 有了电流截止负反馈环节，就可使电动机在整个启动过程中，系统由电压负反馈、电流正反馈和电流截止负反馈同时起调节作用，电路一直处于最大允许电流之下运行，使系统在过渡过程安全的前提下，尽可能快速。

9.2.3　晶闸管-直流电动机调速

在直流电动机调速中，晶闸管-直流电动机调速电路占主导地位，且多数以单相桥式半控晶闸管整流方式进行调压调速，晶闸管-直流电动机调速电路框图及原理图如图 9-11 所示。

电路工作原理如下。

(1) 主电路　主电路采用了两个晶闸管和两个二极管组成的单相半控桥式全波整流电路，其工作过程是在交流电源的正半周时，一个晶闸管导通，在负半周时，另一个晶闸管导通，这样两个晶闸管轮流导通，就得到了全波整流的输出电压波形。

(2) 调节放大器及给定电压，电流正反馈电压，调节放大器及其输入信号电路

① 调节放大器　调节放大器由运算放大器（又称线性集成电路）BG305 组成，现有部标型号 F0000 系列及国标型号 CF0000 系列，引出端有 8 线、12 线及 16 线等，引出端的排列也有统一规定。

运算放大器是能够进行"运算"的放大器，其电路本身是一个多级放大器，用集成技术制作在一块芯片上而成，其开环放大倍数可达十万倍，应用不同的外围元件可组成比例运算、积分运算及微分运算。

BG305 的脚 11 及 5 分别接 $\pm 12V$ 电源，接在 6 脚、10 脚之间的 C_5 是为了防止产生振荡的防振电容，脚 4 串入 $100k\Omega$ 的 R_{15} 接 12V，脚 7 接地是 BG305 出厂的要求，脚 3 与 12 之间接入平衡电位器 RP_1，这是为了在输入信号为零时，调节 RP_1 使输出为零，脚 9 为输出端，即 1 为反相输入端，脚 2 为同相输入端，运算放大器由反相端输入正值电压时，输出为负值电压，由同相输入时，其输出极性与输入相同。

调节放大器 N_1 由反相端输入给定及电流正反馈信号电压，输入输出之间接反馈元件 R_{14}、C_4 及稳压管 V_{21} 组成比例放大，积分运算及输出钳位等电路。

比例放大器：由负反馈电阻 R_{14} 及信号源电阻之比决定了 N_1 的闭环放大倍数，而输出与输入电压成线性比例关系，将输入信号放大，此处 N_1 的闭环放大倍数在 15 倍左右。

积分运算：N_1 的输入端与输出端之间接有反馈 C_4，在稳定输入的情况下，电容 C_4 相当于开路而不起作用，当负载突然增加使电流正反馈信号加强时，由于电容两端电压不突变，故 N_1 的输出电压只能慢慢增长，这样，当调节放大器引入积分环节后，可加强系统的稳定性，避免系统的振荡。

输出钳位：为了限制运算放大器的输出电压，使它不超过一定数值，可采用多种输出限幅措施，由于电路仅输出正值电压，故采用了简单的单个稳压管钳位电路，使输出电压超过稳压管 V_{21} 稳压值时，V_{21} 击穿，形成了强烈的负反馈，使输出电压被抑止而基本维持在限幅值不变。

输入保护电路：硅二极管 V_{23}、V_{24} 作输入保护作用，当信号电压过大时，就经由二极管旁路对地，使输入信号电压限制在 0.7V 左右，因为两个二极管是反向并联的，故对正负输入信号电压都起保护作用。

调节放大器的输出端：输出端接有 $2.7k\Omega$ 的电阻，主要起限流作用，和下一级放大电路输入信号隔离，以免输出电压与电压负反馈电压之间的互相干扰。

② 给定电压和电流正反馈信号电压　给定电压由稳压电源经电位器 RP_4、RP_2 及 RP_3 分压后，再经输出滤波环节（R_{19}、C_7）及隔离电阻 R_{18} 送入调节放大器 BG305 反相输入端，R_{17}、C_7 使输入信号缓慢上升，以免高速启动时，引起过大的冲击，RP_4 是最高速调节电位器，RP_3 为最低速调节电位器，R_{18} 的作用是避免电流正反馈信号电压互相影响。

电流正反馈信号由回路中与分流器 R_{31} 并联的 RP_6 的抽头 b 点引出，经 R_{21}、C_6 滤波

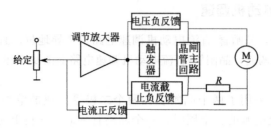

(a) 电路框图

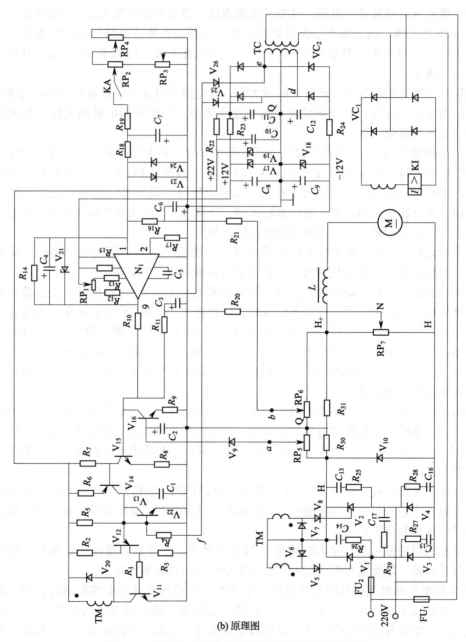

(b) 原理图

图 9-11 晶闸管-直流电动机调速电路框图及原理图

环节后，再经隔离电阻 R_{16}，送入 N_1 反相输入端，RP_6 可调节电流正反馈强度，滤波环节可使脉动的电流信号平稳，并可使电流突变信号成为缓慢变化的信号，避免引起过大的冲击，R_{16} 的作用与 R_{18} 相同。

（3）主放大器及电压负反馈，电流截止负反馈电路

① 主放大器　主放大器由 V_{14}、V_{15} 两个晶体管直接耦合组成，第一级为 NPN 管，后一级为 PNP 管，电源由 22V 供电，其输入信号电压由调节放大器的输出及电压负反馈的信号电压，经隔离电阻 R_{10}、R_{11} 后，并联输入到 V_{15} 的基极，经过放大，由集电极输入到 V_{14} 的基极。V_{14} 为 PNP 管，它的发射极接正电源，和 NPN 型的 V_{15} 可以直接耦合，V_{14} 的集电极与电容 C_1 串联，V_{14} 相当于一个可变电阻，不同的基极电压，其等效电阻不同，C_1 充电时间常数不同，从而可达到移相的目的，C_1 上的波形为周期可调的锯齿波。

② 电压负反馈电路　主回路与放大器的公用点相接为 Q，主回路负极性电压由电位器 RP_7 的 N 点引出经滤波环节 R_{20}、C_3 后，再经隔离电阻 R_{11}，与调节放大器的正值输出信号（经隔离电阻 R_{10}）同时输入到 V_{15} 的基极，由于两者极性相反，故构成了负反馈，电压负反馈可以补偿由于整流电源内阻造成的电压降的变化。

③ 电流截止负反馈　晶体管 V_{16} 作电流截止负反馈用。电流截止负反馈是保护环节，正常情况下 V_{16} 处于截止状态，当主电路中电流增大时，a 点的电位升高，使 V_9 导通，晶体管 V_{16} 对调节信号分流，可控整流器输出电压降低，主回路电流降到规定值。

（4）触发脉冲电路　触发脉冲电路如图 9-12 所示，触发装置包括同步电路、脉冲形成及脉冲放大等部分。

① 单结晶体管 V_{12} 及相应元件组成脉冲形成电路，电源经晶体管 V_{14} 对电容 C_1 充电，当充电到峰点时，V_{12} 导通，电容 C_1 放电，同时 V_{12} 输出脉冲通过 R_1 耦合到 V_{11} 的基极，脉冲经放大，由脉冲变压器输出足够功率及幅值的脉冲去触发晶闸管。脉冲变压器一次侧接有 V_{20}，二次侧接有 $V_5 \sim V_8$，V_6、V_7 用来旁路残留负脉冲，V_5、V_8 反向导通允许正脉冲通过，在同一时刻，只有一个晶闸管导通，两路脉冲去轮流触发晶闸管交替导通。

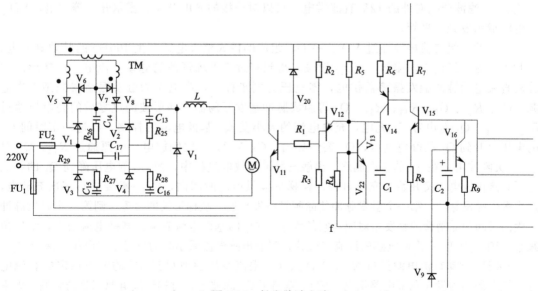

图 9-12　触发脉冲电路

② 同步电路　同步电路由 V_{13} 及相应的元件组成，V_{13} 并联在充电电容 C_1 两端上，其基极设有上下偏置电阻 R_4、R_5，没有信号输入时，晶体管 V_{13} 导通，可是基极还接有同步

电源，由控制变压器 TC 的二次侧经 V_{26} 全滤整流后的负端提供，当主回路电压为零时，此同步电压也过零点，晶体管 V_{13} 在上下偏置电阻 R_4、R_5 作用下导通，C_1 被短路，经过一定时间后，C_1 充电到单结晶体管 V_{12} 的峰点，从而输出一定相移的触发脉冲。

(5) 电动机失磁保护 电动机在启动时，要有一定的励磁电流，运行中如果没有励磁可能出现飞车，为此，电动机励磁回路中接入欠电流继电器 KI，励磁回路的电源同交流电源并接，只要电源合闸，励磁电流就存在，KI 吸合，系统控制电路才使电动机处于预备工作状态，这时才可能启动电动机，如果因任何情况使励磁电流低于一定数值，欠电流继电器 KI 释放，系统的控制电路便切断了可控整流输出，电动机断开。

9.2.4 开环直流电机调速器

如图 9-13 所示，这是一种直流开环调速电路，具有电枢电压补偿功能，可以补偿电源电压变化引起的转速变化，另外还具有启停控制输入，通过外接的光电开关、霍尔开关等控制电机的启停。

220V 交流电通过二极管 $VD_1 \sim VD_4$ 整流给磁场供电，由于电机的磁场线圈是电感性负载，电流为稳定的直流电，而交流侧为方波交流电流，电压为 100Hz 的半正弦波脉动直流电。

220V 交流电通过二极管 VD_5、VD_6 和晶闸管 Q_1、Q_2 组成的半控桥式整流电路整流给电枢供电，R_1、C_1、R_2、C_2 组成尖脉冲吸收电路，限制晶闸管的电压上升率。VD_{21} 为电枢电感的续流二极管。a、b 两点的触发脉冲信号经过 R_3、R_4 分别触发 Q_1、Q_2。VD_7 释放掉触发变压器二次侧的负脉冲，R_3、R_4 可以限制晶闸管的门极触发电流、减小两路触发电流大小差异，VD_8、VD_9 可以保证晶闸管的门极电流只有向内流的正电流，电容 C_3 可以滤掉触发信号中的尖脉冲干扰。R_5、R_6 对电枢电压分压取样，经过 R_7、C_4 滤波从 C_4 两端得到电枢电压取样信号，该电压经过 R_8、R_9 作为电枢电压对转速的补偿信号加到 R_{16} 的两端，给定速度信号电压串联，对电源电压引起的转速变化给予补偿，减少电源电压变化引起的转速变化。

220V 交流电经过 T_1 降压隔离产生两路低压控制电源。9V 的一组交流电源经过 VD_{19} 整流、C_8 滤波产生对外的 12V 直流供电，可以对外接的光电开关、霍尔开关等供电，VD_{20} 为电源指示发光二极管。

30V 的一组交流电源经过 $VD_{10} \sim VD_{13}$ 组成的桥式整流电路产生 100Hz 的脉动直流电。该脉动直流电经过 R_{10} 限流、VD_{17} 钳位，得到有过零的梯形波的脉动直流电。该梯形波的脉动直流电给脉冲触发振荡器供电，零电压为同步标志，高电压为触发振荡器振荡工作电源。Q_3、R_{12}、C_6、R_{13}、R_{14}、Q_4 等组成脉冲触发振荡器。梯形波的过零后的高电压通过 R_{13}、R_{14}、Q_4 对电容 C_6 充电，充电电流的大小受 Q_4 基极电流的控制，经过一定时间 C_6 的电压上升到 Q_3 的峰值电压，Q_3 突然导通，C_6 对 T_2 一次侧放电，电源通过 R_{12}、Q_3 对 T_2 一次侧放电，在 T_2 的二次侧感应出触发脉冲。放电过程中，当 C_6 的电压降到 Q_4 的谷点电压时停止放电，又开始了充电过程，在梯形波供电的时间内，C_6 一般要进行多次充放电，产生多个触发脉冲，第一个触发脉冲使晶闸管触发导通。从梯形波的过零点到第一个触发脉冲产生的时间与晶闸管的触发角对应，它的大小与 Q_4 的基极电流有关，基极电流增大，触发角减小。VD_7 为 T_2 一次侧电感的续流二极管，限制电感电流减小时的负感生高电压，保护 Q_1。

100Hz 脉动直流电源经过 R_{11}、VD_{18}、C_5 限流稳压滤波得到 8V 的电压稳定的直流电源，该电源给触发角调节电路供电。VD_{14} 隔离了 C_5 滤波电容对梯形波电源部分的影响，如果没有 VD_{14}，在过零期间，C_5 会通过 R_{11}、R_{10} 使梯形波的脉冲触发振荡器供电过零消失，失去了触发同步的过零信号。9V 稳定的电压经过电位器 W、R_{16}、R_{17}，产生可调的电压，通过 R_{16}、R_{17} 控制 Q_4 的基极电流、控制触发角。C_7 对该控制电压滤波，使触发角缓慢变化、电

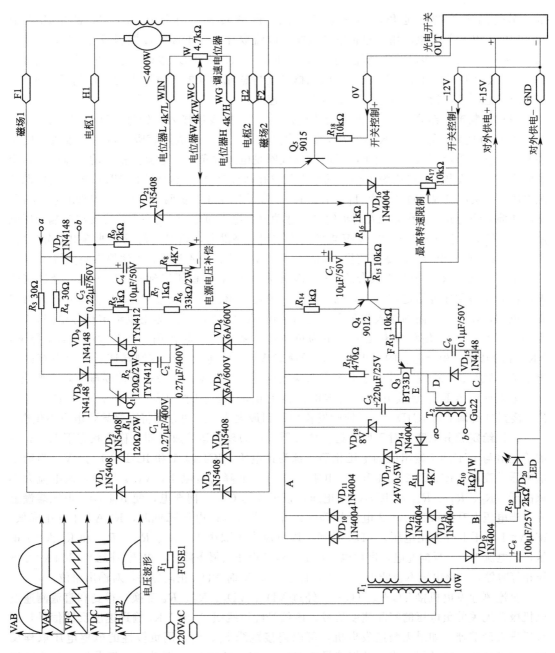

图 9-13　400W 直流电机调速器

枢电压缓慢变化、转速缓慢变化。另外电枢电压的取样信号加到了 R_{16} 的两端，当电枢电压降低时，Q_4 基极电压降低、基极电流加大、触发角减小、电枢电压升高，补偿了因电源电压降低引起的电枢转速下降。R_{17} 限制了 Q_4 基极电压的最小值、限制了最小触发角、限制了电枢的最高转速。Q_5 可以控制电枢电压的启停，当外部控制使控制端低电压时，Q_5 饱和导通，使 C_4 短路放电、Q_4 基极电压上升、发射结电压接近为 0V，Q_3 不会产生触发脉冲，电机停转。

9.2.5　闭环直流调速器

电路原理图如图 9-14 所示。380V 两相工频交流电经过半控桥式整流模块整流给电枢供电，调整晶闸管的导通角，调整电枢电压、调整转速。两个 $0.05\Omega/5W$ 的电阻组成 $0.025\Omega/10W$ 的等效电阻用于电枢电流取样，电流取样信号正极经过控制板的 CN5♯4、跳线 S_8 接入，电流取样信号负极经过控制板的电枢正 A、跳线 S1 接地。电枢电压接控制板的 A、H，板上的 $R_1 \sim R_4$、$C_1 \sim C_4$ 吸收电枢整流桥整流元件的尖脉冲干扰。控制板的 M＋、M－外接电压表，指示电枢电压、指示电枢转速。

(1) 控制电路部分 380V 两相交流电从 U、W 接线端接入，经过 VD_1、VD_2、VD_3、VD_4 整流为直流电经过 J、K 接线端为磁场供电，R_5、C_5 组成阻容吸收网络，吸收过电压尖脉冲，保护整流二极管。由于电机的磁场线圈是电感性负载，电流为稳定的直流电，而交流侧为方波交流电流，电压为 100Hz 的半正弦波脉动直流电。压敏电阻 ZNR 吸收来自电源的过电压。该交流电源经过变压器 T_1 降压、REC_1 整流产生正、负两组 100Hz 的脉动直流电源，正电源部分经过 R_{30} 后作为触发同步信号。脉动直流电经过电容 $C_{18} \sim C_{23}$ 滤波和三端稳压电路 IC_1、IC_2，产生了＋15V 和－15V 电源，为控制电路供电，VCC 为触发脉冲输出部分供电。二极管 VD_{11} 防止电容 C_{18} 滤波使作为同步信号的脉动直流电不过零，无法提供同步信号。

由于继电器 RE_1 平时是吸合的，＋15V 电源经过 VZ_1 稳压得到＋10V 电源，经过调速电位器分压得到速度给定信号，高电压对应高速度，给定信号经过 R_{17}、C_{10} 滤波进入给定积分电路，使积分电路的输入为缓慢变化值。IC4A、IC4B、C_{16} 等组成给定积分电路，C_{16} 为积分电容，VD_{15} 使积分电路输出不为负电压，减速时不起作用。在升速时 VD_{16} 导通，VR_5 控制升速时积分电容的充电电流，降速时 VD_{17} 导通，VR_6 控制降速时积分电容的放电电流，VR_5、VR_7 分别控制了升速和降速时的速度变化率，一般是升速要慢、降速要快。

如果继电器 RE_1 是放开的，给定电位器无供电，给定值为零。另一方面＋15V 通过 R_{24} 接到电流调节器 IC4D♯13，使触发移相达到最大值。这两方面将直接导致电枢不供电。

(2) 给定积分电路 对于所有运算放大器均视为理想运算放大器，稳定状态下 IC4A♯2 的给定值与 IC4B♯7 输出值的电压相等，都为正电压，IC4A♯1 和 IC4B♯6 为 0V。当给定值电压升高时，IC4A♯2 电压升高，IC4A♯1 电压下降为负电压，VD_{16} 导通，该电流大小取决于 VR_5、R_{42}、R_{43} 和 IC4A♯1 电压，该电流为 C_{16} 正向充电，使 IC4B♯7 电压缓慢上升，当电压上升到和 IC4A♯2 电压相等时停止。当给定值电压降低时，IC4A♯2 电压降低，IC4A♯1 电压上升为正电压，VD_{17} 导通，该电流大小取决于 VR_6、R_{42}、R_{43} 和 IC4A♯1 电压，该电流为 C_{16} 反向充电，即放电，使 IC4B♯7 电压缓慢下降，当电压下降到和 IC4A♯2 电压相等时停止，该电压不会低于－0.7V，低于－0.7V 时 VD_{15} 正向导通，对输出钳位。

直流测速发电机接 TG＋、TG－，经过 VD_5、VD_6、R_7、R_8 变换，得到和直流测速发电机极性无关的负电压的实际速度信号，该信号经过跳线 S_2 向 VR_4 输送速度反馈信号，调节后进入调节器。如果无测速发电机，可以连接跳线 S_1、S_3，用负极性的电枢电压取样反馈。负极性的转速补偿、张力补偿信号 E4、－V，经过 VR_7 调节送入调节器。交流电流取样信号经过电流互感器接控制板的 CN6♯7♯8，再经过整流桥 REC_2 整流、跳线 S_7 接入。电流取样信号经过 VR_1 调节进入调节器，电流反馈信号为正反馈。

IC4C、C_{12}、VR_3 等构成比例积分调节器，输入信号有速度给定、速度反馈、速度补偿、电枢电压反馈、电流反馈。C_{12} 为积分电容、VR_4 调节比例系数，VZ_4 对调节器的正负输出限幅，输出－0.7～10V。如果有测速机，速度负反馈可以稳定电枢转速。如果没有测速机，可以接入电枢电压负反馈，可以通过稳定电枢电压而稳定电枢转速。转速补偿信号一般为张力检测信号，当两台电机需要同步运转时接入，例如两台电机通过滚筒输送带状物，一个拉出一个送入，要求两个滚筒之间的带状物匀速输送，而且时刻处于一定张紧力的张紧状态。如果两套驱动独立无联系，即使转速有极微小的误差，随着时间的推移，两者输送的长度会有误差，这会导致输送物拉得过紧或过松。如果有了张力检测的速度补偿信号，当张力过大时，略微减小拉出滚筒的转速或略微增大送入滚筒的转速，当张力过小时，略微增大拉出滚筒的转速或略微减小送入滚筒的转速，这样就既可以保证恒定的速度，又可以保证转过的距离同步。电流反馈为正反馈，当电机负载加大、电枢电流增加的，通过正反馈进一步加大电枢电压，使电机因负载加重引起的转速降低得到快速补偿。

(3) 比例积分电路　该电路的输入点 IC4C♯9 的输入信号有：给定值积分后的正电压、测速机或电枢电压取样的负电压、转速补偿负电压、电流反馈正电压。主要为检测给定转速与实际转速的误差。稳态时该输入电压接近于 0V，IC4C♯8 的输出电压为 C_{12} 的存储电荷的电压，为正电压。当实际转速由于某种原因低于给定速度时，IC4C♯8 的输出电压为误差电压引起的电流正向流过 VR_3 的电压和 C_{12} 放电得到的电压之和。当实际转速由于某种原因高于给定速度时，IC4C♯8 的输出电压为误差电压引起的电流流过 VR_3 的电压和 C_{12} 充电得到的电压之和，即输出值为输入误差的比例值与积分值之和，该电压为正值。VZ_4 对该输出值钳位，使该电压在 $-0.7 \sim 10V$ 之间变化，放大器不会饱和。IC4C♯8 的输出电压升高将降低转速，该电压降低将升高转速。调节 VR_3 的大小可以改变比例系数，提高调节性能。转速补偿、电枢电压取样和转速取样信号相似。电流信号反馈也相似，只是为正反馈。电枢电压取样和转速取样信号通过 VR_4 调节，可以设定最高转速。电流信号反馈通过 VR_1 调节，可以调节电流正反馈强度，过强会引起不稳定。稳定运转时一般有很小的正转速误差，即给定值略大于实际值，即速度调节器的输入电压为很小的正电压，这会使该调节器输出为负电压而工作在负限幅的钳位状态，通过 R_{29} 可以为输入提供负偏置电压，而使稳定状态时速度调节器的输入电压为负电压，不会工作在负限幅的钳位状态。C_{13} 用于滤掉高频，降低高频放大能力，提高稳定性。VD_8、VD_{10} 二极管可以使电流检测 IS 和速度调节器两者中电压较高信号起作用，即较低的速度控制信号起作用。

速度调节器输出与电流反馈信号经过 IC4D、C_{11}、R_{27} 等组成的电流比例积分调节器后，输出给触发电路提供控制电压。该调节器与速度调节器工作原理相似，输出高电压时电枢电压升高。该调节器的输入端 IC4D♯13 还有两个输入信号：一路通过 R_{24} 接继电器 RE_1，当停止时接线端子 C_1、C_2 外部断路，继电器断电，该路接 +15V 高电压，使电枢供电为 0V；另一路通过 S_5 或 S_6 接电流反馈信号，当过电流时，该路电压升高，使电枢供电下降，限制了最大电流。

(4) 同步触发电路　100Hz 的脉动半正弦波同步信号经过 R_{30} 后与经过 R_{21} 提供的负偏压分压后，使同步信号最低电压为负值，该信号与 0V 经过 IC3A 比较输出 ±15V 的窄脉冲同步信号，R_{21} 提供的负偏压可以使该脉冲宽度加宽。C_9 为锯齿波形成积分电容，用 ±15V 较高电压充电可以使电压在较小范围内下降均匀、接近直线。同步窄脉冲的高电压使 VZ_2 的阴极电压迅速上升至击穿电压 10V，同步窄脉冲过后，电容 C_9 经过 R_{18} 充电，VZ_2 的阴极电压按 30V 电源对 RC 充电规律从 +10V 向 -15V 下降，当下降至 -0.7V 时 VZ_2 导通，VZ_2 的阴极得到下降沿倾斜的锯齿波，该锯齿波同步通过 R_{20} 加到触发脉冲产生电路的 IC3B♯6，作为晶闸管触发的同步锯齿波信号。

触发脉冲形成电路由 IC3B、Q_1、T_2、T_3 等组成。锯齿波同步信号和控制电压经过 IC3B 比较形成上升沿时间随控制电压变化、下降沿相对于同步信号固定的 ±15V 的矩形波，经过 C_{15} 微分正负尖脉冲，正脉冲对应矩形波的上升沿，负脉冲对应矩形波的下降沿。正脉冲经过 Q_1 脉冲放大，触发脉冲变压器 T_2、T3 隔离变换，输出四路触发脉冲信号。VD_{13} 使触发脉冲进入 Q_1 的基极，防止 Q_1 发射结承受过高的反压。VD_{12} 为 C_{15} 提供反向充电通路，使 C_{15} 有双向电流。LD_2 为触发脉冲指示，导通角大亮度高。VD_{14} 为续流二极管，$VD_{18} \sim VD_{21}$ 使晶闸管门极只加正脉冲触发，$R_{44} \sim R_{47}$、$C_{24} \sim C_{27}$ 减少晶闸管门极的干扰脉冲。

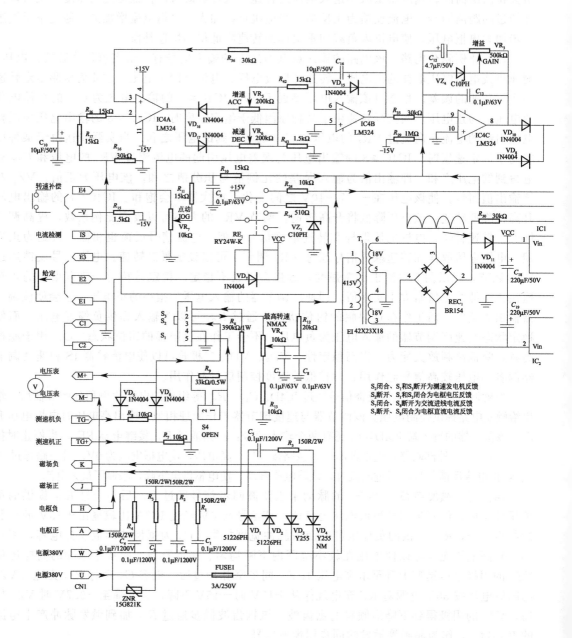

图 9-14 闭环直流

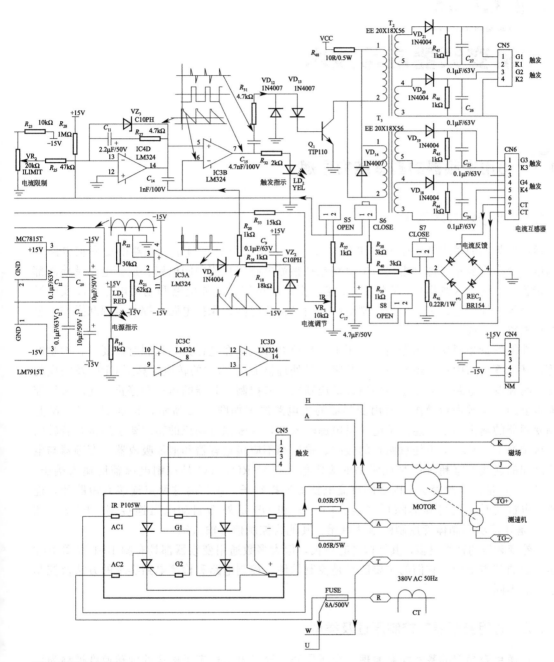

调速器电路原理图

第**10**章

电动机变频器应用技术

10.1 通用变频器的基本结构原理

10.1.1 变频器基本结构

通用变频器的基本结构原理图如图 10-1 所示。由图可见，通用变频器由功率主电路和控制电路及操作显示三部分组成，主电路包括整流电路、直流中间电路、逆变电路及检测部分的传感器（图中未画出）。直流中间电路包括限流电路、滤波电路和制动电路，以及电源再生电路等。控制电路主要由主控制电路、信号检测电路、保护电路、控制电源和操作、显示接口电路等组成。

高性能矢量型通用变频器由于采用了矢量控制方式，在进行矢量控制时需要进行大量的运算，其运算电路中往往还有一个以数字信号处理器 DSP 为主的转矩计算用 CPU 及相应的磁通检测和调节电路。应注意不要通过低压断路器来控制变频器的运行和停止，而应采用控制面板上的控制键进行操作。通用变频器的主电路原理如图 10-2 所示，符号 U、V、W 是通用变频器的输出端子，连接至电动机电源输入端，应根据电动机的转向要求连接，若转向不对可调换 U、V、W 中任意两相的接线。输出端不应接电容器和浪涌吸收器，变频器与电动机之间的连线不宜超过产品说明书的规定值。符号 RO、TO 是控制电源辅助输入端子。PI 和 P（＋）是连接改善功率因数的直流电抗器连接端子，出厂时这两点连接有短路片，连接直流电抗器时应先将其拆除再连接。P（＋）和 DB 是外部制动电阻连接端。P（＋）和 N（－）是外接功率晶体管控制的制动单元。其他为控制信号输入端。

虽然变频器的种类很多，其结构各有所长，但大多数通用变频器都具有图 10-1 和图 10-2 所示给出的基本结构，它们的主要区别是控制软件、控制电路和检测电路实现的方法及控制算法等的不同。

10.1.2 通用变频器的控制原理及类型

(1) 通用变频器的基本控制原理 众所周知，异步电动机定子磁场的旋转速度被称为异步电动机的同步转速。这是因为当转子的转速达到异步电动机的同步转速时其转子绕组将不再切割定子旋转磁场，因此转子绕组中不再产生感应电流，也不再产生转矩，所以异步电动机的转速总是小于其同步转速，而异步电动机也正是因此而得名的。

电压型变频器的特点是将直流电压源转换为交流电源，在电压型变频器中，整流电路产生逆变器所需要的直流电压，并通过直流中间电路的电容进行滤波后输出。整流电路和直流中间电路起直流电压源的作用，而电压源输出的直流电压在逆变器中被转换为具有所需频率

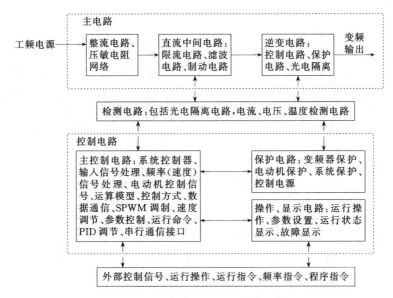

图 10-1　通用变频器的基本结构原理图

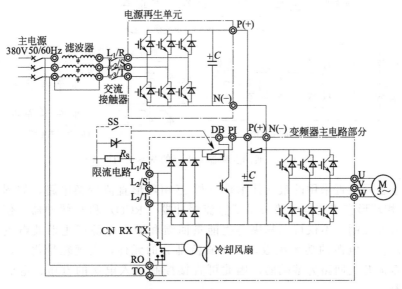

图 10-2　通用变频器的主电路原理

的交流电压。在电压型变频器中，由于能量回馈通路是直流中间电路的电容器，并使直流电压上升，因此需要设置专用直流单元控制电路，以利于能量回馈并防止换流元器件因电压过高而被破坏，有时还需要在电源侧设置交流电抗器抑制输入谐波电流的影响。从通用变频器主回路基本结构来看，大多数采用如图 10-3(a) 所示的结构，即由二极管整流器、直流中间电路与 PWM 逆变器三部分组成。

　　采用这种电路的通用变频器的成本较低，易于普及应用，但存在再生能量回馈和输入电源产生谐波电流的问题，如果需要将制动时的再生能量回馈给电源，并降低输入谐波电流，则采用如图 10-3(b) 所示的带 PWM 变换器的主电路，由于用 IGBT 代替二极管整流组成三相桥式电路，因此，可让输入电流变成正弦波，同时，功率因数也可以保持为 1。

　　这种 PWM 变换控制变频器不仅可降低谐波电流，而且还要将再生能量高效率地回馈

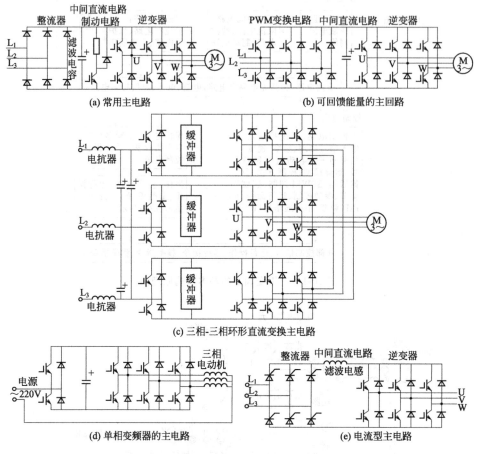

图 10-3 通用变频器主电路的基本结构形式

给电源。富士公司最近采用的最新技术是三相-三相环形直流变换电路，如图 10-3（c）所示。三相-三相环形直流变换电路采用了直流缓冲器（RCD）和 C 缓冲器，使输入电流与输出电压可分开控制，不仅可以解决再生能量回馈和输入电源产生谐波电流的问题，而且还可以提高输入电源的功率因数，减少直流部分的元件，实现轻量化。这种电路是以直流钳位式双向开关回路为基础的，因此可直接控制输入电源的电压、电流并可对输出电压进行控制。

另外，新型单相变频器的主电路如图 10-3（d）所示，该电路与原来的全控桥式 PWM 逆变器的功能相同，电源电流呈现正弦波，并可以进行电源再生回馈，具有高功率因数变换的优点。该电路将单相电源的一端接在变换器上下电桥的中点上，另一端接在被变频器驱动的三相异步电动机定子绕组的中点上，因此，是将单相电源电流当作三相异步电动机的零线电流提供给直流回路；其特点是可利用三相异步电动机上的漏抗代替开关用的电抗器，使电路实现低成本与小型化，这种电路也广泛适用于家用电器的变频电路。

电流型变频器的特点是将直流电流源转换为交流电源。其中整流电路给出直流电源，并通过直流中间电路的电抗器进行电流滤波后输出，整流电路和直流中间电路起电流源的作用，而电流源输出的直流电流在逆变器中被转换为具有所需频率的交流电源，并被分配给各输出相，然后提供给异步电动机。在电流型变频器中，异步电动机定子电压的控制是通过检测电压后对电流进行控制的方式实现的。对于电流型变频器来说，在异步电动机进行制动的过程中，可以通过将直流中间电路的电压反向的方式使整流电路变为逆变电路，并将负载的能量回馈给电源。由于在采用电流控制方式时可以将能量直接回馈给电源，而且在出现负载短路等情况时也容易处理，因此电流型控制方式多用于大容量变频器。

(2) 通用变频器的类型　通用变频器根据其性能、控制方式和用途的不同，习惯上可分为通用型、矢量型、多功能高性能型和专用型等。通用型是通用变频器的基本类型，具有通用变频器的基本特征，可用于各种场合；专用型又分为风机、水泵、空调专用通用变频器（HVAC），注塑机专用型，纺织机械专用机型等。随着通用变频器技术的发展，除专用型以外，其他类型间的差距会越来越小，专用型通用变频器会有较大发展。

① 风机、水泵、空调专用通用变频器：风机、水泵、空调专用通用变频器是一种以节能为主要目的的通用变频器，多采用 U/f 控制方式，与其他类型的通用变频器相比，主要在转矩控制性能方面是按降转矩负载特性设计的，零速时的启动转矩相比其他控制方式要小一些，几乎所有通用变频器生产厂商均生产这种机型。新型风机、水泵、空调专用通用变频器，除具备通用功能外，不同品牌、不同机型中还增加了一些新功能，如内置 PID 调节器功能、多台电动机循环启停功能、节能自寻优功能、防水锤效应功能、管路泄漏检测功能、管路阻塞检测功能、压力给定与反馈功能、惯量反馈功能、低频预警功能及节电模式选择功能等，应用时可根据实际需要选择具有上述不同功能的品牌、机型。在通用变频器中，这类变频器价格最低。特别需要说明的是，一些品牌的新型风机、水泵、空调专用通用变频器中采用了一些新的节能控制策略使新型节电模式节电效率大幅度提高，如台湾产 P168F 系列风机、水泵、空调专用通用变频器，比以前产品的节电更高，以 380V/37kW 风机为例，30Hz 时的运行电流只有 8.5A，而使用一般的通用变频器运行电流为 25A，可见所称的新型节电模式的电流降低了不少，因而节电效率有大幅度提高。

② 高性能矢量控制型通用变频器：高性能矢量控制型通用变频器采用矢量控制方式或直接转矩控制方式，并充分考虑了通用变频器应用过程中可能出现的各种需要，特殊功能还可以选件的形式供选择，以满足应用需要，在系统软件和硬件方面都做了相应的功能设置，其中重要的一个功能特性是零速时的启动转矩和过载能力，通常启动转矩在 150%～200% 范围内，甚至更高，过载能力可达 150% 以上，一般持续时间为 60s。这类通用变频器的特征是具有较硬的机械特性和动态性能，即通常说的挖土机性能。在使用通用变频器时，可以根据负载特性选择需要的功能，并对通用变频器的参数进行设定；有的品牌的新机型根据实际需要，将不同应用场合所需要的常用功能组合起来，以应用宏编码形式提供，用户不必对每项参数逐项设定，应用十分方便，如 ABB 系列通用变频器的应用宏、VACON CX 系列通用变频器的"五合一"应用等就充分体现了这一优点。也可以根据系统的需要选择一些选件满足系统的特殊需要，高性能矢量控制型通用变频器广泛应用于各类机械装置，如机床、塑料机械、生产线、传送带、升降机械以及电动车辆等对调速系统和功能有较高要求的场合，性能价格比较高，市场价格略高于风机、水泵、空调专用通用变频器。

③ 单相变频器：单相变频器主要用于输入为单相交流电源的三相电流电动机的场合。所谓的单相通用变频器是单相进、三相出，是单相交流 220V 输入，三相交流 220～230V 输出，与三相通用变频器的工作原理相同，但电路结构不同，即单相交流电源→整流滤波变换成直流电源→经逆变器再变换为三相交流调压调频电源→驱动三相交流异步电动机。目前单相变频器大多是采用智能功率模块（IPM）结构，将整流电路，逆变电路，逻辑控制、驱动和保护或电源电路等集成在一个模块内，使整机的元器件数量和体积大幅度减小，使整机的智能化水平和可靠性进一步提高。

10.2　变频器的电路应用

10.2.1　变频器的基本控制功能与电路

(1) 基本操作及控制电路

① 键盘操作　通过面板上的键盘来进行启动、停止、正转、反转、点动、复位等操作。如果变频器已经通过功能预置选择了键盘操作方式，则变频器在接通电源后，可以通过操作键盘来控制变频器的运行。键盘及基本接线电路如图 10-4 所示。

② 外接输入正转控制　如果变频器通过功能预置选择了"外接端子控制"方式，则其正转控制如图 10-5 所示。

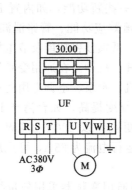

图 10-4　键盘及基本接线电路

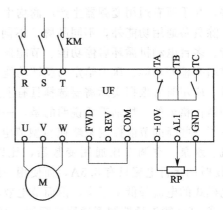

图 10-5　外接控制电路

首先应把正转输入控制端"FWD"和公共端"COM"相连，当变频器通过接触器 KM 接通电源后，变频器便处于运行状态。如果这时电位器 RP 并不处于"0"位，则电动机将开始启动升速。

一般来说，用这种方式来使电动机启动或停止是不适宜的，具体原因如下。

a. 容易出现误动作。变频器内，主电路的时间常数较短，故直流电压上升至稳定值也较快。而控制电源的时间常数较长，控制电路在电源未充电至正常电压之前，工作状态有可能出现紊乱。所以，不少变频器在说明书中明确规定：禁止用这种方法来启动电动机。

b. 电动机不能准确停机。变频器切断电源后，其逆变电路将立即"封锁"，输出电压为 0。因此，电动机将处于自由制动状态，而不能按预置的降速时间进行降速。

c. 容易对电源形成干扰。变频器在刚接通电源的瞬间，有较大的充电电流。如果经常用这种方式来启动电动机，将使电网经常受到冲击而形成干扰。

正确的控制方法如下。

● 接触器 KM 只起变频器接通电源的作用。

● 电动机的启动和停止通过由继电器 KA 控制的"FWD"和"COM"之间的通、断进行控制。

● KM 和 KA 之间应该有互锁：一方面，只有在 KM 动作，使变频器接通电源后，KA 才能动作；另一方面，只有在 KA 断开，电动机减速并停止后，KM 才能断开，切断变频器的电源。

具体电路如图 10-6 所示，其中，按钮开关 SB₁、SB₂ 用于控制接触器 KM，从而控制变频器的通电；按钮开关 SF 和 ST 用于控制继电器 KA，从而控制电动机的启动和停止。

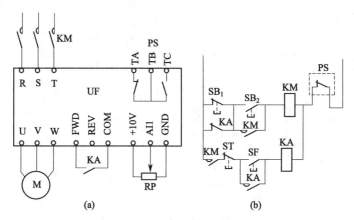

图 10-6　正确的外接正转控制

③ 外部控制时"STOP"键的功能　在进行外部控制时，键盘上的"STOP"键（停止键）是否有效，要根据用户的具体情况来决定，主要有以下几种情况。

a."STOP"键有效，有利于在紧急情况下的"紧急停机"。

b. 有的机械在运行过程中不允许随意停机，只能由现场操作人员进行停机控制。对于这种情况，应预置"STOP"键无效。

c. 许多变频器的"STOP"键常常和"RESET"（复位）键合用，而变频器在键盘上进行"复位"操作是比较方便的。

（2）电动机旋转方向的控制功能

① 旋转方向的选择　在变频器中，通过外接端子可以改变电动机的旋转方向，如图 10-7 所示；继电器 KA_1 接通时为正转，KA_2 接通时为反转。此外，通过功能预置，也可以改变电动机的旋转方向。

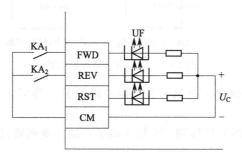

图 10-7　电动机的正、反转控制

因此，当 KA_1 闭合时，如果电动机的实际旋转方向反了，可以通过功能预置来更正旋转方向。

② 控制电路示例　如图 10-8 所示。按钮开关 SB_1、SB_2 用于控制接触器 KM，从而控制变频器接通或切断电源；按钮开关 SF 用于控制正转继电器 KA_1，从而控制电动机的正转运行；按钮开关 SR 用于控制反转继电器 KA_2，从而控制电动机的反转运行；按钮开关 ST 用于控制停机。

正转与反转运行只有在接触器 KM 已经动作、变频器已经通电的状态下才能进行。

与动断（常闭）按钮开关 SB_1 并联的 KA_1、KA_2 触点用于防止电动机在运行状态下通

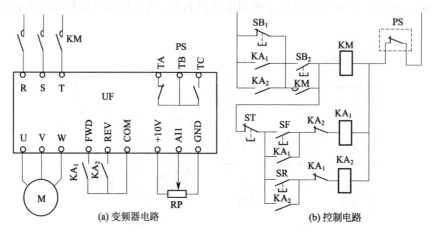

图 10-8　电动机正反转控制电路

过 KM 直接停机。

（3）其他控制功能

① 运行的自锁功能　和接触器控制电路类似，自锁控制电路如图 10-9（a）所示，当按下动合（常开）按钮 SF 时，电动机正转启动，由于 EF 端子的保持（自锁）作用，松开 SF 后，电动机的运行状态将能继续下去；当按下动断按钮 ST 时，EF 和 COM 之间的联系被切断，自锁解除，电动机将停止。

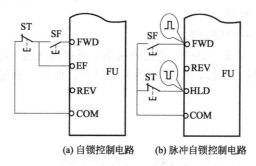

图 10-9　运行的自锁控制电路

图 10-9（b）为脉冲自锁控制电路，是自锁功能的另一种形式，其特点是可以接受脉冲信号进行控制。

由于自锁控制需要将控制线接到三个输入端子，故在变频器说明书中，常称为"三线控制"方式。

② 紧急停机功能　在明电 VT230S 系列变频器（日本）的输入端子中，配置了专用的紧急停机端子"EMS"，由功能码 C00-3 预置其工作方式，各数据码的含义如下：1—闭合时动作；2—断开时动作。

③ 操作的切换功能　在安川 G7 系列变频器（日本）中，键盘操作和外接操作可以通过 MENU 键十分方便地进行切换。在功能码 b1-07 中，各数据码的含义如下：0—不能切换；1—可以切换。

10.2.2　起重机械专用变频器电路

近年来，不少变频器生产厂推出了专门针对起升机械的起重机械专用变频器，使起升机构的变频调速问题更加方便和可靠，这里以日本三菱公司生产的 FR-241E 系列变频器为例进行介绍。

FR-241E 系列变频器控制起升机构的基本控制电路如图 10-10 所示。

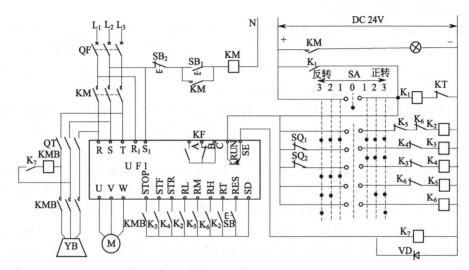

图 10-10　FR-241E 系列变频器的控制电路

(1) 变频器各输入端子的功能

①"STOP"键　当控制制动电磁铁通电的接触器 KMB 得电并吸合时，"STOP"与"SD"之间闭合，变频器的运行状态将被自锁（保持原状态，并非停止）。这是因为，在主令开关 SA 换挡过程中，各控制信号将可能出现瞬间的断开状态，变频器的自锁功能可以避免其运行状态受到控制信号瞬间切断的影响。反之，当接触器 KMB 失电并断开后，自锁功能也随之结束。

②"STF""STR"键　正、反转控制，由继电器 K_3 与 K_4 进行控制。

③"RL""RM""RH"键　由主令控制器 SA 通过继电器 K_2、K_5、K_6 进行多挡转速控制，升速与降速都只有 3 挡减速（也可以通过 PLC 进行更多挡调速）。

④"RT"键　第 2 加、减速控制端，它与低速挡端子"RL"同受继电器 K_2 的控制，以设定低速挡的升、降速时间。

⑤"RES"复位端　用于变频器出现故障并修复后的复位。

(2) 变频器各输出端子的功能

①"RUN"键　当变频器预置为升降机运行模式时，其功能为：变频器从停止转为运行机制，其输出频率到达由功能码"Pr.85"预置的频率时，内部的晶体管导通，从而使继电器 K_7 得电并吸合→接触器 KMB 得电并吸合→制动电磁铁得电并开始释放；变频器从运行转为停止，其输出频率到达由功能码"Pr.89"预置的频率时，内部的晶体管截止，从而使继电器 K_7 失电，接触器 KMB 失电，制动电磁铁失电并开始抱紧。

②继电器 K_1 的作用　当变频器运行时，继电器 K_1 吸合并自锁。当 SA 的手柄转到"0"位时，继电器 K_7 并不立即失电，继续接受变频器"RUN"端的控制。

10.2.3　车床变频调速系统电路

(1) 变频器的容量　考虑到车床在低速车削毛坯时，常常出现较大的过载现象，且过载时间有可能超过 1min，因此，变频器的容量应比正常的配用电动机容量加大一挡。上述实例中的电动机容量是 2.2kW，故选择：

变频器容量 $S_N = 6.9\text{kV} \cdot \text{A}$（配用 $P_{MN} = 3.7\text{kW}$ 的电动机）

额定电流 $I_N = 9\text{A}$

(2) 变频器控制方式的选择

① U/f 控制方式。车床只在车削毛坯时，负荷大小有较大变化，在以后的车削过程中，负荷的变化通常很小。因此，就切削精度而言，选择 U/f 控制方式是能够满足要求的。但在低速切削时，需要预置较大的 U/f，在负载较轻的情况下，电动机的磁路常处于饱和状态，励磁电流较大。因此，从节能的角度看，并不理想。

② 无反馈矢量控制方式。新系列变频器在无反馈矢量控制方式下，已经能够做到在 0.5Hz 时稳定运行，所以完全可以满足普通车床主拖动系统的要求。由于无反馈矢量控制方式能够克服 U/f 控制方式的缺点，故可以说是一种最佳选择。

③ 有反馈矢量控制方式。有反馈矢量控制方式虽然是运行性能最为完善的一种控制方式，但由于需要增加编码器等转速反馈环节，增加了费用，而且对编码器的安装也比较麻烦，所以，除非该车床对加工精度有特殊需要，一般没有必要选择此种控制方式。

目前国产变频器大多只有 U/f 控制功能，但在价格和售后服务等方面较有优势，可以作为首选对象；大部分进口变频器的矢量控制功能都是既可以无反馈、也可以有反馈，也有的变频器只配置了无反馈控制方式，如日本日立公司生产的 SJ300 系列变频器。如采用无反馈矢量控制方式，则进行选择时需要注意其能够稳定运行的最低频率（部分变频器在无反馈矢量控制方式下实际稳定运行的最低频率为 5～6Hz）。

(3) 变频器的频率给定 变频器的频率给定方式有多种，可根据具体情况进行选择。

① 无级调速频率给定 从调速的角度看，采用无级调速方案不但增加了转速的选择性，而且电路也比较简便，是一种理想的方案。它既可以直接通过变频器的面板进行调速，也可以通过外接电位器调速，如图 10-11 所示。

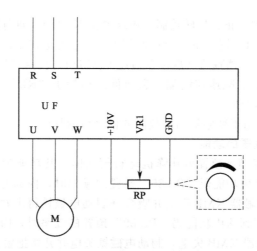

图 10-11 无级调速频率给定

② 分段调速频率给定 由于车床原有的调速装置是由一个手柄旋转 9 个位置（包括 0 位）控制 4 个电磁离合器来进行调速的，为了防止在改造后操作员一时难以掌握，用户要求调节转速的操作方法不变，故采用电阻分压式给定方法，如图 10-12 所示。图中，各挡电阻值的大小应计算得使各挡的转速与改造前相同。

③ 配合 PLC 的分段调速频率给定 如果车床由于需要进行较为复杂的程序控制而应用

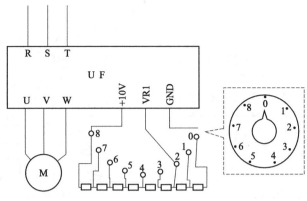

图 10-12　分段调速频率给定

了可编程序控制器（PLC），则分段调速频率给定可通过 PLC 结合变频器的多挡转速功能来实现，如图 10-13 所示。图中，转速挡由按钮开关（或触摸开关）来选择，通过 PLC 控制变频器的外接输入端于 X1、X2、X3 的不同组合，得到 8 挡转速。电动机的正转、反转和停止分别由按钮开关 SF、SR、ST 进行控制。

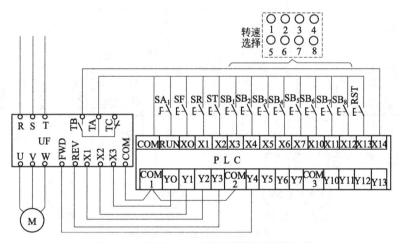

图 10-13　通过 PLC 进行分段调速频率给定

（4）变频调速系统的控制电路　以采用外接电位器调速为例，控制电路如图 10-14 所示。其中，接触器 KM 用于接通变频器的电源，由 SB$_1$ 和 SB$_2$ 控制；继电器 KA$_1$ 用于正转，由 SF 和 ST 控制；KA$_2$ 用于反转，由 SR 和 ST 控制。正转和反转只有在变频器接通电源后才能进行；变频器只有在正、反转都不工作时才能切断电源。由于车床要有点动环节，故在电路中增加了点动控制按钮 SJ 和继电器 KA$_3$。

10.2.4　龙门刨床控制电路

（1）主电路的电路分析　龙门刨床的主电路如图 10-15 所示，其电路工作过程如下所述。

① 刨台往复电动机（MM）　由变频器 UF$_1$ 控制，变频器的通电和断电由空气断路器 Q$_1$ 和接触器 KM$_1$ 控制；刨台前进和后退的转速大小分别由电位器 RP$_1$ 和 RP$_2$ 控制，正、反转及点动（刨台步进和步退）则由 PLC 控制。

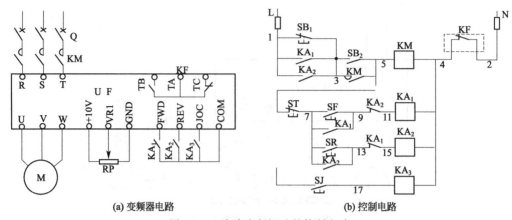

(a) 变频器电路 (b) 控制电路

图 10-14 车床变频调速的控制电路

② 垂直刀架电动机（MV） 由变频器 UF_3 控制，变频器的通电和断电由空气断路器 Q_3 和接触器 KM_3 控制；转速大小直接由电位器控制，正、反转及点动（刀架的快速移动）则由 PLC 控制。

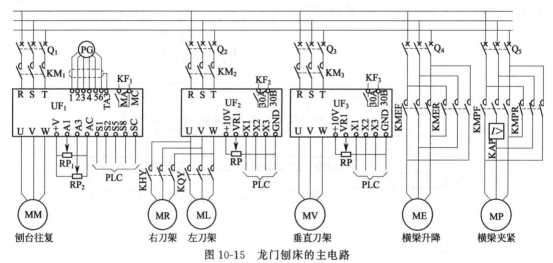

图 10-15 龙门刨床的主电路

③ 左、右刀架电动机（ML 和 MR） 由同一台变频器 UF_2 控制，变频器的通电和断电由空气断路器 Q_2 和接触器 KM_2 控制；与垂直刀架电动机一样，其转速大小直接由电位器控制，正、反转及点动（刀架的快速移动）则由 PLC 控制。

④ 横梁升降电动机（ME）和横梁夹紧电动机（MP） 由于横梁的移动不需要调速，因此并不通过变频器来控制，但其工作过程也由 PLC 控制。

(2) 控制电路 所有的控制动作都由 PLC 完成，其框图如图 10-16 所示。

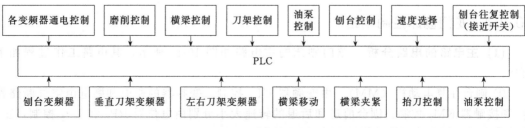

图 10-16 PLC 控制图

① PLC 的输入信号

a. 各变频器通电控制信号：各变频器的通电和断电按钮；刀架电动机的方向选择开关；变频器的故障信号。

b. 磨头的控制信号：来自于左、右磨头的运行和停止按钮。

c. 横梁控制信号：横梁上升和下降按钮；横梁放松完毕时的行程开关；横梁夹紧后的电流继电器；横梁上下的限位开关。

d. 刀架快移信号：来自各刀架的快速移动按钮；刀架和自动进刀将在刨台往复运动中自动完成，不再有专门的信号。

e. 泵控制信号：油泵工作的旋钮开关；油泵异常的信号。

f. 刨台的手动控制信号：刨台的步进和步退按钮；刨台的前进和后退按钮（用于控制刨台往复运行的按钮）；刨台的停止按钮。

g. 急停按钮：也叫"紧急停机"按钮，用于处理紧急事故。刨床在工作过程中，发生异常情况，必须停机时，按此按钮。

② PLC 的输出信号

a. 到各变频器的控制信号：控制信号的电源由各变频器自行提供，故外部不再提供电源。

b. 控制各变频器的接触器信号：包括各变频器的通电接触器、通电指示灯及变频器发生故障时的故障指示灯。

c. 横梁控制接触器：包括横梁上升、横梁下降、横梁夹紧和横梁放松用接触器。

d. 抬刀控制继电器：即控制抬刀用继电器。

e. 油泵继电器：即控制油泵用继电器。

③ 接触器控制电路　PLC 内部继电器触点的容量较小，当使用于交流 220V 电路中时，其触点容量为 80V·A，最大允许电流为 360mA。

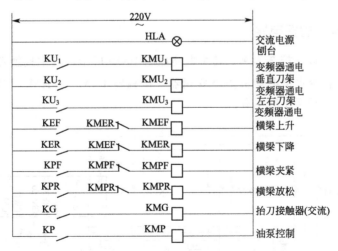

图 10-17　龙门刨床的接触器控制电路

另一方面，触点电流较大的接触器的线圈电流为 100～500mA，并且在刚开始吸合时，还有较大的冲击电流。因此，PLC 不常用来直接控制较大容量的接触器，而是通过中间继电器来过渡，如图 10-17 所示的电路中，KU_1、KU_2、KU_3、KEF、KER、KPF、KPR、KG、KP 等都是过渡用的中间继电器，它们接受 PLC 内门电路继电器的控制，然后控制各对应的接触器。

10.2.5　风机变频调速电路

燃烧炉鼓风机的变频调速控制电路如图 10-18 所示。图中，按钮开关 SB_1 和 SB_2 用于控制接触器 KM，从而控制变频器的通电与断电。

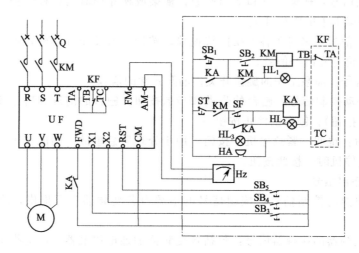

图 10-18　燃烧炉鼓风机的变频调速控制电路

SF 和 ST 用于控制继电器 KA，从而控制变频器的运行与停止。

KM 和 KA 之间具有联锁关系：一方面，KM 未接通之前，KA 不能通电；另一方面，KA 未断开时，KM 也不能断电。

SB_3 为升速按钮；SB_4 为降速按钮；SB_5 为复位按钮；HL_1 是变频器通电指示；HL_2 是变频器运行指示；HL_3 和 HA 是变频器发生故障时的声光报警；Hz 是频率指示。

10.2.6　变频器一控多电路

（1）主电路析　以 1 控 3 为例，其主电路如图 10-19 所示，其中接触器 $1KM_2$、$2KM_2$、$3KM_2$ 分别用于将各台水泵电动机接至变频器，接触器 $1KM_3$、$2KM_3$、$3KM_3$ 分别用于将各台水泵电动机直接接至工频电源。

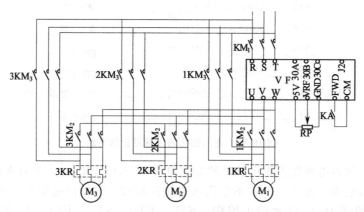

图 10-19　1 控 3 主电路

（2）控制电路　一般来说，在多台水泵供水系统中，应用 PLC 进行控制是十分灵活且方便的。但近年来，由于变频器在恒压供水领域的广泛应用，各变频器制造厂纷纷推出了具有内置"1 控 X"功能的新系列变频器，简化了控制系统，提高了可靠性和通用性。

现以国产的森兰 B12S 系列变频器为例，说明其配置及使用方法如下。

森兰 B12S 系列变频器在进行多台切换控制时，需要附加一块继电器扩展板，以便控制线圈电压为交流 220V 的接触器，具体接线方法如图 10-20 所示。

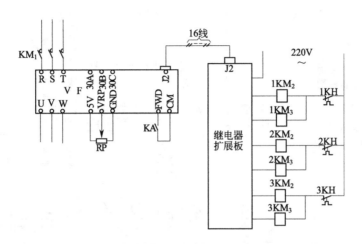

图 10-20　1 控多的扩展控制电路

在进行功能预置时，要设定如下功能：
① 电动机台数（功能码：F53）。本例中，预置为"3"（1 控 3 模式）。
② 启动顺序（功能码：F54）。本例中，预置为"0"（1 号机首先启动）。
③ 附属电动机（功能码：F55）。本例中，预置为"0"（无附属电动机）。
④ 换机间隙时间（功能码：F56）。如前述，预置为 100ms。
⑤ 切换频率上限（功能码：F57）。通常，以 49～50Hz 为宜。
⑥ 切换频率下限（功能码：F58）。在多数情况下，以 30～50Hz 为宜。

只要预置准确，在运行过程中，就可以自动完成上述切换过程了。可见，采用变频器内置的切换功能后，切换控制变得十分方便了。

10.3　常用变频器的接线

10.3.1　欧姆龙 3G3RV-ZV1 变频器的接线

欧姆龙 3G3RV-ZV1 变频器与外围设备相互接线，如图 10-21 所示。当变频器只用数字式操作器运行时，只要接上主回路线，电动机即可运行。

10.3.2　欧姆龙 3G3RV-ZV1 变频器控制回路端子的排列

(1)欧姆龙 3G3RV-ZV1 控制回路端子的排列　如图 10-22 所示。
(2)控制回路端子排的构成
① 0.4kW 端子的配置如图 10-23 所示。

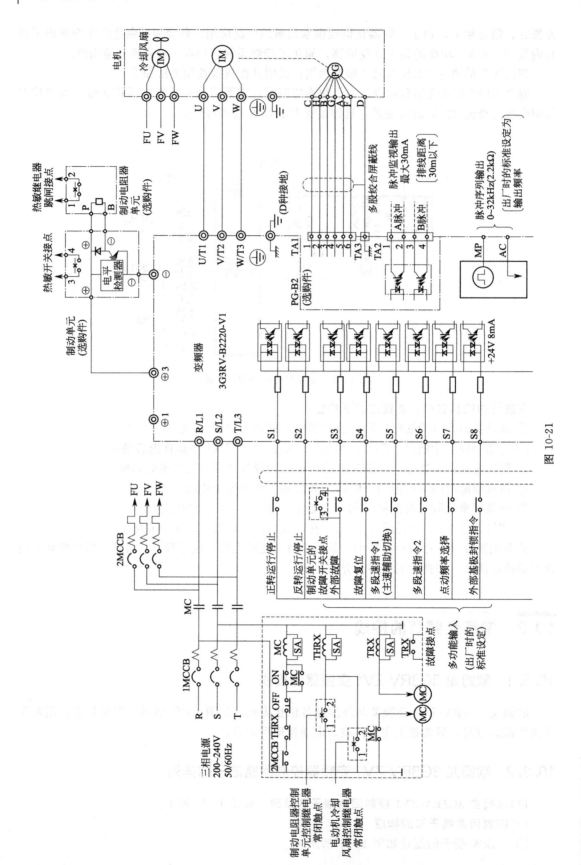

图 10-21

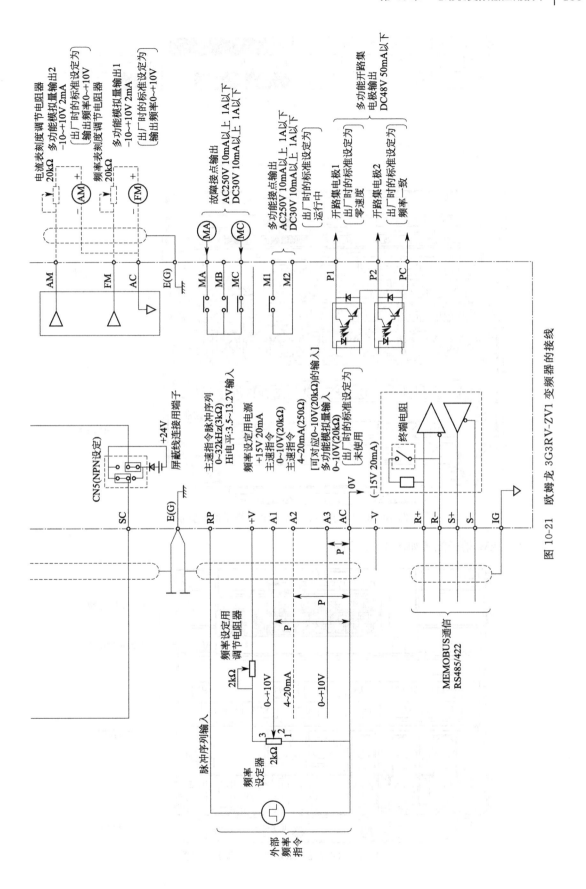

图 10-21　欧姆龙 3G3RV-ZV1 变频器的接线

E(G)	FM	AC	AM	P1	P2	PC	SC
	SC	A1	A2	A3	+V	AC	-V
S1	S2	S3	S4	S5	S6	S7	S8

MP

RP	R+	R-	S+	S-
				IG

MA	MB	MC
M1		M2	E(G)

图 10-22 控制回路端子的排列

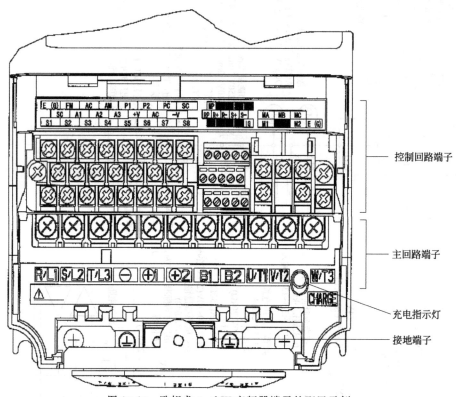

图 10-23 欧姆龙 0.4kW 变频器端子的配置示例

② 22kW 端子配置如图 10-24 所示。

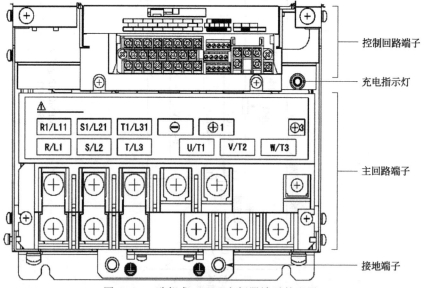

图 10-24 欧姆龙 22kW 变频器端子的配置

10.3.3　欧姆龙 3G3RV-ZV1 变频器主回路端子的接线

(1)变频器电线尺寸　变频器在实际安装中导线尺寸的正确选择非常重要,所以在安装变频器的过程中必须按照规定选取导线的截面积,同时按照规定的紧固力矩固定好接线端子。下面就以欧姆龙 3G3RV-ZV1 变频器为例对主回路导线的尺寸选择进行介绍。

① 200V 级变频器电线尺寸,见表 10-1。

表 10-1　200V 级变频器电线尺寸

变频器的型号 3G3RV-□	端子符号	端子螺钉	紧固力矩/N·m	可选择的电线尺寸/mm²	推荐电线尺寸/mm²(AWG)	电线的种类
A2004-V1	R/L1、S/L2、⊖、⊕1、⊕2、B1、B2、U/T1、V/T2、W/T3	M4	12～15	2～55	2(14)	
A2007-V1	R/L1、S/L2、⊖、⊕1、⊕2、B1、B2、U/T1、V/T2、W/T3	M4	12～15	2～55	2(14)	
A2015-V1	R/L1、S/L2、⊖、⊕1、⊕2、B1、B2、U/T1、V/T2、W/T3	M4	12～15	2～55	2(14)	
A2022-V1	R/L1、S/L2、⊖、⊕1、⊕2、B1、B2、U/T1、V/T2、W/T3	M4	12～15	2～55	2(14)	
A2037-V1	R/L1、S/L2、⊖、⊕1、⊕2、B1、B2、U/T1、V/T2、W/T3	M4	12～15	3.5～55	3.5(12)	
A2055-V1	R/L1、S/L2、⊖、⊕1、⊕2、B1、B2、U/T1、V/T2、W/T3	M4	12～15	5.5	3.5(10)	
A2075-V1	R/L1、S/L2、⊖、⊕1、⊕2、B1、B2、U/T1、V/T2、W/T3	M5	2.5	8～14	8(8)	供电用电缆
A2110-V1	R/L1、S/L2、⊖、⊕1、⊕2、B1、B2、U/T1、V/T2、W/T3	M5	2.5	14～22	14(6)	
A2150-V1	R/L1、S/L2、⊖、⊕1、⊕2、U/T1、V/T2、W/T3	M6	4.0～5.0	30～38	30(4)	
	B1、B2	M5	2.5	8～14	—	
		M6	4.0～5.0	22	22(4)	
A2185-V1	R/L1、S/L2、⊖、⊕1、⊕2、U/T1、V/T2、W/T3	M8	9.0～10.0	30～38	30(3)	
	B1、B2	M5	2.5	8～14	—	
		M6	4.0～5.0	22	22(4)	
A2370-V1	R/L1、S/L2、T/L3、⊖、⊕1、U/T1、V/T2、W/T3、R1/L11、S1/L21、T1/L31	M10	17.6～22.5	60～100	60(2.0)	
	⊕3	M8	8.8～10.8	5.5～55	—	
	⊕	M10	17.6～22.5	30～60	30(2)	
	R/T1、R/T2	M4	1.3～1.4	0.5～5.5	1.25(16)	
B2450-V1	R/L1、S/L2、T/L3、⊖、⊕1、U/T1、V/T2、W/T3、R1/L11、S1/L21、T1/L31	M10	17.6～22.5	80～100	80(3.0)	
	⊕3	M8	8.8～10.8	5.5～55	—	
	⊕	M10	17.6～22.5	38～60	38(1)	
	R/T1、R/T2	M4	1.3～1.4	0.5～5.5	1.25(16)	

续表

变频器的型号 3G3RV-□	端子符号	端子螺钉	紧固力矩/N·m	可选择的电线尺寸/mm²	推荐电线尺寸/mm²(AWG)	电线的种类
B2550-V1	R/L1、S/L2、T/L3、⊖、⊕1	M10	17.6～22.5	50～100	50×2P (1.0×2P)	供电用电缆
	U/T1、V/T2、W/T3、R1/L11、S1/L21、T1/L31	M10	17.6～22.5	100	100(4.0)	
	⊕3	M8	8.8～10.8	5.5～60	—	
	⊕	M10	17.6～22.5	30～40	50(1.0)	
	R/T1、R/T2	M4	1.3～1.4	0.5～5.5	1.25(16)	
B2750-V1	⊖、+1	M12	31.4～39.2	80～125	80×2P (3.0×2P)	
	R/L1、S/L2、T/L3、U/T1、V/T2、W/T3、R1/L11、S1/L21、T1/L31	M10	17.6～22.5	80～100	80×2P (3.0×2P)	
	⊕3	M8	8.8～10.8	5.5～60	—	
	⊕	M12	31.4～39.2	100～200	100(3.0)	
	R/T1、R/T2	M4	1.3～1.4	0.5～5.5	1.25(16)	

② 400V 级变频器电线尺寸，见表 10-2。

表 10-2 400V 级变频器电线尺寸

变频器的型号 3G3RV-□	端子符号	端子螺钉	紧固力矩/N·m	可选择的电线尺寸/mm²	推荐电线尺寸/mm²(AWG)	电线的种类
A4004-ZV1	R/L1、S/L2、T/L3、⊖、⊕1、⊕2、B1、B2、U/T1、V/T2、W/T3	M4	1.2～1.5	2～55	2(14)	供电用电缆、600V 乙烯电线等
A4007-ZV1	R/L1、S/L2、T/L3、⊖、⊕1、⊕2、B1、B2、U/T1、V/T2、W/T3	M4	1.2～1.5	2～55	2(14)	
A4015-ZV1	R/L1、S/L2、T/L3、⊖、⊕1、⊕2、B1、B2、U/T1、V/T2、W/T3	M4	1.2～1.5	2～55	2(14)	
A4022-ZV1	R/L1、S/L2、T/L3、⊖、⊕1、⊕2、B1、B2、U/T1、V/T2、W/T3	M4	1.2～1.5	2～55	2(14)	
A4037-ZV1	R/L1、S/L2、T/L3、⊖、⊕1、⊕2、B1、B2、U/T1、V/T2、W/T3	M4	1.2～1.5	2～55	2(14)	
A4055-ZV1	R/L1、S/L2、T/L3、⊖、⊕1、⊕2、B1、B2、U/T1、V/T2、W/T3	M4	1.2～1.5	3.5～5.5	3.5(12)	
A4075-ZV1				2～5.5	2(14)	
	R/L1、S/L2、T/L3、⊖、⊕1、⊕2、B1、B2、U/T1、V/T2、W/T3	M4	1.8	5.5(10)	5.5(10)	
				3.5～5.5	3.5(12)	
A4110-ZV1	R/L1、S/L2、T/L3、⊖、⊕1、⊕2、B1、B2、U/T1、V/T2、W/T3	M5	2.5	5.5	8(8)	
					5.5(10)	
A4150-ZV1	R/L1、S/L2、T/L3、⊖、⊕1、⊕2、B1、B2、U/T1、V/T2、W/T3	M5	2.5	8～14	8(8)	
		M5 (M6)	2.5 (4.0～5.0)	5.5～14	5.5(10)	

续表

变频器的型号 3G3RV-□	端子符号	端子螺钉	紧固力矩 /N·m	可选择的电线尺寸/mm²	推荐电线尺寸 /mm²(AWG)	电线的种类
A4185-ZV1	R/L1、S/L2、T/L3、⊖、⊕1、⊕2、U/T1、V/T2、W/T3	M6	1.2～1.5	2～55	2(14)	供电用电缆、600V 乙烯电线等
	B1、B2	M5	2.5	8	8(8)	
		M6	4.0～5.0	8～22	8(8)	
B4220-ZV1	R/L1、S/L2、T/L3、⊖、⊕1、⊕3、B1、B2、U/T11、V/T21、W/T31	M6	4.0～5.0	14～22	14(6)	
		M8	9.0～10.0	14～38	14(6)	
B4300-ZV1	R/L1、S/L2、T/L3、⊖、⊕1、⊕3、B1、B2、U/T11、V/T21、W/T31	M6	4.0～5.0	22	22(4)	
		M8	9.0～10.0	22～38	22(4)	
B4370-ZV1	R/L1、S/L2、T/L3、⊖、⊕1、B1、B2、U/T11、V/T21、W/T31	M8	9.0～10.0	22～60	38(2)	
	⊕3	M6	4.0～5.0	8-22	—	
		M8	9.0～10.0	22～38	22(4)	
B4450-ZV1	R/L1、S/L2、T/L3、⊖、⊕1、B1、B2、U/T11、V/T21、W/T31	M8	9.0～10.0	22～60	38(2)	
	⊕3	M6	4.0～5.0	8～22	—	
		M8	9.0～10.0	22～38	22(4)	

(2) 欧姆龙 3G3RV 变频器主回路端子的功能　主回路端子按符号区分的功能，见表 10-3。

表 10-3　主回路端子的功能（200/400V）

用途	使用端子	型号 3G3RV-□	
		200V 级	400V 级
主回路电源输入用	R/L1、S/L2、T/L3	A2004-VI-B211K-V1	A4004-ZVI-B430K-ZV1
	R1/L11、S1/L21、T1/L31	A2220-VI-B211K-V1	A4220-ZVI-B430K-ZV1
变频器输出用	U/T1、V/T2、W/T3	A2004-VI-B211K-V1	A4004-ZVI-B430K-ZV1
直流电源输入用	⊕1、⊖	A2004-VI-B211K-V1	A4004-ZVI-B430K-ZV1
制动电阻器单元连接用	B1、B2	A2004-VI-B2185-V1	A4004-ZVI-B4185-ZV1
DC 电抗器连接用	⊕1、⊕2	A2004-VI-B2185-V1	A4004-ZVI-B4185-ZV1
制动单元连接用	⊕3、⊖	B2220-VI-B211K-V1	B4220-ZVI-B430K-ZV1
接地用	⊕	A2004VI-B211K-V1	A4004-ZVI-B430K-ZV1

(3) 欧姆龙 3G3RV 变频器主回路构成　如图 10-25 所示。

(4) 欧姆龙 3G3RV 变频器主回路标准连接图　如图 10-26 所示。

(5) 变频器主回路的接线方法　下面主要对变频器主回路输入侧、输出侧的接线和接地线的接线进行介绍。

① 主回路输入侧的接线

a. 接线用断路器的设置。电源输入端子（R、S、T）与电源之间必须通过与变频器相适合的接线用断路器（MCCB）来连接。

● 选择断路器 MCCB 时，其容量大致要等于变频器额定输出电流的 1.5～2 倍。

● 断路器 MCCB 的时间特性要充分考虑变频器的过载保护（为额定输出电流的 150% 时

1min）的时间特性来选择。

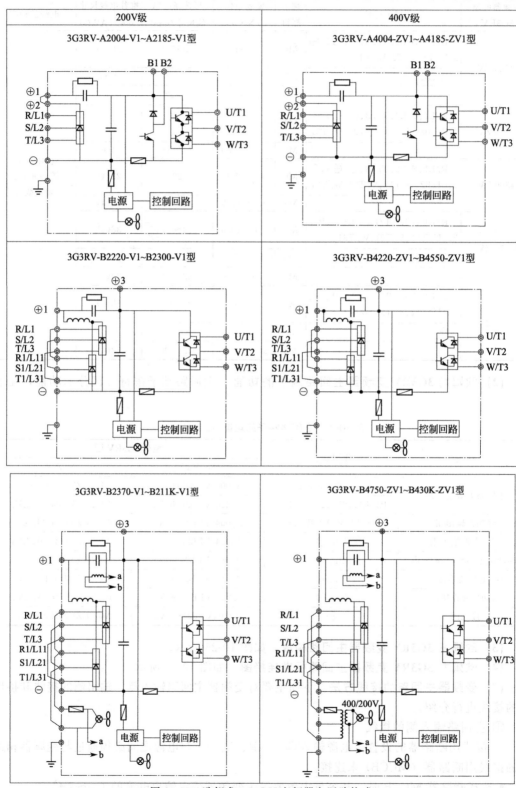

图 10-25　欧姆龙 3G3RV 变频器主回路构成

■ 3G3RV-A2004-V1~A2185-V1,
　 A4004-ZV1~A4185-ZV1

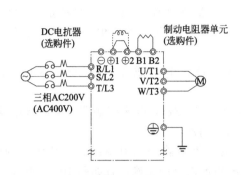

连接DC电抗器时请务必拆下短路片。

■ 3G3RV-B2220-V1,B2300-V1,
　 B4220-ZV1~B4550-ZV1

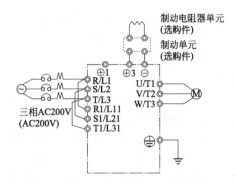

DC电抗器为内置型。

■ 3G3RV-B2370-V1~B2110-V1

■ 3G3RV-B4750-ZV1~B430K-ZV1

图 10-26　欧姆龙 3G3RV 变频器主回路标准连接

注：所有的机型都是从主回路直流电源向内部供给控制电源的

• 断路器 MCCB 由多台变频器或与其他机器共同使用时，如图 10-27 所示，接入故障输出时电源关闭的顺控器。

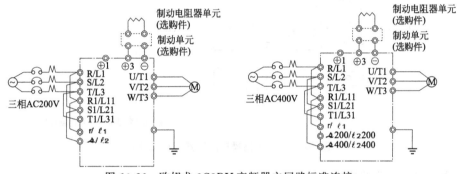

图 10-27　变频器用断路器设置

b. 电磁接触器的设置。在顺控器上断开主回路电源时，也可以使用电磁接触器（MC）。但是，通过输入侧的电磁接触器使变频器强制停止时，再生制动将不动作，最后自由运行至停止。通过输入侧电磁接触器的开关可以使变频器运行或停止，但频繁地开关则会导致变频器发生故障。所以运行、停止的最高频率不要超过 30min 一次。用数字式操作器运行时，在恢复供电后不会进行自动运行。使用制动电阻器单元时，请接入通过单元的热敏继电器接点关闭电磁接触器的顺控器。

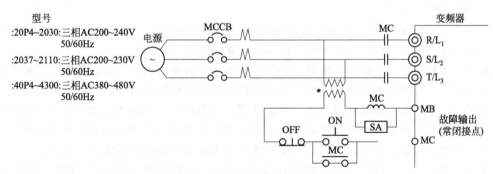

c. 端子排的接线。输入电源的相序与端子排的相序 R、S、T 无关，可与任一个端子连接。

d. AC 电抗器或 DC 电抗器的设置。如果将变频器连接到一个大容量电源变压器（600kV·A 以上）上，或进相电容器有切换时，可能会有过大的峰值电流流入变频器的输入侧，损坏整流部元件。

此时，请在变频器的输入侧接入 AC 电抗器（选购件），或者在 DC 电抗器端子上安装 DC 电抗器。这样也可改善电源侧的功率因数。

e. 浪涌抑制器的设置。在变频器周围连接的感应负载（电磁接触器、电磁继电器、电磁阀、电磁线圈、电磁制动器等）上应使用浪涌抑制器。

f. 电源侧噪声滤波器的设置。电源侧噪声滤波器能除去从电源线进入变频器的噪声，也能减小从变频器流向电源线的噪声。电源侧噪声滤波器的正确设置如图 10-28 所示。

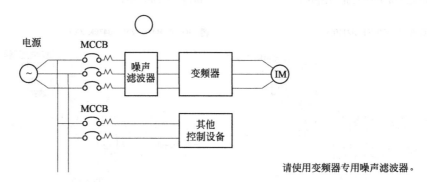

图 10-28　电源侧噪声滤波器的正确设置

② 主回路输出侧的接线

a. 在主回路输出侧接线时，需要注意以下事项。

第一，变频器与电机的连接。将变频器输出端子 U、V、W 与电机接出线 U、V、W 进行连接。运行时，首先确认在正转指令下电机是否正转。电机反转时，请任意交换输出端子 U、V、W 中的 2 个端子。

第二，严禁将变频器输出端子与电源连接。请勿将电源接到输出端子 U、V、W 上。如果将电压施加在输出端子上，会导致内部的变频部分损坏。

第三，严禁输出端子接地和短路。请勿直接用手接触输出端子，或让输出线接触变频器的外壳，否则会有触电和短路的危险。另外，请勿使输出线短路。

第四，严禁使用进相电解电容和噪声滤波器。切勿将进相电解电容及 LC/RC 噪声滤波器接入输出回路，否则会因变频器输出的高谐波引起进相电容器及 LC/RC 噪声滤波器过热或损坏。同时，如果连接了此类部件，还可能会造成变频器损坏或导致部件烧毁。

第五，电磁开关（MC）的使用注意事项。当在变频器与电机之间设置了电磁开关（MC）时，原则上在运行中不能进行 ON/OFF 操作。如果在变频器运行过程中将 MC 设置为 ON，则会有很大的冲击电流流过，使变频器的过电流保护启动。

如为了切换至商用电源等而设定 MC 时，请先使变频器和电机停止后再进行切换。运行过程中进行切换时，请选择速度搜索功能。另外，有必要采取瞬时停电措施时，请使用延迟释放型的 MC。

b. 热敏继电器的安装。为了防止电机过热，变频器有通过电子热敏器进行的保护功能。由一台变频器运行多台电机或使用多极电机时，应在变频器与电机间设置热动型热敏继电器

（THR），并将电机保护功能选择设定为电机保护无效，此时应接入通过热敏继电器的接点来关闭主回路输入侧电磁接触器的顺控器。

　　c. 输出侧噪声滤波器的安装。通过在变频器的输入侧连接噪声滤波器，能减轻无线电干扰和感应干扰，如图 10-29 所示。

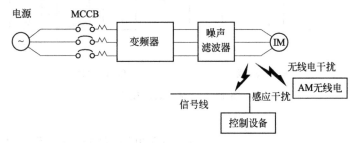

图 10-29　输出侧噪声滤波器的安装

　　d. 感应干扰防止措施。为了抑制从输出侧产生的感应干扰，除了设置上述的噪声滤波器以外，还有在接地的金属管内集中配线的方法，如信号线离开 30cm 以上，感应干扰的影响将会变小，如图 10-30 所示。

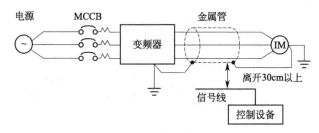

图 10-30　感应干扰防止措施

　　e. 无线电干扰防止措施。不单是输入输出线，从变频器主体也会放射无线电干扰。在输入侧和输出侧两边都设置噪声滤波器，变频器主体也设置在铁箱内进行屏蔽，这样能减轻无线电干扰，所以尽量缩短变频器和电机间的接线距离，如图 10-31 所示。

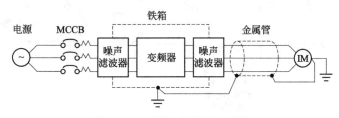

图 10-31　无线电干扰防止措施

　　f. 变频器与电机之间的接线距离。变频器与电机之间的接线距离较长时，电缆上的高频漏电流就会增加，从而引起变频器输出电流的增加，影响外围机器的正常运行。

　　g. 接地线的接线。进行接地线的接线时，应注意以下事项。

● 请务必使接地端子接地。

● 接地线切勿与焊接机及动力设备共用。

● 请尽量使接地线连接得较短。

由于变频器会产生漏电电流，所以如果与接地点距离太远，则接地端子的电位会不稳定。

● 当使用多台变频器时，注意不要使接地线绕成环形。

接地线的接线如图 10-32 所示。

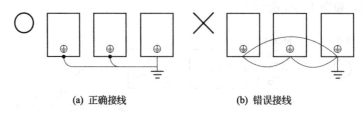

(a) 正确接线   (b) 错误接线

图 10-32 接地线的接线

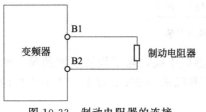

图 10-33 制动电阻器的连接

h. 制动电阻器的连接（例如主体安装 3G3IV-PERF 型）如图 10-33 所示。

i. 制动电阻器单元（例如 3G3IV-PLKEB 型）/制动单元（3G3IV-PCDBR 型）的连接如图 10-34 所示。

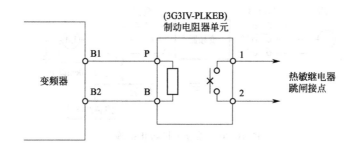

(a) 0.4~18.5kW变频器(200V级/400V级)制动电阻器单元的连接

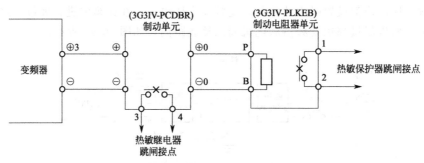

(b) 22kW以上的变频器(200V级/400V级)制动电阻器单元的连接

图 10-34 制动电阻器单元连接

10.3.4 欧姆龙 3G3RV-ZV1 变频器控制回路端子的接线

(1)控制回路使用电线尺寸要求 当使用模拟量信号进行远程操作时，需要将模拟量操作器或操作信号与变频器之间的控制线设为 50m 以下，并且为了不受来自外围机器的感应干扰，并要求与强电回路（主回路及继电器顺控回路）分开接线。如果频率由外部频率设定器而非数字式操作器设定，接线如图 10-35 所示，使用多股绞合屏蔽线，屏蔽线不应接地而应接在端子 E(G)上。

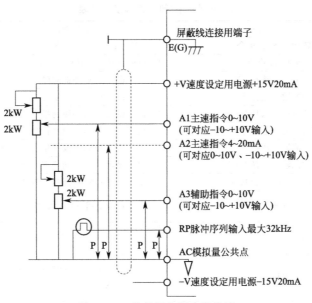

图 10-35　外部频率设定器接线

控制电路端子编号和电线尺寸的关系见表10-4。

表 10-4　控制电路端子编号和电线尺寸的关系

端子编号	端子螺钉	紧固力矩/N·m	推荐电线尺寸/mm²（AWG）
FM、AC、AM、P1、P2、PC、SC、A1、A2、A3、＋V、－V、S1、S2、S3、S4、S5、S6、S7、S8、MA、MB、MC、M1、M2	M3.5	0.8～1.0	0.75（18）
MP1、RP1R＋、R－、R＋、S－、IG	Phoenix 型	0.5～0.6	0.75（18）
E（G）	M3.5	0.8～1.0	1.25（12）

（2）控制回路接线步骤　如图 10-36 所示。

① 用细一字螺丝刀松开端子的螺钉。

② 将电线从端子排下方插入。

③ 拧紧端子的螺钉。

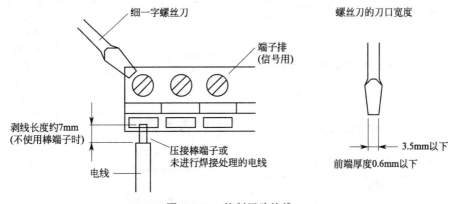

图 10-36　控制回路接线

（3）欧姆龙 3G3RV 变频器控制回路端子的功能　控制回路端子按符号区分的功能见表 10-5，应根据用途选择适当的端子。

表 10-5 控制回路端子一览表

种类	端子符号	信号名称	端子功能说明	信号电平
顺控输入信号	S1	正转运行-停止指令	ON1：正转运行；OFF：停止	DC＋24V8mA 光电耦合器绝缘
	S2	反转运行-停止指令	ON：反转运行；OFF：停止	
	S3	多功能输入选择 1×1	出厂设定 ON，外部故障	
	S4	多功能输入选择 2×1	出厂设定 ON，故障复位	
	S5	多功能输入选择 3×1	出厂设定 ON，多段速指令 1 有效	
	S6	多功能输入选择 4×1	出厂设定 ON，多段速指令 1 有效	
	S7	多功能输入选择 5×1	出厂设定 ON，多段速指定 2 有效	
	S8	多功能输入选择 6×1	出厂设定 ON，点动频率选择	
	SC	顺序控制输入公共点	出厂设定 ON，外部基极封锁	
模拟量输入信号	＋V	＋15V 电源	模拟量指令用＋15V 电源	＋15V（允许最大电流 20mA）
	－V	－15V 电源	模拟量指令用－15V 电源	－15V（允许最大电流 20mA）
	A1	主速频率指令	－10～＋10V/－100％～＋100％ 0～＋10V/100％	－10～＋10V 0～＋10V（输入阻抗 20kΩ）
	A2	多功能模拟量输入	4～20mA/100％，－10～＋10V/ －100％～＋100％，0～＋10V/100％	4～20mA（输入阻抗 250Ω）－10～＋10V 0～＋10V（输入阻抗 20kΩ）
	A3	多功能模拟量输入	－10～＋10V/－100％～＋100％， 0～＋10V/100％ 出厂设定，未使用 （H3－05＝1F）	－10～＋10V 0～＋10V（输入阻抗 20kΩ）
	AC	模拟量公共点	0V	—
	E(O)	屏蔽线选购地线连接用	—	—
光电耦合器输出	P1	多功能 PHC 输出 1	出厂设定，零速 零速值(b2－01)以下，ON	DC＋48V 50mA 以下×2
	P2	多功能 PHC 输出 2	出厂设定，频率一致检出 设定频率的±2Hz 以内为 ON	
	PC	光电耦合器输出公共点(出 P1、P2 用)	—	
继电器输出	MA	故障输出(常开接点)	故障时，MA-MC 端子间 ON	干式接点 接点容量 AC250V，10mA 以上 1A 以下 DC30V，10mA 以上 1A 以下 最小负载； DC5V，10mA×4
	MB	故障输出(常闭接点)	故障时，MA-MC 端子间 OFF	
	MC	继电器接点输出公共点	—	
	M1	多功能接点输出(常开接点)	出厂设定：运行 运行时，M1-M2 端子间 ON	
	M2			
模拟量监视输出	FM	多功能模拟量监视 1	出厂设定：输出频率 0～＋10V/100％频率	－10～＋10V±5％ 2mA 以下
	AM	多功能模拟量监视 2	出厂设定：电流监视 5V/变频器额定输出电流	
	AC	模拟量公共点	—	
脉冲序列输入输出	RP	多功能脉冲序列输入×3	出厂设定：频率指令输入 （H6－01＝0）	0～32kHz(3kΩ)
	MP	多功能脉冲序列监视	出厂设定：输出频率 （H6－06＝2）	0～32kHz(2.2kΩ)

续表

种类	端子符号	信号名称	端子功能说明	信号电平
RS-485/ 422 通信	R+	MEMOBUS 通信输入	如果是 RS-485(2 线)制,请将 R+ 与 S+、R— 和 S— 短路	差动输入 PHC 绝缘
	R—			
	S+	MEMOBUS 通信输出		差动输出 PHC 绝缘
	S—			
	IG	通信用屏蔽线	—	—

(4) 分路跳线 CN5 与拨动开关 S1　以下对分路跳线（CN5）及拨动开关（S1）的详细内容进行说明，如图 10-37 所示。

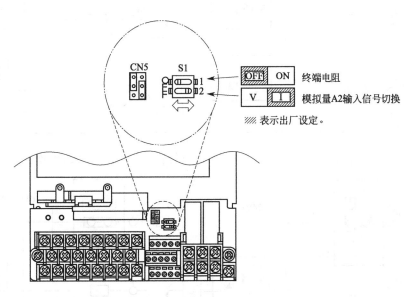

图 10-37　分路跳线 CN5 与拨动开关 S1

① 拨动开关 S1 的功能见表 10-6。

表 10-6　拨动开关 S1 的功能

名　称	功　能	设　定
S1-1	RS-485 及 RS-422 终端电阻	OFF:无终端电阻 ON:终端电阻 110Ω
S1-2	模拟量输入（A2）的输入方式	OFF:0～10V，—10～10V 电压模式（内部电阻为 20kΩ） ON:4～20mA 电流模式（内部电阻为 250Ω）

② CN5 适用于共发射极模式与共集电极模式，见表 10-7。

使用 CN5（分路跳线）时，输入端子的逻辑可在共发射极模式（0V 公共点）和共集电极模式（+24V 公共点）间切换。另外，还适用于外部+24V 电源，提高了信号输入方法的自由度。

(5) 欧姆龙 3G3RV 变频器控制回路端子的连接　欧姆龙 3G3RV 变频器控制回路端子的连接如图 10-38 所示。

10.3.5　欧姆龙 3G3RV-ZV1 变频器接线检查

接线完毕后,请务必检查相互间的接线。接线时的检查项目如下所示。

表 10-7 CN5 共发射极模式与共集电极模式与信号输入

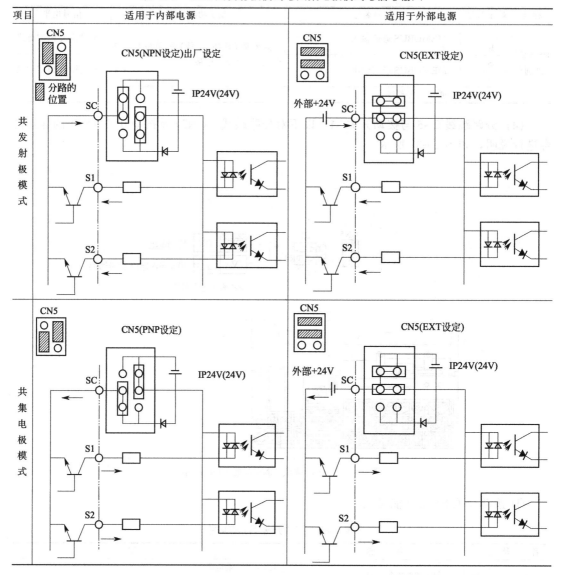

① 接线是否正确。

② 是否残留有线屑、螺钉等物。

③ 螺钉是否松动。

④ 端子部的剥头裸线是否与其他端子接触。

10.3.6 欧姆龙 3G3RV-ZV1 变频器选购卡的安装与接线

在变频器的使用中给所使用的电机装置设速度检出器(PG 卡),将实际转速反馈给控制装置进行控制的,称为"闭环",不用 PG 卡运转的就叫做"开环"。通用变频器多为开环方式,而高性能变频器基本都采用闭环控制。

欧姆龙 3G3RV 变频器上最多可安装 3 张选购卡,如图 10-39 所示,在控制电路板上的 3处(A、C、D) 各安装 1 块,同时最多能安装 3 块选购卡安装隔片。

选购卡的种类和规格见表 10-8。

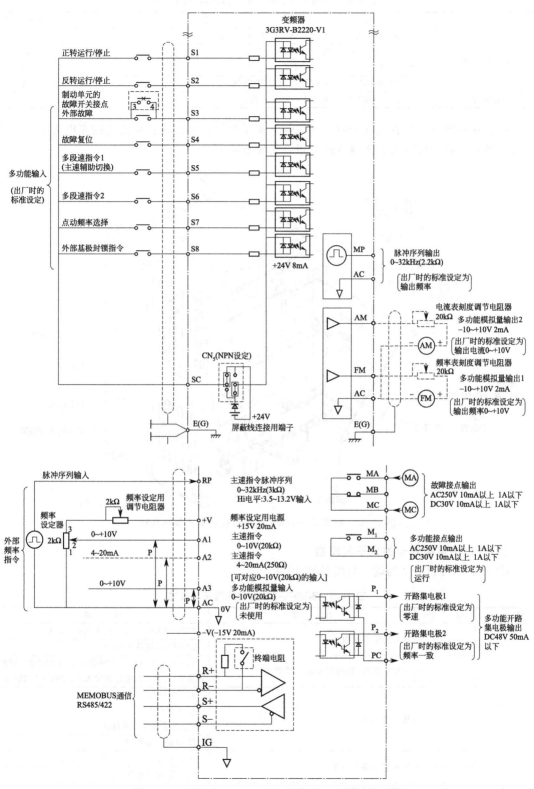

图 10-38 欧姆龙 3G3RV 变频器控制回路端子的连接

表 10-8 欧姆龙 3G3RV 变频器选购卡的规格

卡的种类	型 号	规 格	安装场所
PG 速度控制卡	3G3FV-PPGA2	对应开路集电极/补码、单相输入	A
	3G3FV-PPGB2	对应补码,A/B 相输入	A
	3G3FV-PPGD2	对应线驱动,单位相输入	A
	3G3FV-PPGX2	对应线驱动,A/B 相输入	A
DeviceNet 通信卡	3G3RV-PDRT2	对应 DeviceNet 通信	C

(1) 安装方法 安装选购卡时,请先卸下端子外罩,并确认变频器内的充电指示灯已经熄灭,然后再卸下数字式操作器及前外罩,安装选购卡。

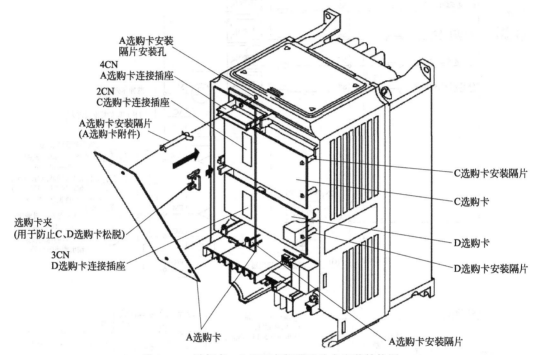

图 10-39 欧姆龙 3G3RV 变频器选购卡安装结构图

(2) PG 速度控制卡的端子与规格

① 3G3FV-PPGA2 的端子规格见表 10-9。

表 10-9 3G3FV-PPGA2 的端子与规格

端 子	引 脚	内 容	规 格
TA1	1	脉冲发生器用电源	DC+12V($\pm5\%$),最大为 200mA
	2		DC0V(电源用 GND)
	3	+12V 电压/开路集电极切换端子	在+12V 电压输入和开路集电极之间进行切换
	4		的端子,当为开路集电极输入时,请将 3-4 间短路
	5	脉冲输入端	H:+4~12V L:+1V 以下 (最高尖频率 30kHz)
	6		脉冲输入公共点
	7	脉冲监视输出端子	+12V($\pm10\%$),最大为 20mA
	8		脉冲监视输出公共点
TA2	(E)	屏蔽线连接端子	—

② 3G3FV-PPGB2 的端子规格见表 10-10。

表 10-10　3G3FV-PPGB2 的端子与规格

端子	引脚	内　　容	规　　格
TA1	1	脉冲发生器用电源	DC＋12V(±5％)，最大为 200mA
	2		DC0V(电源用 GND)
	3	A 相脉冲输入端子	H：＋8～12V L：＋1V 以下 (最高尖频率 30kHz)
	4		脉冲输入公共点
TA1	5	B 相脉冲输入端	H：＋4～12V L：＋1V 以下 (最高尖频率 30kHz)
	6		脉冲输入公共点
TA2	1	A 相脉冲监视输出端子	开路集电极开路 DC24V，最大为 30mA
	2		A 相脉冲监视输出公共点
	3	B 相脉冲监视输出端子	开路集电极开路 DC24V，最大为 30mA
	4		B 相脉冲监视输出公共点
TA3	(E)	屏蔽线连接端子	—

③ 3G3FV-PPGD2 的端子规格见表 10-11。

表 10-11　3G3FV-PPGD2 的端子与规格

端子	引脚	内　　容	规　　格
TA1	1	脉冲发生器用电源	DC＋12V(±5％)，最大为 200mA
	2		DC0V(电源用 GND)
	3		DC＋5V(±5％)，最大为 200mA
	4	脉冲输入＋端子	线驱动输入(RS-422 值输入)
	5	脉冲输入－端子	最高响应频率 300kHz
	6	公共点端子	—
	7	脉冲监视输出＋端子	线驱动输出(RS-422 值输出)
	8	脉冲监视输出－端子	
TA2	(E)	屏蔽线连接端子	—

注：DC＋5V 与 DC＋12V 不能同时使用。

④ 3G3FV-PPGX2 的端子与规格见表 10-12。

表 10-12　3G3FV-PPGX2 的端子与规格

端子	引脚	内　　容	规　　格
TA1	1	脉冲发生器用电源	DC＋12V(±5％)，最大为 200mA
	2		DC0V(电源用 GND)
	3		DC＋5V(±5％)，最大为 200 mA
	4	A 相＋输入端子	线驱动输入(RS-422 值输入) 最高响应频率 300kHz
	5	A 相－输入端子	
	6	B 相＋输入端子	
	7	B 相－输入端子	
	8	Z 相＋输入端子	
	9	Z 相－输入端子	
	10	公共点端子	DC0V(电源用 GND)
TA2	1	A 相＋输入端子	线驱动输出(RS-422 值输出)
	2	A 相－输入端子	
	3	B 相＋输入端子	
	4	B 相－输入端子	
	5	Z 相＋输入端子	
	6	Z 相－输入端子	
	7	控制回路公共点	控制回路 GND
TA3	(E)	屏蔽线连接端子	—

注：DC＋5V 与 DC＋12V 不能同时使用。

(3) 选购卡的接线 以下为适用于各控制卡的接线示例。

① 3G3FV-PPGA2 的接线如图 10-40 所示。

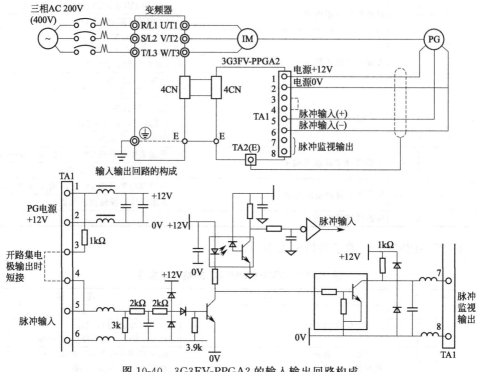

图 10-40 3G3FV-PPGA2 的输入输出回路构成

② 3G3FV-PPGB2 的接线如图 10-41 所示。

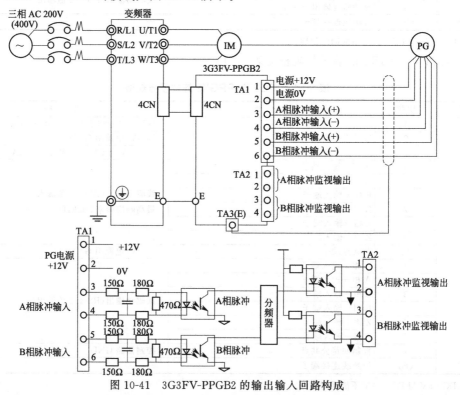

图 10-41 3G3FV-PPGB2 的输出输入回路构成

③ 3G3FV-PPGD2 的接线如图 10-42 所示。

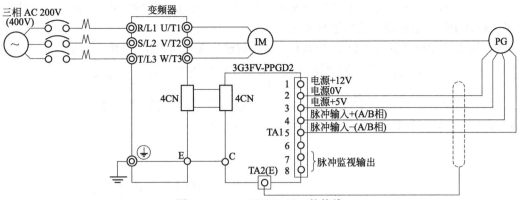

图 10-42　3G3FV-PPGD2 的接线

④ 3G3FV-PPGX2 的接线如图 10-43 所示。

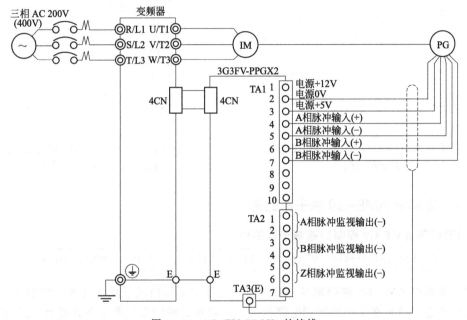

图 10-43　3G3FV-PPGX2 的接线

⑤ PG（编码器）脉冲数的选择　PG 脉冲数的选择方法因选购卡的种类而异。

a. 当为 3G3FV-PPGA2/3G3FV-PPGB2 时，PG 输出脉冲检测的最大值为 32.767Hz。
选择在最高频率输出时的电机转速下，输出值在 20kHz 左右的 PG。

$$\frac{\text{最高频率输出时的电机转速}(\text{r/min})}{60} \times \text{PG 参数}(\text{p/r}) = 20000\text{Hz}$$

最高频率输出时的电机转速与 PG 输出频率（脉冲数）的选择示例见表 10-13。

表 10-13　最高频率输出时的电机转速与 PG 输出频率（脉冲数）的选择示例

最高频率输出时的电机转速/(r/min)	PG 参数/(p/r)	最高输出频率时的 PG 输出频率/Hz
1800	600	18000
1500	600	15000
1200	900	18000
900	1200	18000

当为 3G3FV-PPGA2/3G3FV-PPGB2 时的接线示例，如图 10-44 所示。

b. 当为 3G3FV-PPGD2/3G3FV-PPGX2 时，PG 用的电源有 12V 和 5V 两种。在使用前应事先确认 PG 的电源规格后再进行连接。

PG 输出脉冲检测的最大值为 300kHz。PG 的输出频率（f_{PG}）可由下式求出：

$$f_{PG}(Hz) = \frac{最高频率输出时的电机转速(r/min)}{60} \times PG\ 参数(p/r)$$

PG 电源容量在 200mA 以上时，应准备其他电源。需要进行瞬时停电处理时，要准备备用的电容，3G3FV-PPGX2 的连接示例如图 10-45 所示。

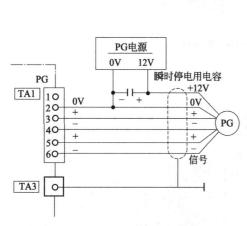

图 10-44 3G3FV-PPGA2/3G3FV-PPGB2
的接线示例

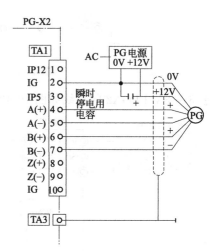

图 10-45 3G3FV-PPGX2 的连接示例
（以 12V 电源的 PG 为例）

10.3.7 安邦信 AMB-G9 端子排的排列

(1) 安邦信 AMB-G9 控制回路端子排的排列：

COM	S1	S2	S3	S4	S5	S6	COM	+12V	VS	GND	IS	AM	GND	M1	M2	MA	MB	MC

(2) 安邦信 AMB-G9 主回路端子的排列　安邦信主回路端子位于变频器的前下方。中、小容量机种直接放置在主回路印刷电路板上，大容量机种则安装固定在机箱上，其端子数量及排列位置因功能与容量的不同而有所变化，如图 10-46 所示。

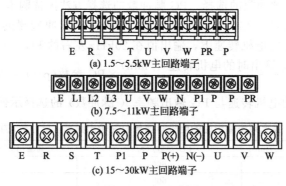

图 10-46 安邦信 AMB-G9 主回路端子的排列

10.3.8　安邦信 AMB-G9 各回路端子功能

(1)安邦信 AMB-G9 主回路端子功能　主回路端子功能如表 10-14 所示,在使用中依据对应功能正确接线。

表 10-14　安邦信 AMB-G9 主回路端子功能

端子标号	功能说明
R、S、T	交流电源输入端子,接三相交流电源或单相交流电源
U、V、W	变频器输出端子,接三相交流电机
⊕、⊖	外接制动单元连接端子,⊕、⊖分别为直流母线的正负极
⊕、PB	制动电阻连接端子,制动电阻一端接⊕,另一端接 PB
P1、P	外接直流电抗器端子,电抗器一端接 P,另一端接 P1
⏚	接地端子,接大地

(2) 安邦信 AMB-G9 控制回路端子的功能　安邦信 AMB-G9 控制回路端子的功能见表 10-15。

表 10-15　安邦信 AMB-G9 控制回路端子的功能

分类	端子	信号功能	说　　明		信号电平
开关输入信号	S1	正向运转/停止	闭合时正向运转打开时停止		光电耦合器隔离输入:24V,8mA
	S2	反向运转/停止	闭合时反向运转打开时停止		
	S3	外部故障输入	闭合时故障打开时正常	多功能接点输入(F041~F045)	
	S4	故障复位	闭合时复位		
	S5	多段速度指令 1	闭合时有效		
	S6	多段速度指令 1	闭合时有效		
	COM	开关公共端子	—		
模拟输入信号	+12V	+12V 电源输出	模拟指令+12V 电源		+12V
	VS	频率指令输入电压	0~10V/100%	F042=0;VS 有效	0~10V
	IS	频率指令输入电流	4~20mA/100%	F042=1;IS 有效	4~20mA
	GND	信号线屏蔽外皮的连接端子	—		—
开关输出信号	M1	运转中信号(常开接点)	运行时闭合	多功能接点输出(F041)	接点容量:250VAC、1A 30V DC、1A
	M2				
	MA	故障接点输出(常开/常闭接点)	端子 MA 和 MC 之间闭合时故障;端子 MB 和 MC 之间打开时故障	多功能接点输出(F040)	
	MB				
	MC				
模拟输出信号	AM	频率表输出	0~10V/100%频率	多功能模拟量监视(F048)	0~10V 2mA
	GND	公共端			

10.3.9　安邦信 AMB-G9 标准接线

安邦信 AMB-G9 变频器标准接线如图 10-47 和图 10-48 所示。

10.3.10　艾默生 TD1000 主回路输入输出端子

TD1000 系列变频器根据型号的不同,有两种主回路输入输出端子,端子名称及功能如图 10-49 所示。

(1) 排序图一　适 用 机 型:2S0007G、2S0015G、2T0015G、4T0007G、4T0015G、TD1000A-4T0022G。

(2) 排序图二　适 用 机 型:2S0022G、2T0022G、2T0037G、4T0022G、4T0037G/P、

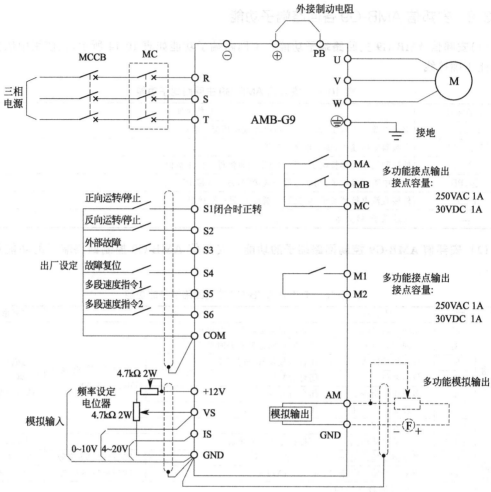

图 10-47 安邦信 AMB-G9 15kW 及以下变频器接线图

4T0055G/P。

(3)艾默生 TD1000 主回路端子功能说明 主回路端子功能描述见表 10-16。

表 10-16 艾默生 TD1000 主回路端子功能

端子名称	功能说明
P(+)、PB、(−)	P(+):正母排,PB:制动单元接点,(−):负母排
R、S、T	三相电源输入端子
U、V、W	电机接线端子
PE	安全接地端子或接地点

10.3.11 艾默生 TD1000 控制板端子

TD1000 系列变频器根据型号的不同,有两种控制回路端子排序,端子名称如图 10-50 所示。

(1)控制端子排序图一 控制端子排序图一适用机型:2S0007G、2S0015G、2T0015G、4T0007G、4T0015G、TD1000A-4T0022G。

(2)控制端子排序图二 控制端子排序图二适用机型:2S0022G、2T0022G、2T0037G、4T0022G、4T0037G/P、4T0055G/P。

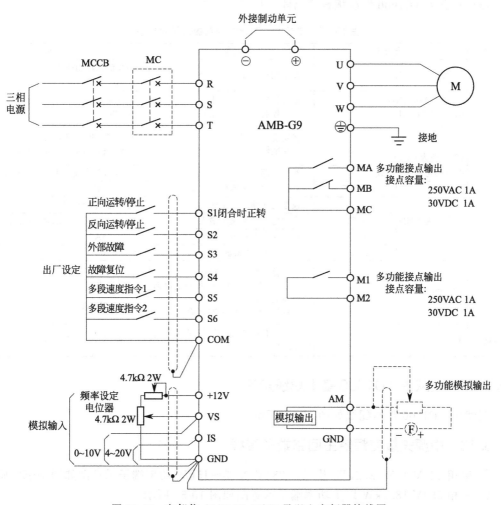

图 10-48　安邦信 AMB-G9 18kW 及以上变频器接线图

R	S	T	PB	P(+)	(－)	进线端子(机器顶部)
U	V	W			PE	出线端子

（a）排序图一

P(+)	PB	R	S	T	U	V	W

（b）排序图二

图 10-49　艾默生 TD1000 主回路输入输出端子

TA	TC		X2	X4	GND	REV	Y2		VREF	GND	RM/AM
	TB		X1	X3	X5	FWD	Y1	P24	COM	VCI	CCI	CCO

（a）排序图一

TA	TC		X2	X4	COM	REV	Y2		VREF	GND	FM/AM
	TB		X1	X3	X5	FWD	Y1	P24		VCI	CCI	CCO

（b）排序图二

图 10-50　艾默生 TD1000 控制板端子名称

（3）艾默生 TD1000 控制板端子功能 见表 10-17。

表 10-17 艾默生 TD1000 控制板端子功能表

项目	端子记号		端子功能说明	规 格
控制端子	X1-X5-COM/GND		多功能输入端子 1~5	多功能选择功能码 F067＝F071
	FWD-COM/GND REV-COMGND		运行控制（正转/停止） 运行控制（反转/停止）	光耦输入端 DC：24V
	Y1 Y2 （参考地为 COM）		多功能输出端子 1 多功能输出端子 2	开路集电极输出 DC： 24V，最大输出电流 100mA
	P24（参考地为 COM）		24V 电源	＋24V，最大输出电流 100 mA
	参考地为 GND	VREF	外接频率设定用辅助电源	DC：＋10V
		VC	模拟电压频率设定输入	输入范围 0~＋10V
		CCI	模拟电流频率设定输入	输入范围 0~20mA，输入阻抗 500Ω
		CCO	运行频率模拟电流输出	4~20mA
		FM/AM	输出频率/电流显示	0~＋10V
	TA，TB，TC		变频器正常或不通时： TA-TB 闭合，TA-TC 断开上电后 变频器故障： TA-TB 断开，TA-TC 闭合	触点额定值 AC：250V/2A DC：30V/1A
通信端子	＋，－		＋ 为 RS485 信号＋端；－为 RS485 信号－端	标准 485 接口信号的端子

10.3.12 艾默生 TD1000 基本配线知识

艾默生 TD1000 基本配线如图 10-51 所示。

10.3.13 中源矢量变频器主回路端子接线

① 单相 220V 1.5~2.2kW 及三相 380V 0.75~15kW 功率端子示意图如图 10-52 所示。
② 三相 380V 18.5kW 以上功率端子示意图如图 10-53 所示。
③ 中源矢量变频器主回路端子功能见表 10-18。

表 10-18 中源矢量变频器主回路端子功能

端子名称	端子标号	端子功能说明
电源输入端子	L1/R、L2/S、L3/T	三相 380V 交流电压输入端子，单相 220V 接 L1/R、L2/S
变频器输出端子	U、V、W	变频器输出端子、接电动机
接地端子	PE/E	变频器接地端子
其他端子	P、B	制动电阻连接端子（注：无内置制动单元的变频器无 P、B 端子）
	P+、－（N）	共直流母线连接端子
	P、－（N）	外接制动单元。P 接制动单元的输入端子"P"或"DC＋"，－（N）接制动单元的输入端"N"或"DC－"
	P、P+	外接直流电抗器

10.3.14 中源矢量变频器控制回路接线

① 中源矢量变频器控制端子示意图如图 10-54 所示。
② 中源矢量变频器控制端子功能见表 10-19。

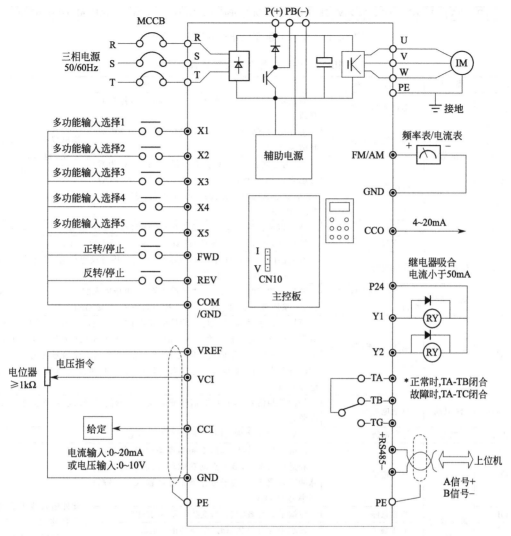

图 10-51 艾默生 TD1000 基本配线

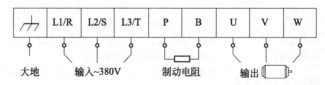

图 10-52 中源单相 220V 1.5~2.2kW 及三相 380V 0.75~15kW 端子示意

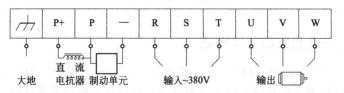

图 10-53 中源三相 380V 18.5kW 以上功率端子示意图

| A+ | B- | TA | TB | TC | DO1 | DO2 | 24V | CM | OP1 | OP2 | OP3 | OP4 | OP5 | OP6 | OP7 | OP8 | 10V | AI1 | AI2 | GND | AO1 | AO2 |

图 10-54 中源矢量变频器控制端子示意图

表 10-19 中源矢量变频器控制端子功能

端 子	类 别	名 称	功能说明	
D01	输出信号	多功能输出端子 1	表征功能有效时该端子与 CM 间为 0V,停机时其值为 24V	输出端子功能按出厂值定义,也可通过修改功能码改变其初始状态
D02 注		多功能输出端子 2	表征功能有效时该端子与 CM 间为 0V,停机时其值为 24V	
TA		继电器触点	TC 为公共点,TB-TC 为常闭触点,TA-TC 为常开触点,15kW 及以下功率机器触点容量为 10A/125VAC、5A/250VAC、5A/30VDC、7A/250VAC、7A/30VAC	
TB				
TC				
A01		运行频率	外接频率表和转速表,其负极接 GND,详细介绍可参看 F423~F426	
A02		电流显示	外接电流表,其负极接 GND,详细介绍可参看 F427~F430	
10V	模拟电源	自给电源	变频器内部 10V 自给电源,供本机使用;外用时只能作电压控制信号的电源,电流限制在 20mA 以下	
AI1	输入信号	电压模拟量输入端口	模拟量调速时,电压信号由该端子输入,电压输入的范围为 0~10V,地接 GND;采用电位器调速时,该端子接中间抽头,地接 GND	
AI2		电压/电流模拟量输入端口	模拟量调速时,电压或电流信号由该端子输入,电压输入的范围为 0~5V 或者 0~10V,电流输入为 4~20mA,输入电阻为 500Ω,其地为 GND,如果输入为 4~20mA,请调整功能码 F406=2。电压和电流信号的选择可通过拨码开关来实现,具体操作方法参见说明书,出厂值通道默认为 0~20mA 电流通道	
GND	模拟地	自给电源地	外部控制信号(电压控制信号或电流源控制信号)接地端,亦为本机 10V 电源地	
24V	电源	控制电源	24V+1.5V 电源;外用时限制在 50mA 以下	
OP1	数字输入控制端子	点动端子	该端子为有效状态时,变频器点动运行,停机状态和运行状态下,端子点动功能均有效,若定义为脉冲输入调速,此端子可调整脉冲输入口,最高频率为 50kHz	此外输入端子功能按出厂值定义,也可通过修改功能码将其定义为其他功能
OP2		外部急停	该端子为有效状态时,变频器显示"ESP"	
OP3		正转端子	该端子为有效状态时,变频器正向运转	
OP4		反转端子	该端子为有效信号时,变频器反向运转	
OP5		复位端子	故障状态下给此端子一有效信号,使变频器复位	
OP6		自由停机	运行中给此端子一有效信号,可使变频器自由停机	
OP7 注		运行端子	该端子为有效状态时,变频器将按照加速时间运行	
OP8 注		停机端子	运行中给此端子一有效信号,可使变频器减速停机	
CM	公用端	控制电源地	24V 电源及其他控制信号的地	
A+注	485 通信端子	RS485 差分信号正端	遵循标准:TIA/EIA-485(RS485)通信协议;Modbus	
B-注		RS485 差分信号负端	通信速度:1200/2400/4800/9600/192500/38400/57600bps	

10.3.15 中源矢量变频器总体接线

图 10-55 所示为中源矢量变频器 A900 系列变频器接线示意图,图中指出了各类端子的接线方法,实际使用中并不是每个端子都要接线,可以根据使用要求选用。

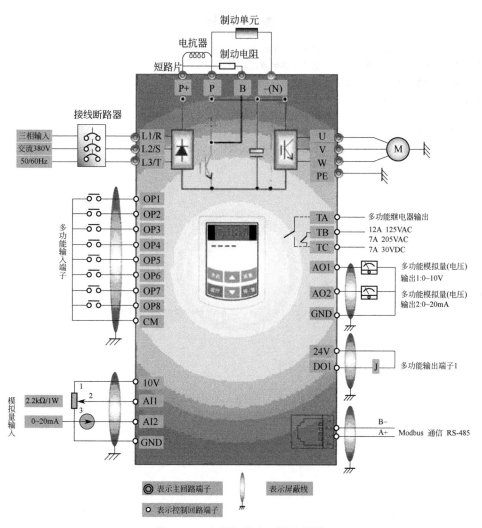

制动单元

电抗器　制动电阻

短路片

P+　P　B　-(N)

接线断路器

三相输入　　L1/R
交流380V　　L2/S
50/60Hz　　L3/T

U
V
W
PE

M

多功能输入端子

OP1
OP2
OP3
OP4
OP5
OP6
OP7
OP8
CM

TA　　多功能继电器输出
TB　　12A 125VAC
TC　　7A 205VAC
　　　 7A 30VDC

AOI　　多功能模拟量(电压)
　　　 输出1:0~10V

AO2　　多功能模拟量(电压)
　　　 输出2:0~20mA

GND

24V
DO1　　J　　多功能输出端子1

10V
AI1
AI2
GND

2.2kΩ/1W

模拟量输入

0~20mA

1
2
3

B-
A+　　Modbus 通信 RS-485

◎ 表示主回路端子
○ 表示控制回路端子

表示屏蔽线

图 10-55　中源矢量变频器接线图

参 考 文 献

[1] 王延才. 变频器原理及应用. 北京：机械工业出版社，2011.
[2] 徐海等. 变频器原理及应用. 北京：清华大学出版社，2010.
[3] 李方圆. 变频器控制技术. 北京：电子工业出版社，2010.
[4] 徐第等. 安装电工基本技术. 北京：金盾出版社，2001.
[5] 白公，苏秀龙. 电工入门. 北京：机械工业出版社，2005.
[6] 王勇. 家装预算我知道. 北京：机械工业出版社，2008.
[7] 张伯龙. 从零开始学低压电工技术. 北京：国防工业出版社，2010.